U0464524

企业安全生产培训读物

姜力维　张铭刚　徐　泽　何晓强　编著

中国电力出版社
CHINA ELECTRIC POWER PRESS

内 容 提 要

本书论述了安全相关的多方面内容，如安全认知、安全意识、安全理念、安全心理和生理、安全管理理论、安全管理方法、安全法律法规和安全规程等，刷新了安全概念和理念，开启了安全生产理论与行业生产实践融合的先河。重笔剖析了引起安全事故的"大三违"和"小三违"；简单介绍了自动化和智能化技术在安全生产管理中的应用。本书选用的大量案例来自生产实践，典型翔实，剖析透辟详尽，安规针对性强。

本书适于作为企事业单位、安全培训（认证评价）机构的安全生产培训教材或工作学习参考书，特别适于电力、矿山、石油、化工、机械、建筑等企业安全生产培训之用；也可作为各级政府安全生产监管部门领导和执法人员、社会安全咨询服务中介机构的工作人员和社会劳动安全管理工作者学习安全生产法律法规、域内外安全管理知识和新技术的参考书。

图书在版编目（CIP）数据

企业安全生产培训读物 / 姜力维等编著. —北京：中国电力出版社，2024.7
ISBN 978-7-5198-8965-4

Ⅰ．①企⋯　Ⅱ．①姜⋯　Ⅲ．①企业管理－安全生产－学习参考资料　Ⅳ．①X931

中国国家版本馆 CIP 数据核字（2024）第 108788 号

出版发行：中国电力出版社
地　　址：北京市东城区北京站西街 19 号（邮政编码 100005）
网　　址：http://www.cepp.sgcc.com.cn
责任编辑：崔素媛（010-63412392）
责任校对：黄　蓓　王小鹏
装帧设计：张俊霞
责任印制：杨晓东

印　　刷：廊坊市文峰档案印务有限公司
版　　次：2024 年 7 月第一版
印　　次：2024 年 7 月北京第一次印刷
开　　本：787 毫米×1092 毫米　16 开本
印　　张：15.5
字　　数：326 千字
定　　价：75.00 元

版 权 专 有　侵 权 必 究
本书如有印装质量问题，我社营销中心负责退换

前　　言

马斯洛需求层次理论说，人们温饱之后的需求就是安全。一个组织机构、一个企事业单位也是如此，生产要正常运转，取得工作成果和经济效益，安全也是最基本的需求。

安全生产培训是员工建立正确的安全认知和观念，树立新颖的安全理念和正确的价值观，强化安全意识，植培安全素养，获取本行业专业的安全知识和技能，提升工作单位安全治理能力的主要途径和措施。

目前，市面上安全培训的书籍要么是理论深奥的教科书，抑或是案例汇编分析类，缺乏理论实践综合性强的、通俗易懂的、适合各行各业安全生产培训的教材。为此，作者撰写了本书，以期满足读者如下诸方面的需求。

（1）内容全面丰富。企事业单位的年度安全培训在不同行业、不同季节、不同的运营和生产实际情况下，需要不同的安全培训内容，培训教材要求内容全面丰富，具有广泛适用性。

（2）适用各行各业。虽然不同行业的安全培训有专业差异，但是在安全认知、安全意识、安全理念、安全心理和生理、安全管理理论、安全管理方法和安全法规等方面却是相通的，即本书作为培训读本要有通用性。

（3）体现行业差异。为了适应各行各业的安全培训，本书除了通用部分外，对不同行业也辅以行业案例加以分析，以体现行业的差异性。

（4）通俗易懂。本书培训对象主要针对一线作业人员，其培训内容的叙述和论述力求淡化专业高深理论，融合行业生产实践，深入浅出，通俗易懂。

由于作者水平所限，谬误在所难免。殷切期盼各位专家和同仁，不吝赐教，批评指正。

姜力维

2024 年 4 月

目　录

安而不忘危，存而不忘亡，治而不忘乱

——《周易·系辞下传》

第一章 安全与安全生产

第一节 安　　全

安全是一个永恒的话题。千百万年来人类从寻求安全到创造安全，一直在不断的发展安全。

一、安全的概念

安全是指客观事物的危险程度能够被人们普遍接受的状态。我们日常所指的安全，在生产中泛指没有危险、不出事故的状态；没有伤害、损伤或危险，不遭受危害或损害的威胁（状态），或消除了危害、伤害或损失的威胁（结果）。

安全是指没有引起死亡、伤害、职业病或财产、设备的损坏或损失或环境危害的条件。

安全是指不因人、机、媒介的相互作用而导致损失、人员伤害、任务受影响或造成时间的损失。

安全生产是为了使生产过程在符合物质条件和工作秩序下进行的，防止发生人身伤亡和财产损失等生产事故，消除或控制危险、有害因素，保证人身安全与健康、设备和设施免受损坏、环境免遭破坏的总称。

通常人们理解的安全是"无危则安，无损则全"。前者说的是某个环境和场所的一种没有危险因素和安全隐患的状态。我们说那个现场是安全的，是一种客观存在的安全的状态。后者则是一个行为、一个活动，一次生产作业活动后没有受到伤害，这是安全活动的结果。譬如说，生产现场的地面平整、道路畅通，供水供电设施规范，生产设备完好，安全措施齐全，就是一种安全的状态。某一次生产作业活动结束了，人员、设备、材料、环境都没有损伤和毁坏，我们说这次生产活动是安全的，这是一种结果。

安全是指没有受到危险、危害的威胁，没有产生损失。人的健康、生命、财产与生存环境资源和谐相处，互相不伤害，不存在安全隐患的状态；同时，生产活动中没有受到人

身、财产与环境的损害的，也就是安全结果。

从管理的角度讲，安全是一种通过持续的危险识别和风险管理过程，将人员伤害或财产损失的风险降低并保持在可接受的水平或其以下的状态。

从另一方面讲，有危险未必就一定不安全，只要危险、威胁、隐患在人们的可控范围内，就可以认为是安全的。对于安全应当辩证全面地去理解，例如，在工作、出行、生产等环境中，危险是无处不在的。开车上班、乘飞机、操作设备等，都存在发生危险的可能性，但是不能因此就认为不安全。只要我们时时处处遵规守纪，而且当出现危险的时候掌握了有效的对策和措施，就应该说是安全的。

伴随着现代物质文明和精神文明的不断提升，安全的内涵也在不断增加和升级，人们不仅要求没有危险和损害，还要求环境场所干净卫生、整洁舒适，从事活动后不影响健康，更不会有损伤。

二、安全与您和社会

人类在发展进化的同时，也一直与生存发展活动中存在的安全问题进行着不屈不挠的斗争。安全事故直接影响到人的健康乃至生命。轻则肢体、器官残缺和智力障碍，重则永远离开了这个世界。

人失去了健康，则无法正常地参与工作和社会活动，这将限制一个人潜能的发挥和对社会的贡献，人失去了生命，则一切清零，一切从无。从生命健康的价值而言，任何金钱价值都无法与健康和生命等效。一个社会人都有自己的圈子，血缘亲属、朋友同事，还有工作单位、社会组织一切相关的人群，健康的缺失和生命的逝去对相关的人群都会造成情感的伤痛，对于负有义务的直系亲属还会失去经济上的扶养和抚养的能力和希望。

在更高层面上讲，一个企业如果人才损失在安全事故中是企业的损失，一个国家如果人才损失是整个国家的重大损失。

做好全社会的安全工作应从每个人做起，包括衣、食、住、行等诸多方面。

案例 1-1 1984 年 11 月 19 日，墨西哥国家石油公司在圣胡安尼科的储油设施发生爆炸，爆炸和火灾持续了 36 个小时。工厂内当时储有 11000 立方米的液化丙烷和丁烷气体，因储运站内部一条连接球形及卧式储罐的管线发生破裂，LPG（液化油气）泄露并形成蒸气云滞留，因该厂内部的企业燃烧器引火，导致蒸气云爆炸并引起大火。整个工厂在事故中被摧毁。此次事故投入了 100 多辆消防车，还有直升机参与灭火抢救工作。但由于火势太猛，除了全力冷却燃烧中的储罐外，几乎无法扑灭附近其他火源。

由于爆炸发生地处在人口密集区，爆炸事故中心地带的居民甚至来不及反应，顷刻间化为灰烬。附近小镇的 4 万居民以及山丘上的 6 万贫民成为油气爆炸的直接受害者，因爆炸事故被疏散的市民数量达到了 31 万人之多。爆炸和燃烧波及站区周围 1200 米内的建筑物，毁坏民房 1400 间以上，造成约 650 人死亡、6000 人受伤、近 3.1 万人无家可归。

案例评析　该事故巨额的财产损失自不待言。同时解构了多少家庭？撇下多少孤儿寡母？以至于影响了当地多少家庭，多少代人的生存方式！迄今令人不寒而栗！

三、安全与人类

从个人安全到生产安全，从安全生产事故到洪涝灾害和森林火灾；从欧洲的黑死病到非洲的埃博拉，从 SARS 到 COVID-19；从切尔诺贝利核电站大爆炸到福岛核电站的泄漏，从个人生活到集体生产，从公共卫生防疫到核电生产的每一次严重安全事故，轻则掠走财产、失去生命、毁灭家庭，重则会给人类带来巨大的灾难。这些灾难横向危害全球，纵向贻害子孙万代。这些从小到大的安全灾难，无不和人类的行为有关。

案例 1-2　乌克兰切尔诺贝利核电站建于基辅市以北 130 千米，4 台机组，总装机 400 万千瓦，是苏联最大的核电站。1986 年 4 月 26 日，切尔诺贝利核电站的 4 号反应堆发生爆炸。爆炸产生的强大冲击力把反应堆上重达 2000 吨的盖子炸飞，释放出来的放射性微尘比广岛原子弹多 400 倍。这是有史以来世界上最严重的核电站事故。

该事故原因是设计缺陷和违章操作，其中的重大缺陷是控制棒的设计。在控制反应堆时，操纵员通过将控制棒插入反应堆来降低反应速度。然而，使用固体石墨当作中子慢化剂来降低中子的速度，当反应堆温度过热时，设计缺陷使得反应堆容器变形、扭曲和破裂，使得插入更多的控制棒变得不可能。

操纵员闭锁了许多反应堆的安全保护系统——除非安全保护系统发生故障，否则是技术规范所禁止的。

政府调查委员会报告指出，严重违章是操纵员从反应堆堆芯抽出了至少 205 只控制棒（这类型的反应堆共需要 211 只），留下了 6 只。而技术规范是禁止在核心区域使用少于 15 只控制棒的。

事故发生后，反应堆熔化燃烧，引起爆炸，冲破保护壳，厂房起火，放射性物质源泄出。1986 年 5 月 8 日，反应堆停止燃烧，但温度仍达 300℃。当地辐射强度最高为每小时 15 毫伦琴，基辅市为 0.2 毫伦琴，而正常值允许量是 0.01 毫伦琴。瑞典检测到放射性尘埃，超过正常数的 100 倍。1996 年乌克兰官方公布，10 年来已有 16.7 万人死于本事故的核污染，320 万人受到辐射伤害。

灾后两年内，26 万人参加了事故处理，为 4 号核反应堆浇了一层层混凝土，清洗了 2100 万平方米的受污染设备，消除了 600 个村庄的污染物，掩埋了 50 万立方米的"脏土"，为核电站职工另建了斯拉乌捷奇新城，为撤离的居民另建 2.1 万幢住宅。这包括发电减少的损失，共达 120 亿美元。

连白俄罗斯也损失了 20% 的农业用地，220 万人居住的土地遭到污染，成百个村镇人去屋空。核电站近 7 千米内的松树、云杉凋萎，1000 公顷森林逐渐死亡。30 千米以外的"安全区"也不安全，癌症患者、儿童甲状腺患者和畸形家畜急剧增加；即使 80 千米外的集体农庄，20% 的小猪生下来也发现眼睛不正常。上述怪症都被称为"切尔诺贝利综合征"。国际原子能机构专家称，要消除事故造成的污染，至少需数百年。

案例评析　由原子炉熔毁而漏出的辐射尘飘过俄罗斯、白俄罗斯和乌克兰，也飘过欧洲的部分地区，包括西欧、北欧二十多个国家。苏联瓦解后独立的国家包括俄罗斯、白俄罗斯及乌克兰等每年仍然投入经费与人力致力于灾难的善后以及居民健康保健。因事故而直接或间接死亡的人数难以估算，且事故后的长期影响仍是个未知数。核放射对乌克兰地区数万平方公里的肥沃良田都造成了污染。据专家估计，完全消除这场浩劫对自然环境的影响至少需要 800 年，而持续的核辐射危险将持续 10 万年。

第二节　生产中的危害因素辨识

生产中的危害因素包括危险因素和有害因素。危险因素是指对人造成伤亡或对物造成突发性损害的因素；有害因素是指损害人的健康、导致职业病或者对物造成慢性损害的因素。

一、危险有害因素分类

1. 按导致事故的直接原因进行分类

根据《生产过程危险和有害因素分类与代码》（GB/T 13861—2022）的规定，将生产过程中的危险和有害因素分为 6 大类。

（1）物理性危险和有害因素，包括：①设备、设施缺陷；②防护缺陷；③电危害；④噪声；⑤振动危害；⑥电磁辐射；⑦运动物危害；⑧明火；⑨高温物质；⑩低温物质；⑪粉尘与气溶胶；⑫作业环境不良；⑬信号缺陷；⑭标志缺陷；⑮其他物理性危险和有害因素。

（2）化学性危险和有害因素，包括：①易燃易爆性物质；②自燃性物质；③有毒物质；④腐蚀性物质；⑤其他化学性危险和有害因素。

（3）生物性危险和有害因素，包括：①致病微生物；②传染病媒介物；③致害动物；④致害植物；⑤其他生物性危险和有害因素。

（4）心理、生理性危险和有害因素，包括：①负荷超限；②健康状况异常；③从事禁忌作业；④心理异常；⑤其他心理、生理危险和有害因素。

（5）行为性危险和有害因素，包括：①指挥错误；②操作错误；③监护错误；④其他行为性危险和有害因素。

（6）按照人的行为和物的运动引起事故分类：①由于人的动作所引起的事故，如绊倒、高空坠落、人物相撞、人体扭转等；②由于物的运动引起的事故，如人受飞来物体打击、重物压迫、旋转物夹持、车辆压撞等；③由于接触或吸收引起的事故，如接触带电导线而触电，受到放射线辐射，接触高温或低温物体，吸入或接触有害物质等。

上述事故结果，造成人体的骨折，脱臼，创伤，电击伤害，烧伤，冻伤，化学伤害，中毒、窒息，放射性伤害等疾病或伤害，甚至死亡。

2. 参照事故类别进行分类

参照《企业职工伤亡事故分类》（GB 6441-1986），综合考虑起因物、引起事故的诱导性原因、致害物、伤害方式等，将危险因素分为如下 20 类。

（1）物体打击，指物体在重力或其他外力的作用下产生运动，打击人体，造成人身伤亡事故，不包括因机械设备、车辆、起重机械、坍塌等引发的物体打击。

（2）车辆伤害，指企业机动车辆在行驶中引起的人体坠落和物体倒塌、下落、挤压伤亡事故，不包括起重设备提升、牵引车辆和车辆停驶时发生的事故。

（3）机械伤害，指机械设备运动（静止）部件、工具、加工件直接与人体接触引起的夹击、碰撞、剪切、卷入、绞、碾、割、刺等伤害，不包括车辆、起重机械引起的机械伤害。

（4）起重伤害，指各种起重作业（包括起重机安装、检修、试验）中发生的挤压、坠落、（吊具、吊重）物体打击和触电。

（5）触电，包括雷击伤亡事故。

（6）淹溺，包括高处坠落淹溺，不包括矿山、井下透水淹溺。

（7）灼烫，指火焰烧伤、高温物体烫伤、化学灼伤（酸、碱、盐、有机物引起的体内外灼伤）、物理灼伤（光、放射性物质引起的体内外灼伤），不包括电灼伤和火灾引起的烧伤。

（8）火灾。

（9）高处坠落，指在高处作业中发生坠落造成的伤亡事故，不包括触电坠落事故。

（10）坍塌，指物体在外力或重力作用下，超过自身的强度极限或因结构稳定性破坏而造成的事故，如挖沟时的土石塌方、脚手架坍塌、堆置物倒塌等，不适用于矿山冒顶片帮和车辆、起重机械、爆破引起的坍塌。

（11）冒顶片帮。

（12）透水。

（13）爆破，指爆破作业中发生的伤亡事故。

（14）火药爆炸，指火药、炸药及其制品在生产、加工、运输、储存中发生的爆炸事故。

（15）瓦斯爆炸。

（16）锅炉爆炸。

（17）容器爆炸。

（18）其他爆炸。

（19）中毒和窒息。

（20）其他伤害。此种分类方法所列的危险、有害因素与企业职工伤亡事故处理（调查、分析、统计）和职工安全教育的口径基本一致，为安全生产监督管理部门、行业主管部门职业安全卫生管理人员和企业广大职工、安全管理人员所熟悉，易于接受和理解，便于实际应用。但缺少全国统一规定，尚待在应用中进一步提高其系统性和科学性。

3. 按职业健康分类

参照《职业病范围和职业病患者处理办法的规定》，危害因素分为生产性粉尘、毒物、噪声与振动、高温、低温、辐射（电离辐射、非电离辐射）、其他危害因素等7类。

二、危害因素与职业病

通常意义上所说的职业病是狭义概念上的职业病，称为法定职业病。依据《中华人民共和国职业病防治法》，职业病是指企业、事业单位和个体经济组织的从业人员在职业活动中，因接触粉尘、放射性物质和其他有毒、有害物质等因素而引起的疾病，根据《关于印发〈职业病目录〉的通知》做出具体的界定。

1. 生产过程中的危险有害因素

生产过程是指按生产工艺要求的各项生产设备进行的连续生产作业，随着生产技术、机器设备、使用材料和工艺流程的变化不同而发生变化，与生产过程有关的原材料、工业毒物、粉尘、噪声、震动、高温、辐射及生物性因素有关。

（1）化学因素。生产过程中使用和接触到的原料、中间产品、成品以及在生产过程中产生的废气、废水和废渣等，都可能对作业人员产生危害，主要包括工业毒物、粉尘等。

（2）物理因素。物理因素是生产过程中的主要危害因素，不良的物理因素都可能对作业人员造成职业危害。主要包括高温、低温、潮湿、气压过高或过低等异常的气象条件，噪声振动、辐射等。

（3）生物因素。生产过程中使用的原料、辅料以及在作业环境中可能存在某些致病微生物和寄生虫，如炭疽杆菌、霉菌、布氏杆菌、森林脑炎病毒和真菌等。

2. 劳动过程中的危险有害因素

劳动过程是指从业人员在物质资料生产中从事的有价值的活动过程，它涉及劳动力、劳动对象、生产工具三个要素，主要与生产工艺的劳动组织情况、生产设备工具、生产制度、作业人员体位和方式以及智能化程度有关。

（1）劳动组织和劳动制度不合理，如劳动时间过长，劳动休息制度不健全或不合理等。

（2）劳动中紧张度过高，如精神过度紧张，长期固定姿势造成个别器官与系统的过度紧张，单调或较长时间的重复操作，光线不足引起的视力紧张等。

（3）劳动强度过大或劳动安排不当。如安排的作业与从业人员的生理状况不适应，生产定额过高，超负荷的加班加点，妇女经期、孕期、乳期安排不适宜的工作等。

（4）不良工作体位。长时间处于某种不良的体位，如可以坐姿工作但安排站立或使用不合理的工具、设备等，微机操作台与座椅的高低比例不合适，低煤层挖煤工人匍匐式作业等。

3. 生产环境中的危险有害因素

生产环境主要指作业环境，包括生产场地的厂房建筑结构、空气流动情况、通风条件以及采光、照明等，这些环境因素都会对作业人员产生影响。

（1）生产场所设计或安装不符合卫生要求或卫生标准，如厂房矮小、狭窄，门窗设计不合理等。

（2）车间布局不合理，如噪声较大工序安排在办公、住宿区域，有毒工序同无毒工序安排在同一车间内，有毒、粉尘工序安排在低住处等。

（3）通风条件不符合卫生要求，或缺乏必要的通风换气设备。

（4）车间照明、采光不符合卫生要求。

（5）车间内缺乏必要的防尘、防毒、防暑降温措施、设备，或已经安装但不能正常使用等。

（6）安全防护措施或个人防护用品有缺陷或配备不足，造成操作者长期处于有毒有害环境中。

如上职业性有害因素的危害会对从业者人体造成轻重不同的有害影响。①出现职业特征：有害因素引起身体的外表改变，称为职业特征，如皮肤色素沉着、起老茧子等。这在一定程度上可以看作是机体对环境因素的代偿性反应中。②抗病能力下降：有害因素极可能引起人体发生暂时性的机能改变或者出现人体抵抗力下降，较一般人群更容易患某些疾病，表现为患病率增高和病情加重。③引发职业病：如果有害因素的作用达到一定程度，持续一定时间，在防护不好的情况下，将造成特定功能和器质性病理改变，引发职业病，并且可能在不同程度上影响人的劳动能力。

三、安全生产环境条件

安全生产环境分为大环境和小环境。

1. 大环境

大环境指自然环境。大环境的破坏是由于人类砍伐森林、人为生产、建设等导致危机频发，如沙尘暴、飓风、冰灾、海啸等。

恩格斯在《自然辩证法》中警告人类，我们不要过分地陶醉于我们对自然界的胜利。对于每一次这样的胜利，自然界都对我们进行报复……在今天我们的生产方式中，对自然界和社会，一般只注意到最初最直接的结果，然而为达到上述结果而从事的行为的比较远的结果却完全是另一回事。

今天，恩格斯所说的自然界报复正在显现。地球这个人类赖以生存的家园，已发出痛苦的呻吟。只要我们想继续生存且繁荣旺盛，我们就该拯救地球，保护好人类的大环境——水、土、阳光和空气，才会拯救我们自己。

2. 小环境

小环境包括个人环境、集体环境。个人环境在于个人的清洁和维护。集体环境则需要群体单位的人们遵照法律法规和制度规范的集体努力去建设呵护，它是劳动者赖以完成生产工作的条件，也是保证其身心康健、劳动力可持续产生的空间。

不管是个人环境还是集体环境的安全状态，大都是人的主动行为所为。只要本着以人为本的原则，积极主动地治理改善集体环境，集体环境是完全可以管控的。

（1）微气候。微气候又称生产环境的气候条件，指特定生产环境范围空间中温度、湿度和气流速度以及工作中的设备、产品、零件和原料的热辐射条件。这个特定范围差异很大，小到衣服和人体、驾驶室、办公室，大到施工现场、旷野和草原。

人是恒温动物，无论严冬酷夏，人体温度的自动调节总是波动很小，生命才会得以生存。因此，凡是能导致人体温度超过应有范围的环境温度，都是不适宜工作和生产的。而且人会对温度变化产生应激反应，把体温调整回正常的温度，即在正常的热平衡受到破坏时，人体将产生一系列复杂的生理和心理变化，称为应激反应或紧张情绪。

1）高温。在铸造、锻造、热处理、炼焦、炼钢、轧钢等车间，温度高热、辐射强，人体易形成干热。在印染、缫丝、造纸等车间湿度大，人体易形成湿热。不管干热还是湿热，一旦打破人体的身体热平衡，就会发生热应激反应：体温、皮肤温度上升（39～40℃，出汗）——外周血流过大，回心血不足，大脑和肌肉缺血（出汗多，失水失盐，口渴、头晕、恶心），人体核心温度（直肠测得的温度）继续升温——产生系列衰竭（41～42℃，疲乏、呼吸困难，人体已临近耐受极限，热衰竭、热痉挛，及时救护仍可恢复），核心温度继续上升（41～44℃）——身体、大脑不可逆转的损伤，危及生命。

在高温环境下作业，作业者心情烦躁、注意力分散、记忆力减退、思维反应迟钝，容易诱发事故。如环境温度20℃（湿度60%）时操作效率为100%的话，环境温度40℃（湿度为60%）时操作效率只有19%；如果环境温度15～22.5℃的事故率基数为100%的话，升温到25.3℃，男、女作业者事故率分别上升到140%和108%。

因此，在生产工艺和技术方面，要远离和隔离热源，如在操作者和热源之间设置屏风；保健方面，出汗过多的情形下，每天要补充水、盐、蛋白质和维生素A、B1、B2、C和钙；工作服应导热系数小、透气性好；组织生产上，要减小工作负荷，合理安排休息时间。需要到温度适宜的休息室逐渐恢复热平衡机能，决不可到温度低、气流速度快的环境休息，否则会破坏皮肤的汗腺机能。

2）低温。户外道路施工、建筑、电力和通信设施维修、室内冷库等作业人员常年经受低温环境。当温度降低人体温度失去了平衡，就会发生冷应激反应——血管收缩，减少皮肤血流，温度进一步下降（体温 35℃，肢体反应，核心温度下降，心率增加，寒战，以增加内热）——冷应激进一步加剧（心率减慢、语言障碍、记忆力丧失），体温下降到体温 30℃，冷应激继续（意志模糊）；体温下降到 25～27℃，心房纤颤、瞳孔反射、腱反射、皮肤反射消失，机体面临死亡。

低温环境下作业，人体低温的适应能力远不如热适应能力。人体不适感迅速上升，机能迅速下降。如实验表明：以 22℃ 作为适应温度参考标准，在 13℃、−1℃ 环境温度下工作 90 分钟，工作效率分别降低 15%、32%。人在手脚耳鼻等部位没有肌肉保护，不产生热量，更容易产生冷的感觉。肢体敏感性和灵活性明显降低，连续低温，肌体深部位的肌肉也会乏力僵硬，大脑觉醒水平降低，致使体力和脑力劳动效率低，事故率高。

低温环境下作业要采取保暖和采暖措施。首先要使用防寒服、手套、靴子、袜子以及面部防护用品。其中，防寒服是适用低温工作的良好保护措施，既要求有良好的绝缘冷空气的性能，又具备排汗保持干燥的性能；其次应采取遮挡冷源（如寒风），建立围墙、帐篷等，提供恢复热平衡休息室。注意人体血管不能承受过大的温差刺激，会导致部分血液穿透血管壁和毛细血管壁出血。对于导热性能好的人体必须接触的设备操作把柄、扶手应改用导热性能差的材料覆盖。

总之，尽量创造温度在 15～22.5℃ 之间的最适宜人们劳动的工作环境。当然，人体对舒适温度的感觉湿度和气流速度亦有很大的关系，前已述及的干热湿热的感觉差异就很大。气流速度影响散热的速度，同样影响人体对环境温度的感受。

当然舒适的温度区间配合调整恰当的湿度才是舒适的环境。如冬季潮湿地区的阴冷，就是温度适宜但是湿度太大。

（2）噪声。工业、交通、建筑、社会生活都会产生躲避不及的噪声。噪声的强弱通常用物理量度声压表示。声压是声波通过传播媒介时产生的压强，实际使用时常用声压级来反映声压，声压级用声音的声压与人耳听阈之比的常用对数乘以 20 来计算，其单位为分贝。噪声对听力的主要影响表现在听觉疲劳。在强噪声作用下，听阈提高 15 分贝以上，离开噪声很长时间才能恢复，这种现象就是听觉疲劳。长期在噪声环境中工作生产听觉疲劳，若不能及时恢复将产生永久性听阈位移——耳聋。听阈位移值与耳聋程度对照表见表 1-1。

表 1-1 听阈位移值与耳聋程度

耳聋程度	轻度	中度	重度
听阈位移值（分贝）	25～40	40～60	60～80

大量实验表明，在超过 85 分贝的噪声作用下，作业人员会产生头疼、头晕、失眠、多汗、恶心、记忆力减退、反应迟钝等，还会对心血管系统造成慢性损伤，使胃的收缩和分泌机能降低。由于噪声对心血管和神经系统的损伤，使作业者情绪烦躁，难以集中精力，

工作差错率高。

为了提高安全生产效率，作业环境尽量控制噪声。从噪声的三大要素入手：①控制噪声源头。工厂中的噪声主要是机械和空气动力产生的，加强润滑，提高装配配合精度，增加弹簧、橡胶、气垫等减振元件，减少机械零部件运动的摩擦、撞击、振动；降低气流排放速度，减小压力脉冲和涡流等。②采用吸声、隔声、消声措施阻隔、改变噪声传播途径，如将噪声出口方向朝向天空和野外，作业人员佩戴耳塞、耳罩，用防声棉等降噪。③静心养神，轻度噪声可以用音乐和谐。

（3）工业粉尘。

1）粉尘的产生。固体物质的粉碎、研磨，如破碎机、球磨机工作过程；粉末状微粒物料的混合、过筛，如铸造车间的混砂造型开箱清砂；燃料的不完全燃烧，如大型锅炉、发电厂的烟尘；物质加热时产生的蒸汽在空气中凝结、被氧化，如矿石烧结、金属冶炼产生的锌蒸汽，在空气中冷却时，就会氧化层成氧化性固体微粒。

2）粉尘对人体的危害：①长期大量吸入如上粉尘，会损伤呼吸道、气管、支气管，肺部，引起呼吸功能严重受损，发展为尘肺病；②吸入铅、砷、锰等有毒粉尘，会被气管和肺部吸收，致铅、砷、锰中毒；③由于粉尘堵塞皮脂腺会引发毛囊炎、粉刺等皮肤病，因粉尘刺激也会损伤眼角膜，引起鼻炎、咽炎、喉炎等。

3）防尘措施：粉尘工段靠近车间外墙并加以通风吹出车间外；粉尘严重的工段实行封闭隔离；在加工原料或空气中加入水汽，防止尘埃飞扬；进行局部或全面通风换气，用新鲜氧气冲淡有毒尘埃的浓度；加强作业个体防护，避免尘埃进入呼吸道。

（4）毒物。

1）毒物的产生。生产制造工艺使用的原材料有毒，如油漆中的苯类、热处理工艺的氰化处理使用的氰化物等；冶炼和化学工业中，铅、汞的开采和冶炼，氯、氨、二氧化碳、二氧化硫的生产；废气、废水、废渣中的气态、液态、固态有毒物质，如铅在熔融时的铅蒸汽，矿石粉碎时产生的二氧化硅等。

2）毒物对人体的危害：①受毒物刺激会导致皮肤、眼睛、呼吸道受损，如皮肤炎症（如皮疹、水泡）、气管炎、肺部严重损伤、咳嗽、呼吸困难；②引起三种窒息：如氮气、二氧化碳、氢气、氦气替代了氧气，空气中的含氧量不足以维持生命，致单纯窒息；一氧化碳直接阻碍机体传送氧气的能力，引起血液窒息；毒性化学物质如氰化氢、硫化氢直接影响细胞和氧气结合能力，导致细胞窒息；③麻醉和昏迷：醇、烃、酮、炔、醚等类物质会引起中枢神经抑制，大量解除会昏迷甚至死亡；④中毒，不同类型毒物使五脏六腑中毒，如溶剂酒精、氯仿、四氯化碳、三氯乙烯损害肝脏功能引起肝硬化，接触氯乙烯单体可能引起肝癌；重金属和卤代烃毒害肾脏；一些有机溶剂长期接触会引发疲劳、失眠、头疼、恶心，严重的导致运动神经和感觉神经障碍，甚至瘫痪；⑤致癌：砷、石棉、铬、镍等物质可能致肺癌，铬、镍、木材、皮革粉尘致鼻窦癌、鼻咽癌，萘胺、皮革粉尘致膀胱癌，砷、炼焦油、石油产品致皮肤癌；⑥畸形和突变：毒性化学物质如麻醉性气体、水银和有机溶剂，会干扰细胞正常的分裂过程，影响遗传基因，特别在怀孕前三个月，胎儿的脑、心、四肢发育期间中毒，会导致发育突变，胎儿畸形。

案例 1-3 2021 年全国两会到来之际，全国政协委员、九三学社中央委员会委员严慧英见到了中国开胸验肺第一人张海超。"海超告诉我，三年前与他一起来参加一个会议的 5 位尘肺病农民，其中 3 位已去世，还有一位病倒在床。我特别的难受。"说到这里，严慧英已经哽咽到难以控制自己。"尘肺病农民这么庞大的群体，处境为何如此悲惨？我出门走了半天，才回过神，稳定了自己的情绪。"严慧英说。全国人大代表、无锡市人民医院副院长陈静瑜也倍感痛惜，"还有大量这样的尘肺病患者年纪轻轻就去世，这是非常可惜的。"（人民日报）

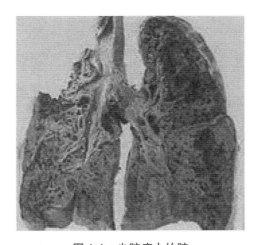

图 1-1 尘肺病人的肺

2019 年 1 月 9 日下午，《工人日报》记者来到沈阳市第九人民医院病房。病床上，一个看起来 60 多岁、头发稀疏、黑瘦的人吸着氧气，不停地咳嗽着，床头柜上摆着半罐头瓶子痰，这就是 42 岁的尘肺病患者张俊明。截至目前，全国累计报告尘肺病患者 600 万人，张俊明就是其中之一。（央广网）

什么是尘肺病？尘肺的规范名称是肺尘埃沉着病，是由于在职业活动中长期吸入生产性粉尘，并在肺内潴留而引起的以肺组织弥漫性纤维化（瘢痕）为主的全身性疾病。尘肺按其吸入粉尘的种类不同，可分为无机尘肺和有机尘肺。在生产劳动中吸入无机粉尘所致的尘肺，称为无机尘肺。尘肺大部分为无机尘肺。

尘肺病是一种没有医疗终结的致残性职业病。尘肺病患者胸闷、胸痛、咳嗽、咳痰、劳力性呼吸困难、易感冒，呼吸功能下降，严重影响生活质量，而且每隔数年病情还要升级，合并感染，最后肺心病人因呼吸衰竭而死亡。目前对此尚无特效药物治疗。

案例评析 如此巨量的尘肺病患者，说明我国很多企业老板无视生命健康，其工作场所职业粉尘毒气浓度严重超过国家卫生标准，长期不采取措施整改。这些不良企业如此恶劣的行为严重违反了《安全生产法》第二十三条"生产经营单位应当具备的安全生产条件所必需的资金投入，……有关生产经营单位应当按照规定提取和使用安全生产费用，专门用于改善安全生产条件。"

《尘肺病防治条例》第七条规定，"凡有粉尘作业的企业、事业单位应采取综合防尘措施和无尘或低尘的新技术、新工艺、新设备，使作业场所的粉尘浓度不超过国家卫生标准。"

第二十三条规定，凡违反本条例规定，有下列行为之一的，卫生行政部门和劳动部门，可视其情节轻重，给予警告、限期治理、罚款和停业整顿的处罚。但停业整顿的处罚，需经当地人民政府同意。

（一）作业场所粉尘浓度超过国家卫生标准，逾期不采取措施的；

（二）任意拆除防尘设施，致使粉尘危害严重的；

（三）挪用防尘措施经费的；

（四）工程设计和竣工验收未经卫生行政部门、劳动部门和工会组织审查同意，擅自施工、投产的；

（五）将粉尘作业转嫁、外包或以联营的形式给没有防尘设施的乡镇、街道企业或个体工商户的；

（六）不执行健康检查制度和测尘制度的；

（七）强令尘肺病患者继续从事粉尘作业的；

（八）假报测尘结果或尘肺病诊断结果的；

（九）安排未成年人从事粉尘作业的。

《工作场所职业卫生管理规定》第十二条规定，产生职业病危害的用人单位的工作场所应当符合下列基本要求：（一）生产布局合理，有害作业与无害作业分开；（三）有与职业病防治工作相适应的有效防护设施；（四）职业病危害因素的强度或者浓度符合国家职业卫生标准。

第十九条规定，"存在职业病危害的用人单位，应当实施由专人负责的工作场所职业病危害因素日常监测，确保监测系统处于正常工作状态。"

第三十八条规定，卫生健康主管部门应当依法对用人单位执行有关职业病防治的法律、法规、规章和国家职业卫生标准的情况进行监督检查，重点监督检查下列内容：（六）工作场所职业病危害因素监测、检测、评价及结果报告和公布情况；

第四十九条规定，用人单位有下列情形之一的，责令限期改正，给予警告，可以并处五万元以上十万元以下的罚款：（二）未实施由专人负责职业病危害因素日常监测，或者监测系统不能正常监测的。

第三节　安　全　生　产

生产一天不停止，安全一日无休息，他们如身体和影子，须臾不可分离。事故紧盯着生产与安全的关系，一旦他俩关系松散，事故就会抓紧时间乘虚而入。因此，生产必须安全，生产与安全必须时时刻刻紧密团结，不给事故可乘之机。

一、安全生产概述

安全生产不是简单的无危则安、无损则全。安全是指生产系统中人员免遭不可承受危险的伤害、没有危险、不出事故、不造成人员伤亡和财产损失的状态。因此，安全不但包括人身安全，还包括财产安全。安全生产包括人（劳动者）、机（原动、工作机械）、料（生产物料）、法（工艺方法过程）环、（劳动者所处的工作环境）五大方面的安全处于常态。

首先，劳动者不应受后四者的威胁和侵害。劳动者操作的工作机械安全防护部件齐全有效，设备完好率百分之百，操作感觉舒适；物料的存放、搬运、喂料方便安全；工艺过程安全可靠；工作环境宽敞明亮（照度符合标准）、空气清新，没有影响健康的气味、尘埃和颗粒等，各行各业的具体要求是不一样的。

现代安全生产的环境和过程要求"安全、整洁、卫生、文明"。在生产过程、劳动过程和生产环境中不存在职业有害因素，这是最基本的要求。这里的"安全"，即无危则安，无损则全；"整洁、卫生"是指窗明几净，清洁干净，透风明亮，符合职业健康的工作环境或作业场地；"文明"主要指是指作业人员"专业素养"，即作业人员拥有足够的专业安全知识和精湛的技能，符合专业规程和训练有素的作业行为。

二、安全生产与企业效益

如果企业是一棵果树，全体员工同心协力经营一年所得的利润和效益就是深秋的硕果。生产事故就是炸响在企业这棵果树头顶的一个晴空霹雳，轻则折枝损叶，重则劈断果树枝干，让企业重度残废，果实损毁，经营效益降低或为零，更有甚者，伤势过重，资不抵债，轰然倒地，永不复生。由此可见，安全是第一效益，没有安全生产，企业就会受轻伤或重伤，根本谈不上效益，甚至企业本身都不复存在了。

案例 1-4　1984 年 12 月 3 日子夜，在印度的美国碳化物公司下属的一个农药厂，45 吨剧毒性异氰酸甲酯储罐阀门失灵，0 时 56 分开始泄露。次日早晨，人们发现人和牲畜的尸体遍布街道，大多为老弱者和儿童，许多双目失明者的受害者，互相拉着手，惊呼着、战栗着，在瞎走乱闯，间或被尸体绊倒——一座极度恐怖的城市。此次毒气泄露，造成了 3000 人丧命，5 万人双目失明，10 万人终身致残，20 万人呼吸道严重受伤。

案例评析 一个安全生产事故，无异于一场战争，伤亡几十万人！令一个企业巨人轰然倒毙。102亿资产，81家子公司的跨国公司，清晨醒来就破产了！离开安全谈何发展？！

三、安全生产法的方针

"安全第一"是指在生产过程中，始终把安全特别是从业人员的人身健康、生命安全放在第一位（红线）。当安全工作和其他工作发生矛盾和冲突时，其他工作要服从安全工作，绝对不以人的健康、生命和安全环境的损失来换取发展和效益。

《中华人民共和国安全生产法》（简称《安全生产法》）规定，安全生产管理坚持安全第一、预防为主、综合治理的方针。

"安全第一"是指在生产劳动过程中，安全始终是第一位的。安全生产是头等大事，生产必须安全，安全才能促进生产，抓生产首先必须抓安全。安全生产在思想认识上高于其他工作；安全生产排在工作议程的首位，当安全与生产、经济、效益发生矛盾时，安全优先；单位各级部门一把手是安全生产第一责任人，安全负责人权威大于其他组织或部门负责人；企业投入，安全投入优先；多项工作发生冲突，安全生产优先；安全培训优先于其他知识培训和学习；安全的检查评比严于其他考核工作；创优评先进，安全生产指标优先等等。一言以蔽之，"安全第一"就是安全生产自始至终放在企业各项工作的首位。

"预防为主"是安全生产管理的一项方针，指引安全管理的工作方向，强调隐患排查、预先管控，同时也是实现安全生产最有效的措施，即积极主动预防安全事故的发生。在日常生产经营活动中首先要考虑安全因素，经常查隐患、找问题、堵漏洞，自觉形成一套预防事故、保证安全的制度，把事故隐患消灭在萌芽状态。"预防为主"是实现"安全第一"的基础和条件，就是要做到"防微杜渐""防患于未然"，把安全管理由过去传统的事故发生和事故处理型转变为现代的查找事故和预防事故型，把工作的重点放到预测、预控和预防上，"预防为主"也是实现安全生产最有效的措施和实现安全生产的第一途径。

安全生产不是某一个行业某一个部门某一个体的事情，需要全方位立体化的管控，需要各行业、各部门积极协作，全员齐心努力。

"综合治理"是指通过法律的、经济的、行政的、教育的等多种形式和手段进行综合治理。"综合治理"是保证安全生产的具体方式和措施，从发展规划、行业管理、安全投入、科技进步、经济政策、教育培训、安全文化以及责任追究等方面着手进行多形式治理；《安全生产法》指出，安全生产应当强化和落实生产单位的主体责任，建立生产经营单位负责、员工参与、政府监管、行业自律和社会监督的机制。

案例1-5 2015年8月12日22时51分46秒，位于天津市滨海新区吉运二道95号的瑞海公司危险品仓库运抵区起火；23时34分06秒发生第一次爆炸，23时34分37秒发生第二次更剧烈的爆炸。本次事故中爆炸总能量约为450吨TNT（投放给广岛的小男孩原子弹装有 60 千克 U-235，相当于 13000 吨 TNT；450/13000=0.034615）当量，事故现场形成 6 处大火点及数十个小火点，8 月 14 日 16：40，现场明火被扑灭。两次爆炸共造成 165 人遇难（其中公安现役消防人员 24 人，天津港消防人员 75 人，公安民警 11 人，事故企业、周边企业员工和居民 55 人）、8 人失踪（其中天津消防人员 5 人，周边企业员工、天津港消防人员家属 3 人）、798 人受伤（伤情重及较重的伤员 58 人、轻伤员 740 人）、304 幢建筑物、12428 辆商品汽车、7533 个集装箱受损。

案例评析　本案爆炸事故的原因是，天津港的瑞海公司危险品仓库运抵区南侧集装箱内的硝化棉湿润剂散失，出现局部干燥。在高温环境作用下，分解反应加速，产生大量热量，由于集装箱散热条件差，热量不断积聚，硝化棉温度持续升高，达到其自燃温度，发生自燃，引起火灾爆炸。硝化棉爆炸速度 6300 米/秒（黑火药 500 米/秒），爆轰气体体积 841 升/克。

本案爆炸事故是人为事故。天津滨海新区安全管理部门对于进出新区的危化品没有监督检查和警示，致使硝化棉湿润剂散失也无人问津。危化品运输人员缺乏安全知识和安全意识，没有进行检查检测，就将硝化棉暴晒在高温下导致自燃爆炸。

四、安全生产的发展前景

随着电力物联网和工业 4.0 的实施不断推进，电力设备将实现安全状态的监督和作业现场的远程监督和指导。

（1）线路状态监测，如气象、覆冰、温度、弧垂、振动倾斜等，有利于故障预判、检修和安全运行，如图 1-2 所示。

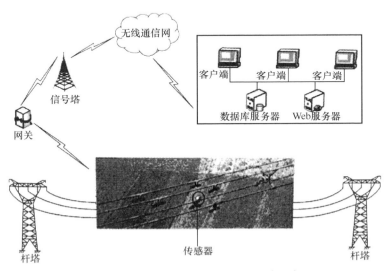

图 1-2　输电线路状态在线监测系统示意

（2）通过 RFID、电子工作票管理、环境信息监测、远程监控等，实现调度指挥中心与现场作业人员监督与互动，如对违章操作、跨越遮拦、走错间隔、误蹬带电设备等行为可以远程监控和纠正，如图 1-3 所示。

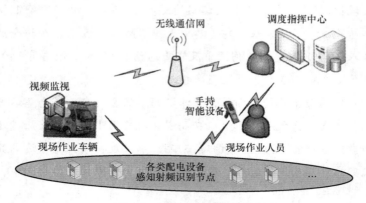

图 1-3　调度人员远程监控

（3）通过 RFID、全球定位系统、地理信息系统和无线网络，监控设备运行状态和环境：危险的施工作业、树木的安全距离、塔基周围违法挖掘、破坏铁塔、线路走廊违法建筑、线路上的悬挂物、杆塔上的鸟窝等，如图 1-4 所示。

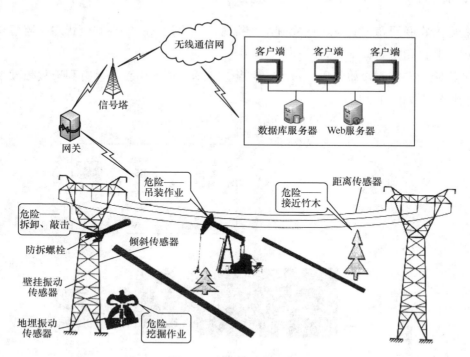

图 1-4　电力线路在线监测

第二章　安全意识与安全理念

第一节　意识与安全意识

在安全生产事故原因统计中，为数不少的事故当事人不是不熟悉相关安全规定，也不是技术不佳，更不是客观条件妨碍，那为什么还会出事故呢？究其原因就是安全意识淡薄。

一、意识

人们认知事物的观念态度，决定了他的行为是站在正确全面的位置采取积极的态度，还是站在片面错误位置采取消极的态度，这样去认知事物将得出相反的论断，从而指引自己走向相反方向，做出截然不同的行为或者反应。久而久之，这些行为就会形成一个人的习惯，习惯久了，就形成了意识。

苏珊·布来克摩尔（Susan·Blackmore）编写的《人的意识》书中指出，意识是指人的大脑对于客观物质世界的反映，是感觉、思维等各种心理过程的综合。人脑结构复杂，其在处理各种各样的复杂信息、作出决定、支配行动的过程中也是很复杂的。

案例 2-1　山麓下有父子俩搭档从山上用牛车往山下运木头。因父亲眼疾，视力不佳，儿子儿时就为父亲牵牛引路。儿子在牛车满载下山时，每到山路急弯处就会提醒父亲："爹，拐弯了！"十几年了，儿子长成大人了，开始独自拉牛车了。儿子驾驭牛车下山到了山路急弯处，牛就停了下来，任你鞭打驱赶就是不动半步。儿子只好下车牵着牛鼻子往前拽，牛还是死活不走。这时儿子的脑海里浮现出给父亲牵牛的情景。有了！儿子对着牛耳朵说："爹，拐弯了！"牛应声而动缓和而平稳地转过了急弯处。

案例评析　巴甫洛夫说这是动物的条件反射，实际上这也是一种久而久之的行为形成了牛听到"爹，拐弯了！"这个信号就拐弯的习惯。

牛，尚且如此，更何况人呢。

意识，分为显意识和潜意识。显意识是上述意识的概念，而潜意识则是人们已经发生但未达到意识状态的心理活动过程。日常生活中这类例子不胜枚举。

当影视作品出现打杀场面时，你会禁不住惊恐，倒吸冷气，身躯收缩，甚至瑟瑟发抖。

现实中，当你考上了心仪的大学，当你工作中被提拔，当你洞房花烛夜……你会心情舒畅，喜上眉梢。

当你在媒体上看到边远地区那些衣衫褴褛的孩子们背着沉重的柴草在泥泞中艰难跋涉的场景，你会不禁为之伤心。

想一想，在以上场景下，你所实施的这些行为，是你的意识支配的吗？是你自己想这样做吗？显然不是。这些行为不是由有意识（即显意识）支配的，而是由潜意识自动完成的。这就如同你迈过大堂门槛拐进房间的过程中，并非有意识地做出一系列规划才完成的，而是你完成了之后，自己还没有意识到。因为你已经完全由你的潜意识控制，而不需要用意识去指挥它，它完全是自动化的操纵。如同我们的心跳、呼吸、血液流动一样，自动自发地进行着。

由此想到，如果我们能植培安全潜意识，在生活工作中不就自动安全了吗？答案是肯定的。安全意识和潜意识是可以开发和植培的。即使达不到开发潜意识的地步，至少也可以强化安全意识（显意识），对于安全管理是大有裨益的。

二、意识（显意识）与潜意识

1. 左、右脑分工

左脑（意识脑）：主要负责人类的逻辑思维、语言表达、分析推理、数字计算等线性逻辑的科学思维。

右脑（本能脑·潜意识脑）：主要掌管人类的空间感知、想象创造、直觉感知、视觉思维等非线性直觉的艺术思维。例如，中国和东南亚的珠心算选手5分钟计算60道题，每道题120字，300秒计算7200个数码，每秒钟计算24个数码（包括写答案的时间），在"观众命题、人机对抗赛"中一路领先取胜，令人叹为观止。

2. 潜意识

潜意识，指的就是潜藏在我们显意识底下的一股神秘力量，又称"右脑意识""宇宙意识"。如果把人的大脑比喻成一座冰山，那么意识就是浮出海平面的那部分（1/10），而潜意识则是隐藏在海平面以下的那部分（9/10），如图2-1所示。

有意识或者显意识接收是人脑对于周遭事物的刺激有知觉地接收信息；而无意识接收是人脑对于周遭事物的刺激不知不觉地接受信息，这就是潜意识。潜意识如同一部万能的机器，任何愿望都可以办得到，但需要有人来驾驭它，而那个人就是你

图2-1　冰山模型

自己，只要你有心控制，只让好的印象或暗示进入潜意识就可以了。

三、安全意识与安全杠杆

1. 安全意识

安全（安全生产）意识作为社会意识的一种特殊形式，是指人们在一定的历史环境条件下，关于安全（安全生产）现象的思想观点、认知感知、知识技能、心理体验和价值评判等各种意识现象的总称。

（1）安全的思想观点。譬如，对于危险是可以预防和控制的思想和观点，有人就不这么认为，而是代之以唯心论和宿命论，也就是防也没有用。

（2）安全的认知感知。具有上述落后的、不具有现代意识的思想观点的人，不会积极地去认识和学习安全知识，对于生产活动不会产生安全重要性的感知。

（3）安全生产的知识技能。对于缺乏安全生产知识技能的人，他们不相信危险存在，或者即使存在也不会发生在自己的身上，也不愿意去学习安全知识，练习防御事故的技能。

（4）安全生产的心理体验和价值判断。对于不去认知感知或者肤浅认知感知安全生产的人，缺乏安全知识，不会正确理解安全，即使他们参与安全活动体验，也不会得出安全的必要性和重要性的体验结论，除非他们亲临一次真实的安全事故，否则难以改变他们对安全价值的评价。他们对生产活动中关于安全的体验是不重要、可有可无的，对安全生产价值和安全管理的评价也是消极的，甚至负面的。

可见一个员工安全（安全生产）意识，乃是其思想观点和对客观认识由表及里的结构形态。要改变或增强其安全（安全生产）意识是一个全面的、复杂的、长期的过程。

2. 安全杠杆

阿基米德说，"给我一个支点，我可以撬动整个地球。"可见，支点是杠杆机构的关键部件！

在安全生产"五要素"（文化、法治、责任、科技、投入）中，安全意识包含在安全文化中，是安全文化的灵魂。如果我们把安全生产"五要素"划分为安全软件和安全硬件组成杠杆的两个平衡物，那安全意识就像杠杆机构的支点一样，起到关键作用，如图2-2所示。

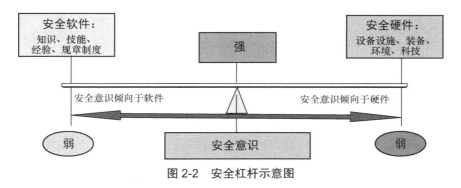

图2-2 安全杠杆示意图

假设杠杆系统保持平衡，企业生产就处于安全状态；失去了平衡，企业就容易发生安全生产事故。假设左边的重物是企业安全软件，包括员工的安全知识、技能、经验、规章制度等；右边的重物是企业安全硬件，包括设备设施、员工装备、环境、科技投入等。

只要杠杆处于平衡状态，企业生产就处于安全状态。一旦失去平衡，杠杆倾覆，或者支点不存在或者特别弱不堪重负，杠杆系统破坏，企业就处于安全事故状态。

第一种情形：企业安全管理对软件和硬件同等重视，相当于安全意识这个支点处于中间位置，杠杆平衡，企业安全生产。

第二种情形：如果企业财力不足，硬件设备更新跟不上，企业安全管理倾向于软件，如培训安全知识、强化技术技能、重视安全法规制度的执行力等，其效果是员工勤于检查，及时维修维护设备，消除隐患，仍然可以保证企业安全生产，杠杆平衡。这种情形支点安全意识偏向软件。

第三种情形：如果企业经费充足，企业安全管理倾向于硬件建设，设备更新投入及时，设备自动化水平高，企业安全管理较不重视安全软件建设。其结果是：员工不必付出更多的检查检测维护维修消缺的劳动，仍然可以保证设备安全运行，企业安全生产，杠杆平衡。

第四种情形：支点安全意识太弱，支点不堪重负，整个安全杠杆就压垮了。何谈杠杆平衡？

结论：一个企业安全生产的软件或硬件强一点、弱一点都可以保持安全生产状态，但是安全意识太弱，不管软件硬件多么强大，都不可能安全生产。因此说，植培强化员工的安全意识是最重要的安全生产管理措施。

四、安全意识植培方法步骤

思想观念改变了，态度会改变；态度改变了，行为会改变；行为改变了，习惯会改变；习惯久了，显意识改变；显意识改变了，潜意识会改变。这个过程的后两步也就是平常熟知的习惯成自然。在生活学习和生产工作中如何做到安全习惯成自然呢？实际上也无非就是耳濡目染，不断刺激和暗示等。

1. 听觉刺激法

声音的力量可以影响刺激你的信念，督促你采取积极的行动。在你工作、生活的场所常常播放安全和安全生产的音频资料，即使不注意它，它也可以进入你的潜意识中。

2. 视觉刺激法

经常性的视觉暂留冲击会对人脑产生不断的冲击作用。在你经常居留的地方，建立一个梦想板，把自己的安全目标写成口号、词条，绘制成图片，画在梦想板上天天看，刺激你的潜意识，达成你的安全梦想。

3. 观想刺激法

利用潜意识不分真假的原理，通过观想在大脑中引导出你所希望的安全健康的成功场景，从而替换你潜意识中隐藏的孱弱病态的失败情景。安全培训时，播放一些惨烈的事故现场、伤亡情形，经过多次观想刺激印象的反复，让受训者内心深处引起重视。

4. 自我暗示法（又称自我肯定法）

"安全！安全！安全！""安全第一，预防为主""安全第一是生命健康的保护伞！""我是最棒的安全员""我具有强大的行动力""我能实现的安全无事故的目标"等，通过反复的观想暗示，改变自我意象，树立安全信念，并使自我产生积极的行动，达到预定的安全目标。

5. 具体步骤

（1）消除关于安全的负面观念。联想旧有不安全观念和事故给自己或他人的过去和现在带来的巨大痛苦，从而对旧有的不安全观念产生怀疑，如："安全问题没那么可怕""我是马虎的人，也没有受到什么伤害""我不喜欢也做不好安全工作"等。

（2）构建正面的安全观念。安全风险一直隐匿在产生过程中，安全因素将摧毁人类的健康乃至夺去人类的生命和财产。没有安全就没有效益，没有安全就没有健康幸福平安快乐。只要我努力，我一定能够做好安全工作。

（3）创造凸显强烈信念的关键字标语词条，环绕自身周围的工作生活环境，例如，自信、信心、恒心、安全、优秀、成功等。

我能！我行！我最棒！我充满自信！

一天天充满自信！我每天都充满自信！我一天天做好安全！我每天都做好安全！

（4）坚持不懈的训练将习惯植培成意识。把关键字标语写在书本上，写在卡片上，写在墙上；默念在嘴上；观想在脑子里。平时可以根据环境不同采取不同的植培方式：清晰缓慢识读标语图片；面对着标语图片，大声读出或面对标图片语冥想等。

在实践中，充分利用工厂、公司的门口、车间、工作位、宿舍、家居一切可能的环境张贴悬挂安全标语口号、哲理警句和谆谆叮咛等话语。养成习惯，每每做出任何行为举止或者举行活动以前，总是问自己："安全吗？这样做安全吗？不安全该怎么办？"

要坚持不懈地训练，不要浅尝辄止。长此以往，你一定会铺成一条通向安全成功的大道。

实际上，你能够坚持三个小周期（21天）就会初见成效。模仿如上方法步骤植培其他方面的意识也是卓有成效的，不妨一试哦。

五、导致安全意识"疲劳"的因素

（1）生理因素：人的大脑只有健康合理的使用，才能持久、高效地运行。相反，长期从事单调、枯燥、紧张、注意力高度集中的工作，大脑就可能对安全学习和教育出现抑制、排斥和麻痹等意识"疲劳"反应，从生理学角度讲这是大脑的一种正常的保护性反应。但从安全生产角度看，如果人们不善于因势利导地进行科学调整，就会转化成安全隐患。

（2）心理因素：不健康的心理很容易导致安全意识"疲劳"。这类心理因素主要有以下三种：①紧张、恐惧心理。员工工作期间精力集中不走神，但不是高度紧张，心神不安。如果一直在恐惧中紧绷精神的弦，久而久之，则会演变为安全意识"疲劳"。②沉闷、压抑心理。这种心理造成工作时提不起精神，注意力不集中，往往以应付、对付，低标准来对待本职工作。长期下去，心理负担不断加重，也造成意识"疲劳"。③厌倦、排斥心理。这种心理青年人居多，也叫逆反心理。它反映青年工人对血的事故教训缺乏深刻认识，易陷入盲目自满状态。

（3）环境因素：不良的环境会给安全意识带来消极影响。如社会上的不良现象对员工队伍的腐蚀和影响。一些员工对不良现象从反感到羡慕，从鄙视到追求，导致不热爱本职工作，造成安全意识淡薄"疲劳"。

（4）领导因素：如果领导不是从理论高度，以自觉意识和科学的方法，以身作则地抓安全意识教育，而是靠形式主义用空洞说教，硬性灌输，安全教育势必走过场，员工的安全意识必然削弱以至"疲劳"。

六、如何防止员工安全意识"疲劳"

应针对三种因素，即不良的生理、心理和环境因素。请医务人员向员工普及讲解大脑生理卫生知识，教授预防和克服抑制，排斥和麻痹意识"疲劳"状态的方法，促使员工自觉地掌握和使用好大脑；心理因素方面，应引导员工认识不健康心理的危害，找到产生恐惧、压抑、排斥等心理的诱因，启发他们自觉地去化解和排除这类因素；环境因素方面，既要从根本上提高员工对待安全工作的觉悟，又要关心员工生活，善于从情绪变化，言行异常中捕捉他们的"心病"，消除他们的后顾之忧，改善他们所处的不安全环境。

预防安全意识"疲劳"，既要依靠经常性教育，又要采取一些生动形象、别开生面的新方法。如有的单位把以往伤残的员工请到台上，向在职员工现身说法；发生事故或违章在现场进行直观培训，学习安全知识等形式。这些形式和方法具有潜移默化、润物无声、生动活泼的特点。所谓节奏感，就是恰到好处地掌握时间的配置，间隔的选择，程度的松紧，重点突出的进行安全宣传教育。所谓强刺激，就是对"疲劳"程度较深、积重难返的人或事，不手软，实施重度刺激，使相关员工受到震动，当事人终生难忘。这样也能充分发挥各级领导的主观能动性抓好安全生产。

企业的各级领导人都是第一安全责任人。领导自身的安全意识直接影响整个群体的安全意识。要强化安全意识，克服"疲劳"，领导就要带领整个群体共同行动。克服"疲劳"，强化安全意识，是一种无形的，精神的，带有理性色彩的工作，需要持久和有耐力地培育、推进、完成。这就需要靠科学手段、有效措施去抓，需要党政工团、各级组织和全体员工齐心协力，配合工作。各级领导应有一种超前意识，善用自己的权力、智慧，以表率作用，榜样的力量，影响促进群体安全意识不断深化。

案例 2-2　2013 年 1 月 30 日中午，冯某在煤矿矸石山看到提升绞车机斗没有开动就爬进去拣煤炭，他爬入机斗刚一会儿，提升信号发出了警告声，绞车启动了，慌乱中冯某急忙跳下，结果左腿下肢骨折。冯某在医院接受采访时说："我在矸石山拣煤炭好多年了，从来没有伤过，今天运气太差了！"当问他："你知道在提升绞车机斗内拣煤炭会发生哪些危险？你知道如何防范这些危险吗？"他一脸的茫然，一问三不知，却振振有词地说："我不知道，也没有学过，种田也不会死人，谁去学那个哟！我长这么大，就是今天才出事！"负责处理事故的周副矿长说："冯某出事当天，一些村民仍然不引以为戒，仍然不听执法人员的劝告，擅自进入矿区内拣煤炭，还有的儿童在矿区铁路上嬉戏玩耍，让我们企业管理人员头痛。"

案例评析　本案例可以看出"安全"二字从来就没在矿区周边村民和孩子的脑海里闪现过。没有安全意识是多么可怕！他们拿自己的生命健康当儿戏是造成矿区安全事故的重要原因，并严重妨碍了矿上的正常生产作业。矿区安全管理部门应当会同安全监管部门、公安部门和当地乡镇组织对村民和孩子进行矿区安全知识教育，提高他们的安全意识，自觉远离矿区危险。

第二节　安全管理理念

摒弃假话空话的糟粕，发扬秉承辩证和科学的安全管理新理念，是搞好安全生产管理的当务之急。

一、智者们辩证的忠告

老子说，"祸兮，福之所倚；福兮，祸之所伏。"意思是，祸福互相依存，互相转化。庄子在《庄子·则阳》也有相似的告诫，"安危相易，祸福相生。"当企业安全生产管理取得了些许成绩，不要头脑发昏膨胀，不要趾高气扬，因为安危祸福会换位共生，这安全管理的成绩里就潜伏着安全生产事故。

孟子从更高的生与死的层面悟出了"生于忧患，死于安乐"的哲理，这里的生与死是指万事万物的生与死。一个个体，一个组织，一个企业，一个国家，忽视隐患危机，安全意识淡薄，不理性思索真理，不尊天道自然，是活不长久的。若要长久的生存，就要有忧患意识，勤于思考问题，认清客观现实，遵从规律，脚踏实地，不断查找隐患；及时排除隐患，警钟长鸣。稍有喜不自胜、忘乎所以的苗头，安全事故就会乘虚而入。

案例 2-3　2002 年 4 月 15 日和 5 月 7 日，相隔不到一个月，中国民航相继发生了两起机毁人亡的空难。民航引以为戒，痛下决心，确保安全飞行。2004 年 11 月 10 日中国民航航空运输安全飞行已超过 500 万小时，创造了新中国成立以来最好的安全纪录。安全飞行

500 万小时，是国际最高水平。民航欢欣鼓舞、大摆筵席。可是，就在其后 10 天的 11 月 21 日 8 时 21 分，中国东方航空云南公司 CRJ-200 机型 B-3072 号飞机，执行包头飞往上海的 MU5210 航班任务，起飞约 1 分钟后失速，与机场塔台失去联络，摇晃了几下后坠毁在距机场 13 号跑道 1~2 公里处的包头市南海湖。造成 47 名乘客（40 多位老板）、6 名机组人员和 2 名地面人员共 55 人全部遇难，直接经济损失 1.8 亿元。

事故原因 飞机在包头机场过夜时存在结冰霜的天气条件，机翼污染物最大是冰霜。飞机起飞前没有进行除霜（冰）。飞机起飞过程中，由于机翼污染使机翼失速临界迎角减小。当飞机刚刚离地后，在没有出现警告的情况下飞机失速，飞行员未能从失速状态中改出，直至飞机坠毁。

案例评析 颂歌文化在安全生产管理中只能盲目欢乐，麻痹神智，实际上此前已经发生过多起因为机翼结冰霜导致飞机坠毁的空难。作为中国民航在安全培训中难道不知道这些警示案例吗？其实还是东航的机组人员和包头机场地勤人员的安全意识淡薄，没有人想这种天气是否会使机翼积冰。

二、安全管理的思维模式

任何事物都有正反两个方面。对于安全生产管理应该采取反向思维：看到成绩想不足，看到平安想危险，重点抓反面，也就是排查缺陷不足和危机隐患。

1. 平安时期安全生产的管理思维

常言道，骄兵必败。在成绩的光环中反思失败原因，在成绩的光环中查找安全管理的不足，在成绩的光环中制定更加可靠的安全措施，这才是正确的做法。

《名贤集》中有云：常将有日思无日，莫待无时思有时。就是说即便你今日家财万贯，也一定要想到某天你穷困潦倒的光景。把这句话反其意而用之，作为安全和平时期的管理思维，在没有事故的日子里，不要高枕无忧，而要怀揣忧虑、清除隐患，确保安全，不要真的等到出了事故才悔不当初。

2. 怎样对待安全事故的发生——墨菲定理

安全事故会不会发生？对待这个问题，就要向最坏处着想、向最好处努力。我们时常对待存在隐患但结果尚不确定事情的思维和态度应当是宁愿信其有、不可信其无。这是正确的，和墨菲定律一脉相承。

墨菲定律认为，如果事情有变坏的趋势和可能，不管这种可能性有多小，它总是会发生的。也在提示人们：凡是可能出错的事情，有很大几率会出错，坏的结果一定会出现的。企业安全生产管理就是要防微杜渐。小隐患不除就会慢慢增大，设备系统越复杂，越容易发生扩大隐患的后果。对于安全事故宁愿信其有、不可信其无的思维也是安全生产"预防为主"的具体体现。

3. 关于牌子的反思

很多生产单位在办公大楼的进门大厅悬挂"已安全运行 x 天"的安全记录的牌子。对本公司的员工，看到这个牌子首先想到的是什么呢？肯定不会首先想到曾经发生的那些安全事故而心情沉重肃穆，而是会认为公司领导英明、员工努力、成绩斐然，于是心情放松，淡化了自己的安全意识。对外单位客人而言，人家会夸赞该单位领导安全生产工作做得好。对上级领导而言，或许会因安全生产做得出色给予本单位领导表彰、提拔。但是这对于本单位的安全生产工作恰恰起到了相反的作用。

再想一想，如果是高电压设备的警示牌子上写道："本设备已安全运行 X 年"，行业外没有电力知识的路人将会有怎样反应？"安全已经很久"不仅不会起到警示的作用，相反会淡化降低路人对于高危设备的警惕和防范。高电压设备警示牌上"三米之内　夺走生命"的提醒才对设备附近不特定对象有轰然作响的震撼力。

实际上，大厅安全生产的牌子，也应该起到高电压设备上警示牌相同的提醒、警示、防范的作用。

三、对安全隐患要"宁愿信其有，不可信其无"

实话，就是道出事实真相的语言（音）表达。轻则把实话说成"危言"，重者将实话污为"谣言"。谣言，那性质严重了，会对说实话的人加以惩罚，那说实话的人也就不再有道出事实的语音表达了，对生产工作中的隐患也就无人敢提，久而久之，隐患积累就会爆发安全事故。

《安全生产法》第五十一条第一款，"从业人员有权对本单位安全生产工作中存在的问题提出批评、检举、控告；有权拒绝违章指挥和强令冒险作业。"第五十六条第一款，"从业人员发现事故隐患或者其他不安全因素，应当立即向现场安全生产管理人员或者本单位负责人报告；接到报告的人员应当及时予以处理。"前者是从业人员的权利，后者是从业人员的义务。《电力安全隐患治理监督管理规定》第十五条规定，鼓励电力企业建立隐患排查治理激励约束制度，对发现、报告和消除隐患的有功人员，给予奖励或者表彰；对排查治理不力的人员予以相应处理。

对待有关安全生产的信息而言，不管是实话、危言抑或是谣言，都该倍加关注。常言道，宁愿信其有，不可信其无。逮住实话、危言抑或是谣言线索不撒手，顺藤摸瓜，查个究竟。大不了查无此事，这最好。本来安全检查也是安全管理的常态工作，增加一次检查也耗费不了大的成本。如果确有隐患，却主观武断，判为谣言加以打压，那后果就严重了。

案例 2-4　楼将要塌了，820 条人命，你救不救？俄罗斯影片《危楼愚夫》讲述了一名水管工迪马发现一栋居民楼即将倒塌，他楼上楼下挨家挨户通知了住户，又心急火燎地报告了市政府。恰逢市长生日宴会，官员听到消息，各怀心思。市长想，若要救人，一是没有多余的住房安置住在这些危楼的人，更没有 2.6 亿元安置资金；二是发布消息，就等于承认政府之前各项工作都没做到位，还会牵扯政府官员更严重的贪污和不作为问题。其他部门官员也都担心扯出贪腐问题，导致落马，而且他们觉得这栋楼里的居民都是些无足轻重的社会底层蝼蚁，其中不乏吸毒者、赌徒、酒鬼、刑满释放人员。

市长最终决定让各部门联合导演一场火灾，将居民从楼里疏散出来，同时她亲自去向垄断整个街区的房地产商萨弗洛诺夫求救，希望他能借给政府两栋楼。可唯利是图的房地产商无情地拒绝了她。事已至此，女市长在幕僚丈夫怂恿下心生毒计，不如找两个替罪羊，毁尸灭迹，然后把一切责任都推给他们！她假装命令各部门疏散居民，却暗地里命令警察局长派人将负有直接责任的房管局长、间接责任的消防局长，以及管道工迪马抓起来灭口。同时，他们将所有与此幢大楼相关的文件集中烧毁，然后只管若无其事的等待着大楼倒塌，然后把一切罪责归咎给那三个已经"畏罪自杀"的人。

在郊外一座大桥下，房管局长临死前突然做出了一个善举，求行刑者放迪马一条生路，"他就是一个管道工，他什么都不知道，让他走吧"，条件是他必须当夜带着全家离开这座城市。侥幸活下来的迪马在大雪中飞奔，桥下传来几声枪响，两个替罪羊已死。

刑场上死里逃生的迪马回到家中，疯了似的拽上妻子和沉睡中的儿子开车逃走。迪马在逃亡的途中，发现危楼前空无一人，既没有警察，也没有消防队，原来女市长和她的政府并没有采取任何行动！于是迪马决定让妻儿自己走，而自己留下来，用自己的力量去拯救这820个生命。他走下车来，为了一栋楼的820条生命，同妻子和孩子诀别。

妻子流着泪说："迪马，你怎么还像孩子一样？他们跟你有什么关系？醒醒吧！"

迪马回答："没关系？我们活得像动物，死得像动物，正是因为我们对于对方都无足轻重。"

迪马头也不回地跑进危楼，挨家挨户喊，"楼要塌啦！赶快出来！"他发疯一般地敲开每家每户的大门，赶走了在地下室吸毒的小青年们、踢翻了酒鬼们的牌桌……将他们赶到楼下。人们衣衫不整，莫名其妙地聚集在大楼外面，而迪马像一个迷茫的英雄站在人群中央。

忽然一个酒鬼带头打了迪马一拳，几秒钟之间大家一哄而上，竟将迪马打死。

之后人们重新走进了危楼。

案例评析　说真话的危险是不分国界的。迪马，一个说真话、做真事的悲剧英雄。他的真话和报告事故隐患的行为，貌似可能揭露官场的腐败恶行，险些成了官家的刀下鬼，死里逃生后，又因他的真话和救赎行为打碎了那些吸毒者、赌徒、酒鬼、刑满释放人员组成的愚夫们的"平静和幸福"，遭到了愚夫们乱拳黑脚以致毙命。《危楼愚夫》告诉我们：说真话，要么为老谋深算，弄权贪腐的官方集团所构陷，要么难逃无意识的愚夫暴民们的乱拳黑脚。

国家和政府明晰问题的症结，及时对症下药，纠偏拨正，使得国家始终不会偏离正确的轨道。如果政府总体经济稳中有进，社会和谐安定，就可能掩盖一些社会问题，让政府了解明白自己的政策偏差和治理缺陷，才能纠正弥补其弊端和缺陷，避免危机爆发。

在安全生产管理中，对安全隐患要宁愿信其有，不可信其无，更需要有"实话""危言""谣言"的不断警醒，不断鞭策，督促生产中的领导和员工们依法生产运营、合规操作、牢记安全、警钟长鸣。

四、过度追求经济利益无法保障安全生产

"为了加强安全生产工作，防止和减少生产安全事故，保障人民群众生命和财产安全，促进经济社会持续健康发展，制定本法。"这是《安全生产法》第一条规定。本条的一个着眼点就是"持续"二字，高瞻远瞩，意义深远。阉割"持续"二字，只剩下经济发展，企业家就会只盯着经济效益，从而忽略对环境和绿色空间的保护，忽视对子孙后代的长远利益。

只强调经济发展，忽视百年战略、千年大计，还会造成无原则的资源浪费，并且伴随层出不穷的安全事故和社会稳定群体事件。这在健康持续发展的社会是绝对不容许的。

《民法典》第九条规定，"民事主体从事民事活动，应当有利于节约资源、保护生态环境。"第一千二百二十九条规定，"因污染环境、破坏生态造成他人损害的，侵权人应当承担侵权责任。"

我们很多资源总量都是世界第一或名列前茅，但落后的经济增长方式并未摆脱。以煤业为例，我国是产煤大国，现在矿井的平均深度是 420 米，而且每年往下延伸 20 米。为此我国煤矿工人为此付出多少艰辛、血汗和生命的代价！

生产落后管理粗放，无视劳动者生命健康，安全生产事故必然是此起彼伏。没有安全就没有效益，小事故效益锐减，大事故效益归零。《中共中央　国务院关于推进安全生产领域改革发展的意见》（2016 年 12 月 9 日）对我国安全生产状况有实事求是的认识：工业化、城镇化规模扩大，传统和新型生产经营方式并存，安全生产基础薄弱，监管机制和法治不完善、不严格，企业主体责任落实不力，事故多发频发，尤其特大安全事故没有得到遏制。我国仍然存在高耗能、低收益、高事故率、高伤亡率的客观情况。

案例 2-5　在美国行业安全指数排在第一的是制造业（8.1），随后依次为建筑业（7.9）、农业（7.3）、运输业（6.9），排在最后的是采矿业（4.0）——它甚至比零售业（5.6）的事故率还低。注意这组数据中指数越高越危险。

案例评析　该案例的数据是否颠覆了你的行业安全经验？矿山行业安全管理难度最大。一般而言发展中国家的矿难事故高居各行业榜首。但是上述的行业安全指数说明，美国的采矿业竟然是所列行业中最安全的。原因何在？原来是政府的安全意识强，重视矿山行业的安全投入和管理。

2004 年美国生产煤炭近 10 亿吨，但煤矿安全事故中总共死亡 27 人，2005 年这一数字更是降低到 22 人，即百万吨煤人员死亡率为 0.0022。

由上可见，真正的实力在于不断健康发展的积累，才会取得经济社会的持续有序的发展成果。当然，中国的安全生产还大有作为。利用我国的后发优势，只要坚持不懈的努力，前车可鉴，可用十几年时间走过发达国家几十年的历程，达到中等发达国家的水平。

2020 年 9 月 22 日，我国在第七十五届联合国大会上的承诺："中国将提高国家自主贡献力度，采取更加有力的政策和措施，二氧化碳排放力争于 2030 年前达到峰值，努力争取 2060 年前实现碳中和。"欧盟等发达经济体二氧化碳排放在 20 世纪 90 年代已经达峰，从"碳达峰"到"碳中和"有 50～70 年过渡期；我国从"碳达峰"到"碳中和"仅有 30 年时间，时间紧迫，目标高远，减碳降耗环保，适度经济发展，加快技术创新，矢志励精图治，为实现"双碳"目标，展现大国担当襟怀，付出艰苦卓绝的努力。

以电力行业为例，企业设备不安全是安全生产的三大因素之一。随着特高压和智能电网的建设发展，技术创新，网络坚强，设备先进，实现"空中运煤"的构想，增大绿色能源的比重，实现"双碳"目标，电力企业安全生产也将发生显著的改观，带动国民经济健康持续发展。

五、勤于消除隐患是根除安全事故最可靠的管理

成语"未雨绸缪"出自《诗经·国风·豳风·鸱鸮》中的"迨天之未阴雨，彻彼桑土，绸缪牖户。"趁着天还没有下雨，扯下桑根，缠绕绑扎好鸟窝的进出口。诗歌叙述母鸟在控诉谴责鸱鸮抓其雏鸟后，决心要保卫家园修整鸟巢，于是提前计划，立马行动，有备无患。

在《扁鹊见蔡桓公》（《韩非子·喻老》）一文中，扁鹊发现了"君有疾在腠理，不治将恐深。"桓公讳疾忌医，扁鹊每隔十天诊断一次，发现桓公的病由表及里，由浅入深，愈日加重。一月后，病入骨髓，扁鹊无奈逃去秦国，桓公死。扁鹊善于由表象看本质，洞察隐患，并指出隐患的纵深发展趋向，不断提示桓公，而桓公不应不悦，最终"在骨髓，司命之所属，无奈何也"。在安全生产管理中，亦须像扁鹊一样，善于查找隐患，诊病于未萌，治病于未发。

"曲突徙薪"比喻事先采取措施，才能防止灾祸。"曲突徙薪"出自《汉书·霍光传》："臣闻客有过主人者，见其灶直突，旁有积薪。客谓主人，更为曲突，远徙其薪，不者且有火患。主人嘿然不应。俄而家果失火，邻里共救之，幸而得息。"客人提醒主人，要把灶台的烟囱改建成弯曲状的，把灶台边上的柴草搬运到远离灶台的地方，否则可能会发生火灾。主人沉默以对，不久家里果然失火了，幸亏邻里同心协力，扑灭火患。

以上三则古代诗文给了我们安全生产管理的世界观和方法论。颇似我们的传统医学保健、诊病和治病的方法步骤。系统性理疗，预见性诊断，长期性防范：一体通气脉，综合

观全局，辩证看问题，治标有治根。诊于腠理，治于未萌，这也是事前预防式管理的新理念。在安全生产中如是做，将会把事故扼死于萌芽之中。而事故发生后，那些高明的工程师准确判断事故，经验丰富的维修师傅到了事故现场，精湛维修，恢复生产，好不令人艳羡钦佩！实际上这还是事后安全管理的陈旧思想：没事就好，有事处理。这样的安全管理代价和成本又何止为事前管理的千百倍。对于安全生产管理，宁愿让精湛的维修技术无用武之地之地，才是最高的境界。

在大自然中一些冷血动物的本能保护往往给人类令人惊叹的启迪。《动物与自然》节目中叙说了一个令人动容的场景：南非有一种牛蛙，母牛蛙带领一群蝌蚪宝宝在烈日炎炎下的一泓小水湾自由快乐的游玩。突然，母牛蛙发现，水湾的水在渐渐地减少，于是，它用自己柔弱的臀部，硬是一点一点地把小水湾与毗邻的大水湾之间的那条堰推开了一个豁口——大水湾的水流到了小水湾，而且会保持等水平，蝌蚪宝宝们得救了。这场景真真是令人惊叹！看来牛蛙这种冷血动物安全意识很强，且善于发现隐患、排除隐患。关于查找和消除隐患，《安全生产法》就规定了十几个条文。其中：

第十八条规定，"生产经营单位的主要负责人对本单位安全生产工作负有下列职责：（四）督促、检查本单位的安全生产工作，及时消除生产安全事故隐患；"这是单位一把手安全生产的责任之一。

第二十二条规定，"生产经营单位的安全生产管理机构以及安全生产管理人员履行下列职责：（三）督促落实本单位重大危险源的安全管理措施；"这是生产单位安全生产责任之一。

第三十八条规定，"生产经营单位应当建立健全生产安全事故隐患排查治理制度，采取技术、管理措施，及时发现并消除事故隐患。县级以上地方各级人民政府负有安全生产监督管理职责的部门应当建立健全重大事故隐患治理督办制度，督促生产经营单位消除重大事故隐患。"

第四十三条规定，"生产经营单位的安全生产管理人员在检查中发现重大事故隐患，依照前款规定向本单位有关负责人报告，……"

第六十二条规定，"安全生产监督管理部门和其他负有安全生产监督管理职责的部门……（三）对检查中发现的事故隐患，应当责令立即排除；重大事故隐患排除前或者排除过程中无法保证安全的，应当责令从危险区域内撤出作业人员，责令暂时停产停业或者停止使用相关设施、设备；重大事故隐患排除后，经审查同意，方可恢复生产经营和使用。"

第六十七条规定，"负有安全生产监督管理职责的部门依法对存在重大事故隐患的生产经营单位作出停产停业、停止施工、停止使用相关设施或者设备的决定，生产经营单位应当依法执行，及时消除事故隐患。"

第七十一条规定，"任何单位或者个人对事故隐患或者安全生产违法行为，均有权向负有安全生产监督管理职责的部门报告或者举报。"

第七十二条规定,"居民委员会、村民委员会发现其所在区域内的生产经营单位存在事故隐患或者安全生产违法行为时,应当向当地人民政府或者有关部门报告。"

第七十三条规定,"县级以上各级人民政府及其有关部门对报告重大事故隐患或者举报安全生产违法行为的有功人员,给予奖励。"

第九十四条规定,"生产经营单位有下列行为之一的,责令限期改正,可以处五万元以下的罚款:(五)未将事故隐患排查治理情况如实记录或者未向从业人员通报的。"

第九十八条规定,"生产经营单位有下列行为之一的,责令限期改正,可以处十万元以下的罚款:(四)未建立事故隐患排查治理制度的。"

第九十九条规定,"生产经营单位未采取措施消除事故隐患的,责令立即消除或者限期消除;生产经营单位拒不执行的,责令停产停业整顿,并处十万元以上五十万元以下的罚款,对其直接负责的主管人员和其他直接责任人员处二万元以上五万元以下的罚款。"

案例 2-6　在汶川大地震中,黑心建筑商为祖国的花朵们构筑了一栋栋豆腐渣教室,葬送了北川中学约 1300 人、聚源中学约 320 人、向峨中学约 300 人、洛水中学约 170 人、新建小学约 330 人、金华小学约 250 人……远远超过 20000 个稚嫩而鲜活的宝贵生命!然而与豆腐渣工程的始作俑者们形成鲜明对比的也有人类原始良知未泯的与北川县毗邻的桑枣中学的叶志平校长。面对那些黑心老板构筑的楼梯栏杆摇摇晃晃,楼板内塞满了水泥纸袋子的活坟墓教室,叶志平无法坐视不管,他没有能力惩治贪官污吏和黑心建筑商,只能向那些良知尚存的个人和单位"化缘"修复加固危楼的费用。

一栋新建危楼只用了 17 万元,8 栋教学楼和 1 栋实验教学楼维修加固却花费了 40 万元!叶志平带领老师们一边加固教室、一边演练地震逃生。根据学校的布局制订了一整套各个班级科学的逃生路线和逃生规则。地震波袭来,这些经过加固的危楼坚持了 1 分 36 秒没有倒下。

这无法用语言描述何等宝贵的 1 分 36 秒,给了训练有素的桑枣中学 2200 多名师生充足的逃命的黄金时间。2200 多名师生按照科学有序的逃生方案,分别从 8 栋教学楼和 1 栋实验教学楼有条不紊的集中到操场上,竟然无一人伤亡!

案例评析　叶志平校长发现隐患,不畏艰难立即行动,加固危楼和应急演练,让 2200 多名师生逃离死神,安然无恙。

六、细心是事故的克星

细心是安全的伴侣,粗心是灾祸的至爱。《韩非子·喻老》中的"天下之难事必做于易,天下之大事必做于细""千里之堤以蝼蚁之穴溃,百尺之室以突隙之烟焚。"这些警句和古训,说明了做事情要重视细微之处,忽视了不起眼的细节往往会致溃坝焚室的大祸患。

1. 细节，并非无足轻重的细枝末节

欲谈细心要先说细节。细节之于事物则是细微节点，在这些细微的节点里，有时候却隐藏着精密的机关，起着举足轻重的作用。因此，细节，并非无足轻重的细枝末节。

一台精密机床的床头箱有几十甚至上百个齿轮，一个齿轮少了一个齿，一块电路板子少了一个电阻，一个错综复杂的燃气管道系统中少了一个阀门……这些看起来细枝末节的缺陷，可能会因为转速不够均匀而导致加工的精密零件次品或报废，可能会因为电流变化导致电路损坏而报废，还可能燃气泄漏造成火灾或者毒气泄露。所以，细节中的魔鬼一旦逃出来，而我们没有揪住并制服它，事故就不可避免。事故的魔鬼就隐藏在细节里，要逮住细节中的魔鬼，就需要细心。

2. 万无一失不足谓细心

细心做事情，理论上就是百分之百的没有缺陷，就是在安全生产中强调的"以零违章确保零事故"。荀子在《劝学》中说："百发失一，不足谓善射；千里跬步不至，不足谓善御。"在安全生产管理中，无论站在哪个层面上，安全生产万无一失是万万不够的，都要严格千万倍。

先从一台设备说起。美国宇航局技术总监布恩说，萨顿 V（推动大太空飞船的火箭）有 5600000 个零部件，按 99% 的可靠率计算，有 56000 个零部件不合格，实际上试验时只有 2 个出现异常，即可靠率要求至少 99.999%。

由此推出，一个企业乃至一个行业有多少台设备，一台设备又有多少个零部件？以电力行业为例，截至 2022 年年底，全国电网仅 220 千伏及以上输电线路回路长度 88 万千米，在地球和月球之间架设两条输电线路还余下 11 万公里。

截至 2019 年 6 月全国机动车保有量 3.4 亿辆，2019 年全国有国企、民营和外企共 106556 个加油站，2018 年每天民航起落约 3 万架次。就上述数据，如果我们仅仅做到了万无一失，那每天将发生 34000 起车祸，约 10 个加油站发生火灾或其他事故，3 个航班发生空难！

所以，安全生产万无一失是绝对不行的！要做到几十万无一失、几百万无一失、几万万无一失啊！

3. 细心表现在各个环节

（1）预想事故须细心。一个操作，一次作业，在实施之前，要细心地预想每个环节会发生事故的不安全因素，研究对策。

（2）排查隐患须细心。一个机床卡盘由于工件或夹具损伤而带毛刺，如果没有察觉出来，就可能扯住操作人员的袖口绞进机器，甚至绞掉手臂。一个压力阀门轻微泄漏而未察觉，毒气就会泄露出来。一个螺钉，置其松动而不顾，就可能将固定零件位移，撞毁其他零部件，甚至机毁人亡。

（3）作业操作须细心。作业中每一个操作行为都要细心思考，严格按照操作规范和作业指导书进行，任何不细心的动作都可能引发事故。譬如误触了作业流水线的停止按钮，造成生产停运，误碰了变压器的重瓦斯探针，致使变电站主变压器跳闸。

（4）维护维修须细心。维护维修就像是给设备系统诊断治病一样，运行中的设备、系统要不间断的检查，通过现象找出隐患和缺陷，凡是确定维修的缺陷要立即维修，不可拖延将就，拖延就是让插座愈加过热，让阀门加大泄漏，让螺丝越来越松动，结果本该避免的祸患发生了。

案例 2-7 220 千伏某变电站因人员违章作业，误触重瓦斯手动探针造成主变压器跳闸，事发后未向中调如实汇报；随后雷击线路发生接地故障，因该变电站主变压器退出，该地区电网的零序阻抗和零序电流的分布和大小发生了极大的变化。又因继电保护装置不能正常动作，导致 7 个 110 千伏变电站停电，该省南部电网瓦解，该市全市停电 48 分钟，波及相邻县市停电，某电厂甩负荷解列。

案例评析 仅仅误触了重瓦斯手动探针，就导致一省的半壁江山电网瓦解，其恶劣影响之大自不待言。因此，电网员工在作业过程中，每分每秒都要保持精神高度集中。

案例 2-8 2003 年美国当地时间 2 月 1 日上午 9 点，休斯敦地面任务控制中心地面目击人员报告称，哥伦比亚号航天飞机碎成无数碎片，在天空中拖过一条长长的白烟。这是载有七名宇航员的美国哥伦比亚号航天飞机在结束了第 28 次为期 16 天的太空任务之后，返回地球，但在着陆前 16 分钟发生了意外，航天飞机解体坠毁，七名宇航员全部罹难。

NASA 事故报告事故原因：航天飞机发射时，外部燃料箱表面脱落的一块泡沫材料（0.75 千克）击中了航天飞机左翼前缘的一块"增强碳-碳隔热板"，致其裂纹损坏。航天飞机返回大气层时，剧烈摩擦产生 1400℃高温，致飞机左翼融化，机体解体坠毁。

案例评析 仅仅一片隔热瓦如此细小的隐患，竟然导致了惊天动地的大事故，价值连城的航天飞机和价值无可估量的七名航天员的生命化为灰烬。

如果作业人员不在意细节，不能察觉出细节的异常，没能关注细节的变化倾向，也没有处理细节变化的能力，那么他（她）一定不会是一个安全人。

4. 由细节引发的蝴蝶效应

"一只南美洲亚马孙河流域热带雨林中的蝴蝶，扇动几下翅膀，可以在两周后引起美国得克萨斯州的龙卷风。"这就是美国气象学家爱德华·洛伦茨（Edward.N.Lorenz）提出的著名的蝴蝶效应。安全事故在空间上的蔓延颇似蝴蝶效应，由细微的一点蔓延到面，直至侵吞整个空间。譬如一个商场、一个仓库的一个用电插头发热，也许几周后就会将商场、仓库化为灰烬。洛伦茨分析原因是，在大气运动过程中，即使各种误差很小，也有可能在过程中将结果累积起来，经过逐级放大，以指数形式增长，形成巨大的大气运动。例如，

2003 年 8 月 14 日，美国东部大停电致 100 多座电厂跳闸，包括核电站 22 座，负荷损失 6180 万千瓦，停电面积 9300 平方英里，涉及密歇根、俄亥俄、纽约、新泽西等 8 个州和加拿大的安大略、魁北克省，受到严重影响的居民达 5000 万人。

案例 2-9　2006 年 7 月 1 日，华中（河南）电网 500 千伏变电站，因与其相连的 220 千伏双回线的第二回线路运行中发生差动保护装置误动作，导致 2 台开关跳闸。随后，此双回线的第一回线路差动保护装置"过负荷保护"动作，又导致该变电站另外 2 台开关跳闸。而对侧变电站安全稳定装置拒动。于是引发了一起重大电网事故，导致华中（河南）电网 5 条 500 千伏线路和 5 条 220 千伏线路跳闸、32 台发电机组退出运行。河南省电网减供负荷 276.5 万千瓦，华中电网损失负荷 379.4 万千瓦，电量损失合计 280.46 万千瓦时。

案例评析　本次事故的直接原因是 500 千伏嵩山至郑州第一回线路接入"报警"的"过负荷保护"误设置为"跳闸"而动作。仅仅是"报警"和"跳闸"二字之差导致该次大停电事故，蔓延之迅猛，影响之广，令人震惊。短短的时间内，河南、湖北、湖南、江西四省电网全部坍塌，极大地影响了机关、企事业单位和居民的生产工作和生活。

生产经营单位应当关注从业人员的身体、心理状况和
行为习惯，加强对从业人员的心理疏导、精神慰藉

——摘自《安全生产法》

第三章 生理因素和心理因素与安全的关系

疾病分两类，一类是生理上的病变，另一类是心理和精神上的疾病。生理和心理难以截然分开，二者会相互影响。只不过中国人对于后者的病往往是讳疾忌医，以致成为安全事故的隐患。体魄康健，精力充沛的人做什么工作都顺畅，偶有小恙，身心不爽，恍惚迷离，就难以胜任工作。也就是说，生理和心理是相互影响且影响安全生产的。

第一节 生理因素与安全生产

人体的感官系统、神经系统、运动与供能系统对于安全的影响，应归为生理因素的影响。本节讨论生理因素对安全生产的影响。

一、视觉系统

视觉系统包括眼睛、视觉传入神经和大脑皮层视区等。人在工作生产时，可以说 80% 以上的时间信息都是通过视觉系统获得，这就要求工作生产时空的设置应尽量满足视觉系统要求。

1. 视觉能感觉并区分颜色的波长范围

人眼可见光的波长为 380～780 纳米，波长小于 380 纳米的光波是紫外 X 射线、α 射线等，大于 780 纳米的是红外线和无线电波。各种波长对应的颜色见表 3-1。

表 3-1　　　　　　　　　　　　可见光颜色及波长范围

颜色	波长/纳米	波长范围/纳米
紫色	420	380～450
蓝色	470	450～480
绿色	510	480～575

续表

颜色	波长/纳米	波长范围/纳米
黄色	580	575～595
橙色	610	595～620
红色	700	620～780

有很多行业对辨色能力有较高的要求。如化工行业辨别管道的颜色、化学试验的颜色，钢铁企业辨识钢水的颜色，电力行业辨识三相交流电相序的颜色，开车的人辨识红绿灯等。对于一些色弱、色盲的劳动者，就应该妥善安排对颜色没有要求的岗位，否则就要出事故。

其次，根据人的辨色能力正确设置工作环境的设备、标牌的颜色。如颜色易辨认的顺序为红、绿、黄、白。现在还有反光更加增强了安全色的作用，如警察黄绿色的反光安全马甲。组合搭配反差大的有黄底黑字、黑底白字、蓝底白字、白底黑字等。

2. 视觉对光亮的反应

人能看到物体是因为物体有光亮投射到人的眼球上，视觉对物体大小判断不仅决定物体本身的大小还决定于距离，越近越大，越远越小。

平常所说的视力好坏，是指在标准视觉情景中感知最小对象极其细微差别的能力，也叫视敏度。一旦亮度、对比度、物体的运动速度发生变化，就会导致视敏度下降。如白天看得清，晚上则只有白天的 3%～5%；反差大易于辨别，运动的物体比静止的物体容易辨别。

视觉对明暗变化的反应也有差别。从光亮到黑暗处很长时间内一点也看不清眼前的物体。因为由明到暗，眼睛瞳孔放大增加光通量需要 4～5 分钟，停留 30 分钟，才可以完全适应，这叫"暗适应"。反之由暗到明之就叫"明适应"，大约 1 分钟就可以完全适应。

光亮也是有度的。当眼睛遇到强烈刺眼的眩光，就会造成眩晕，破坏"暗适应"（本来已经适应了黑暗），产生视觉后像，降低视网膜上的照度，减弱视敏度，减弱被观察物体与背景的对比度，产生模糊感觉，看不清工作对象。如晚间迎面开来的亮着远光的汽车，就会看不见路。

由上可知，工作环境应根据工作对象的细微度设置适合的光亮度，微小精细的工作对象要亮度宜高，反之则低；光亮要稳定，不要变化，更不要断电，要保证光亮如一。因为在工作中突然失去光照，机器继续运转的情况下，很可能导致安全事故发生。没有机器运转的情况下也要立即停止工作。再者工作对象要慢速匀速运动，以便工作者能够看清。

除此之外，根据视错觉和其他视觉特征，在设置工作场所、工作程序、工作对象运动方向等方面，都应做到科学合理。比如视错觉，同样尺寸竖着就看着高，横着就看着长，这样可以利用竖向线条让空间高阔，用横向线条令空间宽敞。

人的眼睛看竖向运动比横向运动容易疲劳，而且对横向尺寸及比例的估计比竖向准确率高（误读率 28%，竖向则 35%）且习惯于自左至右，这些特征都在提醒我们在厂房、车间设计，物件运动方向设计、仪表读取顺序和方向设计等都要符合视觉特征，以减小误差，减少安全事故。

二、听觉系统

听觉系统包括耳、传导神经和大脑皮层听区等部分。听觉系统的灵敏度与安全的关系很密切。因为听觉的功能在于辨别声音强弱高低以及声源的方向和远近。正常人能听到的声音频率范围一般为 20～20000 赫兹。当然，对于声音的感应除了频率，还有声强和声压。譬如，相对应于频率 20 赫兹、声强 10^{-12} 瓦/平方米、声压 $2×10^{-5}$ 帕的声音，就是一般人听力的阈值，当声音低于这些值时就不能产生听觉。

人对声源方向的判断，在左右最易判断声源的方位。如果声源在听者的上下、前后，则较难确定方位。对于声源距离的判断，主要靠声压大小和经验。在生产工作过程中，可以通过声音判断设备故障，以消除安全隐患。如，化工厂员工听到细微的"咝咝"就知道阀门在轻微漏气；机械工人通过机器运转中的其他机械杂音判断是否有过渡或过盈配合部件松动而产生碰撞声；变电运行工通过变压器运行声音判断故障。如"咔嗒咔嗒"的机械声一般是铁芯固定螺栓松动，沉闷的"嗡嗡"声说明变压器过载了，尖利的"吱吱"声说明变压器过压了。危险情况下，报警装置往往是声像并用，如亮闪光的同时带有警报声或蜂鸣声。当你的工位看不到亮闪光的时候，可以通过听到声音及时处置故障或避险。

与事故有关的身体缺陷最常见的是视力和听力不良，一般说来，视力和听力较好，也就是耳聪目明的人事故较少。有学者对一组机器操作工进行视力检查，并与他们前年的事故记录作了比较，结果发现，视力检查合格者仅 37% 有事故记录；而视力检查不合格者 67% 有事故记录。因此，对工人定期进行视力检查和矫正视力是非常必要的，同时应把视力不良的工人调出视力要求较高的工种（如司机、车工等），并安排到危险较少的岗位。

三、其他感觉特征

人的嗅觉、味觉和触觉都与安全有关。嗅觉有助于闻到危险气体、有毒气体的味道，味觉有助于品尝出物体、气体、液体所含的某种物质，触觉有助于感受到某种物质或材料的大小、形状、温度、硬度、光洁度等。这些感觉的灵敏度在工作生产中都与安全有关。

人每 1 平方厘米的皮肤上有大约 100 个痛点，正常人体表面积为 1.5～2 平方米，全身皮肤可达 150 万~200 万个痛点。当工作人员通过触觉感受到了痛点，他会分析刺激的原因，从而采取防护措施，对机器或系统的温度等参数进行调节。

案例 3-1 俄罗斯电影《夺命地铁》中的检修工在地铁例行检查时，地铁隧道天花板滴下一滴水恰巧流到了他的嘴角，他没有简单地认为这是正常的渗水，他仔细地品尝了这滴水，味觉告诉他水中有河道泥土的味道，地铁上方就是莫斯科河，他判断出地铁上方裂缝已经贯通上下，于是他赶紧向领导汇报了这个重大发现。领导不耐烦地说老王伏特加喝多了，让他赶紧回家睡觉，别多事。后来，地铁司机发现前方隧道上方哗哗的漏水紧急死命刹车，车内乘客人仰马翻，头破血流……再后来，隧道塌陷，莫斯科河水倒灌。撞击、踩踏、溺水发生……死伤惨重，只有少数幸运者从下水道逃生。

案例评析　本案检修工经验丰富，善于捕捉细节并探究细节，通过品尝一滴漏水的味道做出正确的灾难判断。倘若领导重视老王"危言耸听"的谣言，停止发车，撤离隧道所有人员，一场大难就可避免。

四、健康和体力状况

许多研究表明，健康状况与事故发生情况有关，工人健康状况不良或经常生病者较易发生事故。因为病痛不适，会影响神经系统对信息加工分析的能力，影响指令的准确性和对作业操作的准确性和速度，因此容易发生事故。所以说保证工人的健康，才能保证安全生产。日常不倡导带病坚持工作和轻伤不下火线，除非专业性很强的岗位处于危急状态且无人替换的情形下。当然，那些残疾工人也有劳动的权利，他们通常有较明确的工作动机，只要根据他们的残疾情况把他们安置在合适的岗位，往往比四肢健全的工人有更好的专注力，能圆满地完成任务。

除一般健康条件外，身高、力量、平衡、生理耐受能力等，有时会对某些工作有一定影响，尤其是体力劳动强度大的工作更是如此。例如让女同志当矿工、装卸工、养路工，由于她们的体力状况与工种要求不相适应，所以很容易发生事故。分配劳动任务时，必须充分考虑他们的生理特点，力求适合他们的健康状况和体力等因素。

五、疲劳与安全

不管从事体力劳动还是脑力劳动，一段时间后，都会感到累，不愿意继续干下去。即使勉强继续劳作，不仅效率不高，还容易出错。其实这就是疲劳了。

1. 疲劳

疲劳是一种生理现象和心理现象。譬如神经系统不再继续支配运动系统去积极忘我的工作，这是对机体的保护，避免继续疲劳过度损毁机体。疲劳大致分为体力疲劳和精神疲劳。

（1）体力疲劳。劳动者随着工作时间推进，劳动负荷的积累增加，机体能力衰减，作业能力下降，外在表现为倦怠，如脸色苍白，反应迟缓，懒语等。实际上感觉、运动、代谢机能均发生了不协调，同时，大脑就抑制正在进行的作业，植物神经紊乱，效率下降，差错迭出。

（2）精神疲劳，也就是脑力疲劳，用脑过度，大脑处于抑制状态的现象。大脑有巨大的工作潜力，其工作量也很大。这从血液供应量就可以见出：一个 70 千克的劳动者其大脑也就 1.4 千克，大脑只占体重的 2%，但其所需的血液却占到全身的 20%！15 秒不供血就昏迷，4 分钟不供血脑细胞就死亡。在从事紧张的脑力劳动时需要更多供血。当然，大脑运作的同时，相关肌肉也在紧张，体力也在下降，体力和精神疲劳互相作用。这时候，精神散漫，思维混乱，身心俱疲，影响工作效率且易出错，就不要再继续进行脑力劳动了，应该休息了。

2. 疲劳机理和原因

（1）疲劳机理。我们从事体力劳动时间长了，就感觉肌肉酸疼，这是因为乳酸在肌肉和血液中大量积累，这些乳酸分解后产生液体，滞留在肌肉中，若不及时休息，就不能被血液及时带走，致使肌肉肿胀，压迫血管，导致供血越发不足。同样，脑力消耗过大，神经系统产生启动保护抑制功能，保护神经细胞免于过度疲劳。如脑力劳动时间长了，就产生不愿意继续工作的懒惰感觉，外在表现就瞌睡。这时候即使外因强迫工作，也难以保证质量且故障率增加。

（2）疲劳原因。一般原因列举：①业务技术不熟练；②睡眠不足；③连续作业时间过长；④休息时间不足；⑤连续多日夜班、白班不规律；⑥白加黑连续作业；⑦加班过长频繁；⑧作业强度过大；⑨劳动中能量代谢率过高；⑩拘束、固定的作业姿势过久；⑪工作单调、简单重复无变化；⑫年龄过小或过大；⑬有害物质（气体粉尘）不断侵袭；⑭环境不利（高温、振动噪声、照明不足）；⑮作业条件差（位置过高过低、空间狭隘）；⑯由于疾病体力不支。

心理原因列举：①劳动工作热情不高；②没有兴趣；③工作状态不稳定（不安心、担心失去工作）；④有拘束感和束缚感；⑤家庭不和；⑥惦记家务心事（家人生病、欠债等）；⑦对健康担心；⑧有危险感和危机感；⑨生产责任压力大；⑩种种不满意（工资、福利、晋升、待遇、前景）；⑪职业工种不适合自己的个性特征；⑫对疲劳的暗示等。

例如，在生产实践中，许多事故都是由于工人疲劳引起的。如哈利斯（J.A.Harris）曾调查 286 次长途汽车的事故，发现 38% 的事故是司机开车时打瞌睡或注意力不集中而引起的。

工作经验缺乏可增大事故发生率。研究表明，人从事新的工作一年半以后，事故才能显著减少。所以在新工人走上工作岗位之前，应对其进行就业培训。塞尔斯特（R.H.Zelst）在一个新开工的钢厂对 1237 名工人每月的事故发生率进行比较，发现在头 5 个月内事故发生率从每 1000 小时 6 次降至 3.5 次。在之后 5 年内，事故发生率没有明显变化。他认为，只有在业务不熟练的早期阶段，经验在事故中才是一个重要因素。

一般说来，年龄较大的工人，因工作时间较长，工作经验丰富，技能成熟，但随年龄增长，生理功能（视觉、听觉、反应时间、手眼脑协调能力）日趋减退，由于年龄较大的工人，多处于较高的工作岗位或处于指导地位，他们暴露于危险的场合较年轻人少，所以年龄较大的工人较少发生事故。年龄较大的工人较少发生事故的另一个原因是，随着年龄增长，他们更加成熟，更重视家庭及自身健康，工作时就谨慎得多，即使一旦出现危险，也能更冷静地处理。

塞尔斯特（R.H. Zelst）比较了一组 639 名有约三年经验的年轻工人（平均年龄 28.7 岁）和一组 52 名有相同经验的老工人（平均年龄 41.1 岁），在 18 个月内老工人组的事故率是每 1000 小时 3.4 次；而年轻工人组是 40 次。在整个研究期间，年轻工人事故率都高于老工人组。他认为，事故率的高低主要取决于年龄因素，而不是经验的因素。据统计，人在 20～25 岁时事故率最高，30 岁以后事故率有所下降，35 至 45 岁事故率最低，45 岁以后其经验较丰富，但由于生理机能下降，如仍在生产第一线，事故率又有上升的趋势。

有资料表明，在男性与女性之间，事故率是不平衡的。匈牙利心理学家鲍利特（E.Bauniet）和摩拉尼（M.Mourarne）曾研究过男女工人的事故率，男工为 70.7%～71.9%，女工为 8.8%～41.9%，经统计学分析，二者有非常显著的差异。如对某市三年因工伤事故死亡资料进行性别比较，发现男工占死亡总人数的 92%，女工占 8%。这除了与男女工人所占的工人总数的百分比不同（男工占工人总数的 51.8%，女工占工人总数的 48.2%）、所从事的工业类型不同、所从事的职业不安全因素不同有关外，性别的不同在事故率上的差异也是存在的。这主要与男女工人之间心理、生理差异有关，男性大多数有较强的冲动攻击性行为，可能是男性事故率明显高于女性的因素之一。

再如，生活紧张（如家中亲人死亡、离婚、住房抵押等）的劳动者，其行为和健康受到影响，易于发生工伤事故。惠特洛克（F.A. Whitloketal）等曾调查了 71 名 17～65 岁的事故发生者，为数不少的人在事发前 6 个月经历了重大的生活变故，导致生活紧张。因此，对于这样的员工，不仅要给予精神安慰或物质补助，在劳动过程中还要特别关注其安全行为。

3．预防和降低疲劳

（1）合理设计操作动作和用力。①位置正确，空间宽松，动作伸展舒畅，有利于血液流动畅通，肌体供氧充分，减缓疲劳；保持姿势平衡，尽量让自身重量来平衡负荷是省力的有效方式；动作自然对称且富有节奏也会减缓疲劳。动作宁小勿大，就是说能用手指完成的动作就不用手腕，更不用肘关节、肩关节和身躯。②体位和用力的方向。搬（抱）起重物时，不弯腰比弯腰少消耗能量；提起重物时，手心向肩部可以获得最大的提升力；搬运重物时，肩挑是最佳负荷方式，用能耗指数来表示的话，肩挑为 1，扛 1.07、抱 1.10、二手分提 1.14、头顶 1.32、一手提 1.44；向下用力的作业，站位比坐位更有力，可以利用躯干的重力协调动作；推运物体时，两腿间夹角大于 90 度最为省力。

（2）合理的休息制度。休息是治疗疲劳最有效的方子，无论体力和脑力劳动都应安排休息，但要根据工种和劳动强度，合理确定休息时间长短和频率。

1）休息时间。休息的目的是让劳动者工作期间保持良好的体力和脑力状态。因此不要等到早已疲劳才休息，应在进入疲劳之前就休息。譬如每工作 1.5～2 小时要进行短暂休息就是合理的。对于高温、高辐射的重体力劳动要加大休息频率、延长休息时间，而对于集中精力的劳动则要减少休息的频率和时间，避免打断思路，降低效率。

2）休息方式。体脑交替、轻重交替、工种交替、姿势交替和动作交替都是休息的方式。当然主要的休息方式还是居家休闲、坐卧、或娱乐轻松的活动。体力劳动后的休息主要进行舒展身体、放松肌肉疲劳的活动，脑力劳动后的休息则是进行与体力相关的活动，旨在转移大脑皮层的兴奋区。

（3）摒弃单调工作感。千篇一律的重复使人脑的兴奋集中于局部区域，而周围区域很快会处于抑制状态，并在大脑皮层蔓延，导致疲劳。因此，应培养一专多能的劳动者，可以变换工种、工作内容，甚至做基层管理。设计工作流程，应考虑心理生理特点，使操作、动作、工序综合丰富化，同时可以不断显示劳动成果，鼓舞劳动者，令其有不断取得更大成绩的欲望和乐趣。此外，还可以将操作空间的照明、颜色、音乐设置得有益于减缓劳动者疲劳。

（4）改进生产组织和劳动制度。我国的休假制度在进入世界贸易组织后被迫改为每周工作 40 小时工作制，以前是 48 小时工作制，在发达国家有 32 小时工作制。

工作速率也影响人的间歇休息，心脏在一生中不停地工作。心跳的周期大约为 0.8 秒，心脏每跳动一次，其中心房只工作（收缩）0.1 秒，却休息（舒张）0.7 秒；而心室则工作（收缩）0.3 秒，却休息（舒张）0.5 秒。这样，心脏每跳动一次，心房的舒张期是收缩期的 7 倍，心室的舒张期是收缩期的 1.67 倍，也就是说，心脏的工作时间远小于休息时间。这样，心脏就获得了充分的休息。

我们设计工作速度与间歇应该效仿这个自然道理，让劳动者在工序、操作、动作间歇中得到休息，当然设计机器也要考虑做工和空程间歇的长短，这样人在工作中就能得到休息，像心脏一样不知疲倦，既有益于健康，又不失去效率。

我国传统医学的十二时辰对应五脏六腑的十二经络见表 3-2。

表 3-2　　　　　　　　　　　时辰与五脏六腑的经络对应表

时辰	时间	最旺盛的经络	时辰	时间	最旺盛的经络
子时	23：00～1：00	胆经	午时	11：00～13：00	心经
丑时	1：00～3：00	肝经	未时	13：00～15：00	小肠经
寅时	3：00～5：00	肺经	申时	15：00～17：00	膀胱经
卯时	5：00～7：00	大肠经	酉时	17：00～19：00	肾经
辰时	7：00～9：00	胃经	戌时	19：00～21：00	心包经
巳时	9：00～11：00	脾经	亥时	21：00～23：00	三焦经

一般说来，从亥时 21 点到寅时 5 点，是人体随地球转到背着太阳的一面，阴主静，适宜人体细胞休养生息睡眠的良辰，也就是跟着太阳走，日出而作日没而息。但是对于很多

工业企业，人停下来休息，机器和生产线不能停运。这就要求各行业要根据自身生产特点，灵活机动，多种制度。如煤炭行业的"四六轮班制"，冶金矿山行业的"四八交叉作业"和纺织业的"四班三运转"等，最大限度地保证劳动者的生理心理机能处于良好状态，且具有较高的工作效率。

现代研究也证明，确有劳动者生物节律。作业者夜班的生理机能水平是白班的 70%，效率低 8%，差错率也高。如电话交换台值班员在凌晨 2～4 点的差错率最高达 50%。

六、生物节律与安全

《黄帝内经》曰："夫四时阴阳者，是万物之本也。所以圣人春夏养阳，秋冬养阴以从其根。"月亏月盈，潮涨潮退，花开花落，万物从道而行。男性的周期低迷，女性的生理月经，许多动植物的生理机能和生活习性随着时间变化出现周期性规律的"生物钟"现象，也就是生物为适应昼夜、季节或其他规律的制约而调节自身的规律，即"生物节律。"

1. 生物节律曲线

20 世纪初，德国内科医生威尔赫姆·弗里斯和奥地利心理学家赫尔曼·斯瓦波达通过长期的临床观察和研究发现，人从出生到生命结束，其体力、情绪、智力呈现如正弦曲线一样的周期性波动。只是三者的周期不一样：体力为 23 天、情绪为 28 天、智力为 33 天，如图 3-1 所示。其数学表达式为：$y = A \sin x$，其中，y 是波动高低变量，x 是时间变量，A 是最大波动幅度。由正弦曲线可知，体力、情绪、智力三者从正半波（$y \geq 0$）的初始渐入佳境，达到峰值，这期间称为高潮期，接着由盛而衰，降落到 $y=0$，进入负半周，渐渐跌入低谷，这期间称为低潮期，然后又重新上升，进入下一个正半波，如此周而复始，永不间断。

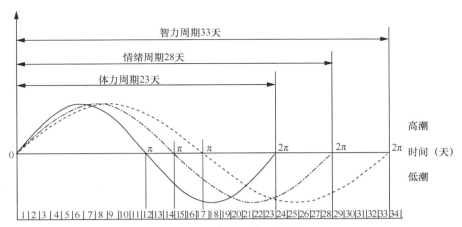

图 3-1　人体三节律曲线

智力节律 33 天为一个周期。2～15-是高潮期；19～31-是低潮期。1、16、18、32 日是临界期；17、33 日是临界日。
情绪节律 28 天为一个周期。2～12-是高潮期；16～26-是低潮期。1、13、15、27 日是临界期；14、28 日是临界日。
体力节律 23 天为一个周期。2～10-是高潮期；14～21-是低潮期。1、11、13、22 日是临界期；17、33 日是临界日。

体力、情绪、智力三者高潮期表现为体力刚健旺盛、心情快乐向上、头脑思维敏捷，具有更明晰的逻辑性和创造性。低潮期则体力衰弱疲惫，情绪喜怒无常，精神散漫，健忘走神，判断力和解决问题的能力下降。除了高潮期和低潮期，在区间（0，2π）内连续且有导数，在区间（0，π）上，曲线在切线以下下凹，在区间（π，2π）上，曲线在切线以上上凹。这两段曲线的分界点就是曲线 $y = A\sin x$（0<x<2π）上的一个拐点。推而广之（曲线向正负方向延伸），正负半波的交替变化点（曲线上凹变下凹，下凹变上凹的转折点），即各个正负半波交替转化的分界点都是拐点（0、π、2π……都是拐点）。由高潮向低潮，低潮向高潮转折的点在生物节律曲线上叫作临界点，这一天则称之为临界日。研究表明：对于体力和情绪，临界日比低潮期更危险，更容易发生事故，对安全影响更大。而对于智力，临界日和低潮日则差异不大。

以上所说的高潮、低潮、临界的点（日）是指影响最大的那一天，实际上是一个向左右延续的三四天的期间，叫作高潮期、低潮期、临界期。

图 3-1 所示的体力、情绪和智力三条曲线在一个图上是为了说明三者周期的天数，没有区分相位不同，初相位都假设为 0。而实际上任何人任一天的三者曲线的初相位是不同的。如某人 1981 年 7 月 29 日出生，其 2011 年 9 月的生物节律图如图 3-2 所示，显然初相位是不同的。从图 3-2 上可以读出，某人任一天的体力、情绪、智力的指标值。如取 2011 年 9 月 6 日、13 日和 23 日三天，体力、情绪、智力值见表 3-3。

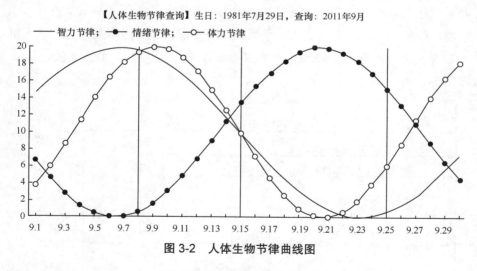

图 3-2　人体生物节律曲线图

表 3-3　　　　　　　　　　　　　　某人 3 天的体力、情绪、智力值

指标值 \ 日期	2011 年 9 月 6 日	2011 年 9 月 13 日	2011 年 9 月 23 日
体力	16	12.5	2
心情	0	8.9	18.5
智力	19.8	13.9	0

实际上，根据公式可以计算出任何人任一天的三个指标，即输入出生日期和查询日期可实时动态查询，如图3-3所示。

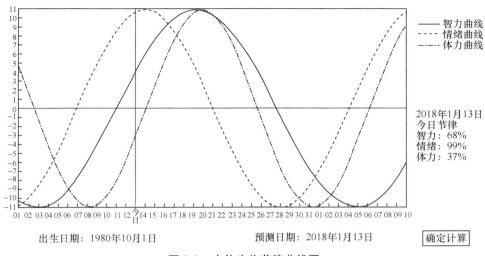

出生日期：1980年10月1日　　　　　　预测日期：2018年1月13日　　　　确定计算

图 3-3　人体生物节律曲线图

2. 生物节律曲线分析

（1）每个周期发生高潮期、低潮期各一次，每半个周期发生临界期一次。

（2）低潮期容易发生事故，临界期更容易发生事故。

（3）低潮期、临界期重合期间更容易发生事故。

（4）多重低潮期和临界期重合最容易发生事故。人的体力、情绪的波动周期各为23天、28天，每年365天各有365/23=15.87周期和365/28=13.04个周期。其临界日则是每半个周期就出现一次，体力 15.87/2=7.935 天、情绪 13.04/2=6.52 天。这两个半周期的公倍数为7.935×6.52=51.7362天，再将一年365天减去情绪的半周期（大于体力的半周期）14天（正弦曲线的第一个半周期），那么体力、情绪的双重临界日一年内大约有（365−14）/51.7362=6.784次，即至少6次。同理可计算出体力、情绪、智力三重临界日一年内大约至少有1次。

3. 生物节律的测定方法

上述计算只是一年内低潮期、临界期的次数，而不知道具体是哪月哪日。以下是计算低潮期、临界日发生的具体日期（曲线上的相位）的方法。

（1）按照公历核准年月日；

（2）根据以下公式计算从出生之日起到测定日的总天数。

$$S=365A \pm B+C$$

式中　S ——从出生日到测定日的总天数；

　　　A ——从测定年份到出生年份的差；

　　B —— 从测定年生日到测定日的总天数，如未到生日取负数，已过生日取正数；

　　C —— 从出生年到测定年的总闰年数（*C=A*/4，取整数）。

　　（3）将总天数分别除以 23、28、33，所得余数分别为被测定者的体力、情绪和智力的周期相位（即处于相应周期的第几天）。

　　由上可知，通过体力、情绪和智力周期测定，可知道是否处于低潮日、临界日或可以知道距离低潮日和临界日还有几天。

　　如上研究表明，正确利用生物节律，恰当调度安排生产任务，规避劳动者的"三期"或者在"三期"内给予适当的提醒注意，可以起到强化安全意识，注意自我保护，改善心理状态，减少事故发生的积极作用。但是仅提醒和暗示而已，切不要危言耸听，造成劳动者心理紧张，发生适得其反的结果。同时，高潮期就不要提示了，以免掉以轻心、麻痹大意而发生事故。

　　案例 3-2　张某 1984 年 6 月 1 日出生，想计算他 2015 年 7 月 15 日体力、情绪和智力三个周期所处的状态（指标值）。

　　根据公式 $S=365A \pm B+C$，其中 $A=2015-1984=31$，$B=30+15=45$，$C=(2015-1984)/4=7.75$，取整数 7；则 $S=365A \pm B+C=365 \times 31+45+7=11367$。

　　总天数 S 分别除以 23、28、33，得到：

　　体力周期：11367÷23=494…5；

　　情绪周期：11367÷28=405…27；

　　智力周期：11367÷33=344…15。

　　以上计算结果说明：张某体力周期的商 494 是指第 494 个周期，要计算的周期是第 495 个周期，余数 5 表示到 2015 年 7 月 15 日，该员工正处于第 495 个周期的第 5 天，处于高潮上升期；同理，情绪周期结果表示该日为第 406 个周期的第 27 天，处于从低潮期进入高潮期的临界期；智力周期结果表示该日为第 345 个周期的第 15 天，马上从高潮期进入临界期。

　　案例评析　人体生物节律的计算方法是首先将出生日期到测定日期的总天数计算出来，然后将总天数分别除以 23、28 和 33，所得商表示已经度过的周期数，而余数就是测定日在生物节律曲线中的天数位置（曲线相位），从而知道体力、情绪和智力在要计算的那天所处的状态（高潮期、低潮期或临界期等准确的位置）。

第二节　心理过程与安全

　　人的心理过程由认识过程、情感过程和意志过程组成。也就是人在劳动实践中从认识事物的表象到把握其内在规律的过程中，伴随着情感的体验和克服困难解决问题的意志行动。这些心理过程又反过来作用于劳动实践，提高功效，保证安全生产。因此人的心理过程对于企业安全生产活动具有重要的现实意义。

一、认知心理与安全

1. 认知心理

人的认知过程包括感觉、知觉、记忆、思维和想象等。感觉是人的感官直接作用于事物，获得事物颜色、形状、温度、硬度、光洁度等个别属性的反应过程，是外界事物进入人脑的中介和桥梁，连接人脑和事物的纽带。譬如，用手触摸机床可以感觉到机身是凉的、硬的、有棱角的，间接感知到运行机器的温度、振动的幅度等。这些感觉可以传递给大脑。

知觉是对感觉的综合反应，对事物的整体反应。譬如，综合机床各部分的感觉，可以知道机床的功能、加工原理和操作方法等。记忆是人对以往曾经接触过的对事物及特征的复制保存并能够再现的心理过程。思维和想象是人对人脑的各种信息、知识、表象进行概括、提炼、加工、改造的心理过程，是认知心理的关键步骤。

2. 感觉、知觉与安全

在实际作业环境中，危险来自各方面。如机器的安全防护装置缺陷、物料的飞溅、操作方法不正确和劳作空间的有害气体等，当然最重要的危险来自劳动者的违章操作。对所有这些危险，首先要由感觉来准确的感知，然后传递给大脑，通过知觉心理过程，由大脑对感觉获得的信息进行判断、提炼、分析、加工、综合，从而做出是否有危险、如何规避危险的反应。当然知觉心理过程，还取决于记忆中的知识、经验、阅历等。

作业环境中，准确的感觉是重要的第一步，然后才能有知觉做出正确的反应。因此，劳动者的体力精神状态、作业空间的大小、灯光照度大小、噪声分贝高低都会影响精准的感觉。因此，凡是影响劳动者视听嗅味触等感觉精准度的各方面因素均应剔除或改进。当然包括劳动者本身体魄是否康健，如感冒和鼻炎患者嗅觉大大下降，由此看来带病坚持工作不应倡导。

对于人的感觉知觉特性，在安全人机工程设计上也密切关联。如用红颜色作为危险信号、加大字体与背景的反差，如高速公路护栏的黑白、黑黄涂漆，电力企业围栏的红白涂漆等。操作控台的旋钮，键钮设置都应该适合操作者准确的触感。

还应注意的是，同时的不同感觉会影响感觉的精准度。如，红色给人热辣辣的感觉，海蓝给人凉飕飕的感觉。感受器接收微弱刺激能提高其他感受器的感受性，如用凉水擦一把脸，则可使黄昏视觉的感受性提高。反之，强烈刺激则使其他感受下降。如电锯吱吱的噪声给人皮肤冷感而收缩；飞机巨大的轰鸣噪声则让人的黄昏视觉感受度下降到受到刺激之前的 20%。在感受精准的前提下，知觉基于三个特性对安全做出反应。

（1）基于选择性，优先选择反映少数事物或事物的属性。如在机场先看到大块头的飞机，在运动场先看到跑在最前面的运动员，在工作场所首先反映的是颜色醒目、反差大、色彩与对比度大；在多种混杂的声音中首先听到并反映的是安全报警声音等。

（2）基于理解性，对于已经选择的对象或对象属性，根据自己已有的知识和经验持主观态度进行思维活动。对于同样的外界刺激，知识背景不同的人可能理解上会有很大差异，产生不同的知觉。如经验丰富的建筑工人发现大楼有自上而下的大裂缝，他首先想到的是地基下沉、大楼倒塌，而务虚的建筑行业的工作人员或许只看到并确认大楼有一道大裂缝而已。由此可知，对业务知识技能的学习和对安全危险识别的培训的重要性。

（3）基于恒定性，当外界刺激发生变化时，仍能在千变万化中做出相对不变的反应。劳动者原有知识、技术和经验越丰富，知觉就越恒定。甚至有时候即使缺失某个方面的感觉，依然可以做出正确的反应。如，一个企业电工不需要看到插头发黑，不需要手背感触其温度，只要闻到电线的轻微糊焦味就知道插头过载了，必须更换了，否则就会引起火灾。

3. 记忆与安全

记忆就是通过识记过去的知识、技能、经验、经历后保持住，在需要的时候能够再现调用的心理过程。记忆的内容要经常复习使用，让记忆经常处于记忆曲线比较高的位置，在需要知觉过程思维综合的时候能够快速地再现并应用，这也是生产企业经常进行安规考试、事故演习和预想的原因。

4. 思维、想象与安全

（1）思维是个体以已有知识和客观事物的知觉印象为中介，对客观事物本质和规律的认识过程，也就是我们平时的"想想""考虑考虑"之后得出结论，也是人脑对各种信息加工处理总括的过程。思维分为动作思维、形象思维和抽象思维。根据思维后是否获得了新颖的成果，又分为常规思维和创新思维。

思维有许多特性，全面性、批判性、深刻性、灵活性和敏捷性等都与安全相关。思维的全面性指考虑问题全面细腻，不仅考虑问题部分，还考虑整体影响，不漏细节。企业查找隐患既要全面整体查找，也要网格式查找。思维的批判性也是思维的独立性，分析解决问题保持独立见解，不人云亦云。在知识经验的基础上分析企业安全生产问题保持独立思考，提出创新性的意见和建议。思维的深刻性是不为表象所迷惑，穿透肤浅的现象揭示深刻本质。思维的灵活性是指善于多角度考虑问题，能够根据感觉不同随机应变，即平时所说的机智灵活。思维的敏捷性是指在生产活动中遇到情况反应迅速，当机立断，短时间内提出正确的解决方法。这对于安全生产中的急救情况尤为重要，因为有的时候来不及慢慢分析，更容不得优柔寡断。

二、情绪、情感与安全

情绪、情感都是人对事物的态度和体验，是人的需求是否得到满足的心理反应。在大千世界，宠辱得失、顺境逆境、正义公平、亲情爱情等难免令人产生高兴喜悦、愤怒憎恶、忧虑悲伤、爱慕敬仰等种种内心体验。凡此种种就是人的情绪和情感。

1. 情绪与安全

平常所说心情不好，就是情绪低落。心情分为心境、激情和应激三种状态。

（1）心境与安全。心境是心情的常态，积极、平静、消极。劳动者心情轻松愉快，身体充满活力，思维灵活敏捷，效率高，事故少；反之则萎靡不振、思维愚钝、动作迟缓，是威胁安全的事故隐患。通常状态下还是平静状态居多，不急不躁、心情舒缓，保持安全生产的常态心情。

常说的触景生情，是指心情受到外界的影响而发生变化，如孟郊 41 岁中进士的心情：春风得意马蹄疾，一日看遍长安花。由此看来，生产企业尽量营造好的外界氛围，引发劳动者积极向上的心情，关心和帮助其在生活中遇到的困难和不幸。对于触景生情导致的心境状态波动起伏，时间是最好的医生。我们的主观干预只是延缓好的心情，缩短坏的心情而已。

（2）激情与安全。大喜过望手舞足蹈，紧张激动心头撞鹿；悲伤绝望涕泗横流，暴跳如雷声嘶力竭等是积极和消极的情绪表现，这就是激情。常言道乐极生悲，有时候是人的潜意识在自动支配你的行为，即使你努力克制也掩饰不了喜悦的心情，这时候是容易发生安全事故的。1919 年傅斯年北大毕业回山东后以第二名的成绩考取了公费留学，但因参加五四运动被取消资格，甚是苦闷。这时教育厅一位陈姓科长为之据理力争，终于峰回路转重新获取公费留学资格。傅斯年在旅店听到这个消息，高兴得几近晕厥。

当然负面的激情不仅让人理性消减，盲目蛮干，危及安全生产，而且还损伤人体健康。人的七情六欲（喜怒忧思悲恐惊）皆与五脏六腑（五脏：心肝肾脾肺；六腑：胃胆膀胱三焦大小肠）息息相关。如喜伤心、怒伤肝、忧伤肺、思伤脾、恐伤肾、惊伤心胆等。

（3）应激与安全。应激是劳动者遇到了出乎意料的情况时产生的情绪状态。譬如，当人们面临超出适应能力范围的工作负荷时就会产生应激反应现象。引发应激产生的因素有以下几个方面。

1）应激源。社会环境包括调动换岗、晋升降级、解雇待业、贫富差距、困境灾难等。工作因素包括环境因素（如噪声振动、高温低温、照明不足、毒气粉尘等）、上下级以及工友关系、工作任务分配情况、本单位对工作的支持力度、上级的工作业绩督查和奖惩公平性、工作负荷和技术承受范围等；个体因素包括本人健康状况、工作能力、生产任务分配情况、亲人疾病或亡故、就业婚嫁等。

以上这些应激源引发生理反应和心理反应。当外界应激源刺激时，心率、心率恢复率、耗氧、心电图、脑电图、血压、血液的化学成分、血糖和呼吸频率等都会发生变化。

2）应激反应。一种是减力性应激状态，即消极的心理反应，是过度的情绪唤醒，如焦虑紧张、亢奋激动、沉闷抑郁、概念不清，这种反应妨碍个体正确的评价现实情境、选择应对策略和正常应对能力的发挥，致使应急人思维混乱、手足无措、无从应对；一种是增力性应激状态，也就是积极的心理反应，是适度的情绪唤起，如头脑冷静、思维清晰、注意力集中，这种反应有利于机体对传入信息的正确认识、判断和应对，以及能力发挥。如英雄试飞员李中华在 2005 年 5 月 20 日试飞歼-10 时在 500 米空中报警灯乍亮，机身向右偏转瞬间倒扣过来，急速砸向地面，400 米……300 米……前舱的梁剑锋下意识喊了一句"飞机不行了"。后舱的李中华沉着坚定地说："别动，让我来！"他的第一反应不是跳伞，而是要奋力挽救飞机。他关闭重启计算机电源、按下紧急按钮均无济于事，飞机继续急速下坠……他沉着应对，将变稳、显控和计算机三个开关全部关闭，失控的飞机竟然奇迹般复活了。李中华的沉着应战挽救了价值数亿元的飞机。

对于消极的应激反应可以采取如下方法：①正确认识和评价自己的能力，接受生产任务量力而行；②提高技能，积累经验，增强适应能力；③培养稳定的情绪和坚定的意志；④多参加反事故演习和应急演练；⑤工作生产要有计划并严格执行，切忌仓皇上阵；⑥学会自我调节的方法：自勉、自我减压（不要紧张）、自我激励（我一定行）、自我分析（找出原因消除紧张）等方法；⑦加强锻炼，拥有健康的体魄是应对一切紧急情况最根本的物质基础。

3）应激反应差异的原因。同样的应激源对不同的个体反应是不同的。这是因为：其一，个体对于应激事件的认识和评价差异，与个体的生活经历经验、思想观念和受教育程度有关；其二，与应对应激的经验、心理防御和对事件预期评估后果不同有关；其三，社会文化环境和自然环境因素的影响，如舆论倾向和反应等；其四，与个体体魄康健状况也有关系。譬如，班长因安全事故被撤职，之后一蹶不振、阴沉郁闷，工作表现连一般组员都不如；而有的则不把班长职位看得那么重要，认为无官一身轻，可以多学技术，多积累自己想学的知识，完善充实自己，照样会成为受人尊重的人。如邓小平同志"三起三落"、百折不挠终成改革开放设计师。

4）预防调节。第一，创造舒适的工作环境和优越的工作条件，使员工对自己的企业和工作有自豪感和幸福感，对未来有憧憬；第二，合理分配员工工作任务，在轻松愉快中完成工作任务；第三，进行安全技术培训，加强反事故演练，取得应对应激的经验；第四，让员工参与组织工作管理，开展各类文体和业务竞赛活动，提升员工积极上进的情绪；最后，员工本人平时要树立正确的思想观念，加强业务技术学习，勤于积累应对事故的经验，培养自己稳定的情绪和遇到意外事件的应变能力，学会自我安慰、自我激励等方法，提高心理承受能力，减缓消除紧张的情绪。

案例 3-3　某天下午，天刚开始下拉黄昏的帷幕，人形车影还清晰可辨，某学校一男司机因被告知其配偶根据政策户口农转非基本办妥，心情愉悦，驱车去区中心老乡家答谢，出校门口时还捎带了两人一起到区上。结果刚出门南行 200 米就撞到了停靠在路边的大卡车上。因为卡车装载的大原木向后超出车身三米多，原木直接从前到后穿透了面包车，造成一死两重伤（因为捎带的两人没有坐在司机的正后边）。

案例评析　前些年男性国家工作人员带家属农转非还可随带孩子农转非分配工作，这真是天大的好事，因此该司机无比兴奋，以致忘乎所以，对路前方右侧大卡车这样的庞然大物竟然视而不见，在丝毫没有刹车的情况下，高速撞了上去。由此看来，正面的激情状态同样严重威胁安全。

2. 情感与安全

情感包括爱、友谊、感激、满足、悲伤、愤怒、恐惧、厌恶等。情感的倾向由思想观点和文化积淀来决定。情绪短暂，情感持久。情感是长久稳定的，由人生经验积淀决定；而情绪是短暂不稳定的，触景即可生情，可以由环境刺激引发，随场景和时间消失而消失。以下从几个方面分析情感与安全的关系。

（1）在爱恨情仇中，爱，包括爱自己、爱亲人、爱他人、爱生命，爱是人的基本美德。劳动者认识到生命健康至上，认识到生产事故死伤给个人、家庭、亲人、单位和社会造成的巨大伤痛和损失，他就会认真严肃地承担起自己的工作责任。相反，劳动者不珍惜生命给予的美好时光，缺乏责任感，就会对自己和他人的生命健康漠然置之，对自己被委派的工作糊弄应付，漠视劳动纪律，不主动查找安全隐患，那么就容易发生安全事故。

（2）理性求真方面，情感是在生产智力活动认知中，通过理性思维，探求规律真理得到满足引起的体验。人在生产活动中运用理性思维成功地解决了难题或者有所发现，就会产生逾越的情感。譬如学习了新的设备功能、操作、维护之后就可以轻松地驾驭新设备；在生产过程中修改完善了原有的工艺流程并提高了质量和效益后就会产生情感满足。相反，不愿学习新知识、不懂装懂、冒险蛮干的劳动者，则容易造成安全事故。

（3）个体内心的美感体验。劳动者对生产过程中美的正确认识是，正确穿戴劳动保护装备，正确使用安全工具，遵守劳动纪律和安全操作规程，按质按量按时完成工作任务，受到工友的尊重和领导的器重，美滋滋的感觉油然而生，这是生产劳动中美的形象和内心美的情感涟漪在荡漾。

三、意志与安全

心理学把确定目标、实现目标而有意识地支配和调节行为的心理过程，叫作意志过程。它是人和动物的本质区别。它往往与克服困难相联系，并体现在对行为的发动和制止方面。在现实生活中，个体的认知、情绪和意志活动并非彼此孤立，而是紧密联系和相互作用。因此，在调查人的不安全行为对防止事故的影响时，往往还要探究人的注意力问题。

案例 3-4 山东无腿（高位截肢、身高只剩下 78 厘米）流浪歌手陈州靠一只手一个"木盒鞋"走遍了全国 600 多个城市，征服了常人望而生畏的五岳等数十座名山，第十二次登上五岳之首，并在泰山之巅举办了浪漫的婚礼。当人们听到这个故事后，无不由衷赞叹他凭借坚韧不拔的意志和坚定不移的信念实现了自己"一览众山小"的人生目标。

案例评析 健全的人尚且畏惧坎坷路，无腿之人反而攀登高山。并不是因为高位截肢的陈州比别人的力量更大、登山的技术更高，只不过他的意志比我们要坚强很多倍。

1. 意志及其特征

人在实现自觉确定目的（目标）的过程中，有意识的支配、调节其行为的心理过程，就叫意志或意志过程。这种支配和调节过程往往是不断攻坚克难的过程。企业生产中任何有目的的活动都不可能像高山之水流向洼地那样一路顺畅，相反，会如逆水行舟，不断克服逆流阻力才能前进。

可见，意志通过对意识的自我定向、自我约束、自我调节和控制为达到预先确定目标保驾护航。在意志支配下的行动（行为）为意志行动（行为），具有如下几个特征。

（1）行动目的的自觉性。行动目的是有意识、有计划的、自觉积极主动确立的，而不是随心所欲的盲从行动。某变电工区对城西变电站一次设备的清扫任务，通过生产计划和分派任务下达执行。开关班全体成员要按质按量完成任务，确保下午 6 点前恢复送电。每一个工作人员都有自己的工作任务，清扫主变压器、开关、互感器和母线等，自觉认领工作任务并签字。

（2）意志行动就是克服困难的行动。意志在不断地支配调节人去克服和实现既定目标路上的困难和障碍。主观上，强化信心、稳定情绪，约束干扰目标的其他私心杂念，保证行动者坚定不移地向着目标前进；客观上，对于技术难关、设备落后、环境恶劣、他人干扰等一项项障碍，意志都在支配你逐一去攻坚克难、扫清障碍。诺贝尔为了研究安全的硝化甘油炸药，在海伦坡实验室大爆炸中弟弟死亡、父亲重伤，但他凭着坚强的意志，经过多次艰苦危险的实验终于获得成功。疟疾是由恶性疟原虫引起的疾病，几千年来一直威胁着人类的生命健康。我国科学家屠呦呦以坚韧不拔的意志带领团队，研究了 2000 多种中药，发现其中 640 种可能有抗疟效果，经历了 380 多次失败，发现青蒿素——一种用于治疗疟疾的药物，挽救了全球特别是发展中国家的数百万人的生命。在这个科研过程中，屠呦呦和她的团队克服了数不清的困难，终于获得举世瞩目的成功，荣获 2015 年诺贝尔生理学或医学奖。

（3）意志调节行动，分为心理调节和行为调节。心理调节，是指在实现目标的过程中心理的调节能力，当信心不足时，意志就帮助你增强信心，当遇到困难时，意志就鼓励你排除万难，当遇到危急险恶时，意志就提醒你冷静处理。行为调节，是指为了完成任务，意志会推动我们行动，如查阅资料数据、分析安全隐患、准备辅料备件等。在漫长的具体操作中，意志不断提示作业人员严格遵守安全规程等。

通过专门的学习和训练，人也可以调节内脏的活动规律，如心跳次数、血压、内分泌等。特别是气功可以控制运载"气"到达预想的身体部位，形成高能量聚集点，碾碎顽石，折弯钢铁，这就是意念力的作用。

2. 意志品质与安全

意志坚强或薄弱对于安全生产的影响很大，取决于意志的各项品质，如自制性、果断性、恒毅性和坚定性。

（1）自制性：指一个人善于把自己的情绪情感、行为举止等约束调节控制在一个适合完成既定目标的、适当的范围内，同时抑制妨害实现目标的因素。譬如开车或读书的时候思想开小差了，意志就会把思想拉回到开车或读书行为中，同时还会告诫自己"专心开车，注意安全""专心读书，提高效率"。

（2）果断性：指人在遇到紧急重大的事件时迅速做出决断。这种决断是快速理智思维的结果而不是不假思索的鲁莽行事。譬如，某钢厂出钢时天车抱闸失灵、钢包下溜钢水外溢致多人受伤。如果是一个意志果断的司机发现抱闸失灵、钢包下溜就会果断地打反转，避免事故发生。

（3）恒毅性：即坚韧性，不达目的决不罢休。在从事活动中，目标坚定，拒绝浅尝辄止。当然意志支配下的坚持不是面对变化还冥顽不化，而是认识到即使发生主客观变化仍然有信心、有能力达成目标的顽强坚持。1994 年乌江岩崩，曾树华困在山洞中，每天只能喝到水，凭着坚韧的毅力坚持到第 39 天听到洞口外有人路过，他以微弱的声音呼救，终得获救。

（4）坚定性：指人对于自己选择和认同的目标矢志不渝、坚定不移地去努力实现的一种品质，越是认识到实现目标影响重大、意义深远就越是坚定。当然这种认识与个人的理想和信念有关。在生产过程中，工作人员应该认识到安全目标对自己和企业有着重大的影响，才会在每一次生产活动中坚持努力工作，出色地完成生产任务。

案例 3-5　2002 年 3 月 7 日，在河南省宜阳县锦阳二矿打工的杨显斌在矿下遭遇透水事故，和他同班的七名工友不幸遇难。杨显斌精通水性，爬上一处平台，水已经淹到了脖子，他依然坚持着。所幸水位再也没有上涨。他镇定用矿灯查看周围险情，尽量选择安全的位置，饥渴了只能喝身边的水，没有任何食物充饥，呼吸困难了就泄放矿下人力车胎内空气吸几口。这样坚持了很多天后，有一天随着水位下降他认清了水流的方向，用尽了浑身的气力，艰难地向前爬行了 70 米，听到了抽水的声音，他被人发现，得救了。这时已经是 2002 年 3 月 27 日 17 时 30 分，杨显斌被困井下整整 21 天！这漫长的生死历程，杨显斌在强烈的求生欲望的支撑下，以顽强的毅力、持久的耐力让自己坚持一天、再坚持一天，终于战胜死亡，创造出生命奇迹。

案例评析　本案主人公内心具有坚定的信念：一定要活下去！

为了实现"一定要活下来"的坚定目标，良好水性的生存技能和意志的恒毅性让他永不放弃，创造了生命的奇迹。在这 21 天的生死历程中，任何"算了吧""没有希望了""撑不下去了"干扰求生的念头占了上风，这一坚强的生命都将终结在黑暗的地下。

四、注意与安全

1. 注意的概念

注意是对一定事物指向和集中的心理活动。这些被"注意"的事物是经过选择、提醒或者指派的，既有主观的也有客观的。如检修机床变速箱变速错误的技术工人要在大脑里选择是有齿轮脱销了或者拨叉失灵了？拆卸紧配合部件不成功的检修工人会在记忆中选择是加热还是使用专用夹具强力拆卸？车间里的标语、指示牌和警示灯客观地提醒劳动者注意安全；工作负责人安排某人注意看护某些刀闸、阀门和通风装置不能关闭等。这是注意的第一个功能。

其次，注意的持久。一个生产活动不会瞬时完成，需要经过一段时间。这就要求在整个过程中对选定的对象保持注意力。譬如修表师在整个修理过程中要保持高度集中，查找电子线路故障点，一旦注意力不集中就会忘记测试到哪个元件了。

再次，注意的监督和调节。在生产活动中，有时候会减弱、偏离甚至中断对正确目标的注意。当监督到这些情形出现时，就要调节注意的集中和指向。同时也要根据活动中不断变化的信息反馈来调整对目标的注意。譬如在脚手架上工作站得久了，忘记自己已经移动到危险的边缘了，这时注意就会调节到安全的站位。

最后，注意和不注意。18世纪德国心理学家沃尔夫把注意力看作是能力，并认为不注意存在于注意之中，它们具有同时性。德国威廉·冯特（Wilhelm·Wundt）的意识心理学认为：注意力可看作意识的凝聚力。对单一不变的刺激，保持明确意识的时间一般不超过几秒钟。对任何一件事物，不可能长期持久地注意下去。从大脑生理学角度分析，不注意（心不在焉）是大脑正常活动的一种状态，十分频繁地反复交替出现。既然人的注意力是一种能力，那就是可以培养的。但应当注意的是，不注意这种大脑的正常活动深层次上是人的意识活动的一种状态，是意识形态的结果，培养注意力就是强化植培安全意识，这才是治本之道。仅仅靠提醒工作人员注意安全来管理安全生产，是肤浅的、不科学的，不能把事故原因简单地归咎于某人的不注意。

2. 注意对安全的影响

表面上看，生产中有的事故就是由于"不注意""没注意"引起的。例如，由于不注意站在吊物下被砸死；由于不注意袖子被卡盘绞进车床被切割下臂膀；由于不注意在有可燃气体泄漏的车间使用金属扳手引起爆炸和火灾等。"不注意"确是安全生产的大敌。实际上，作业人员不安全行为发生的深层次原因还是：安全意识薄弱，在生产过程的重要关节上注意力或警觉度低下导致安全事故。

（1）注意的稳定、起伏与分散。注意力稳定的劳动者能够长时间保持在作业对象和整个活动中，有利于安全生产。但是，人的注意力难免起伏和分散，这不是主观故意的，而是人的生理和心理活动决定的。起伏是指注意力的强弱交替变化，分散是指"分心"，即被其他与生产活动无关甚至会产生干扰的刺激或事件所吸引。在注意力起伏和分散的档口就可能发生事故。如常说的不经意间误触了自动生产线的开关、一疏忽掉下了平台、一走神把车开进了水沟。

可见，任何作业场所都应该尽量避开不必要的干扰、不相干的活动和噪音，尤其是高智力的、复杂的活动，保持安静就更为重要。

（2）注意力的分配和转移。一心二用甚至多用，常被认为是不可能的事情，在生产实践中就被颠覆。吊车司机要同时操作起吊重物上升并做周向运动，同时还要根据实际情况，做出启停操作。这个一心多用的前提条件是：操作娴熟几乎到"自动化"的程度，也就是前述的训练到了潜意识起作用的程度就会出神入化。其次是操作内容的紧密关联性，各个操作之间是互相联系、互相影响的，如钢琴师左右手同时弹奏两首完全不同的曲子达到和弦的效果等。这些操作和弹奏都是千百遍操作和训练的结果。其实对于任何令人赞叹的技术都是"台上一分钟，台下十年功"的练习结果！

实际生产活动中没有单一的工作对象，一个活动往往是几个对象的组合。譬如，工作前细心听任务分配，弄明白安全作业交底，然后从一个工作对象转移到另一个工作对象，具体每一个步骤和对象都要注意。譬如，汽轮机转子注油系统显示工作状态良好，但是轴承过热，这是为什么呢？这时候注意力就要转移到系统是否有漏油的现象上来。

要保证整个活动中的对象转移都能够保持注意集中，就要求工作现场井然有序、工作顺序有条不紊、环节之间逻辑连贯、工作内容丰富有趣。这和老师的讲课内容逻辑合理、风格幽默风趣更能吸引学生是一个道理。

（3）预防不注意产生事故。前已述及生理规律决定了人不可能一直聚精会神地工作，会有起伏甚至瞬间的中断注意，这就是不注意存在于注意之中。实验结果表明：30 分钟是人注意力下降的临界值；儿童注意力可持续 20 分钟左右、青少年可持续 40 分钟左右、成年人可持续 50 分钟左右。只靠单调的提醒和注意仅仅是措施之一，还应该采取如下一些预防措施：①重要工作岗位多设置 1～2 人平行工作，以互相弥补注意的起伏和中断；②重要操作，要"一唱一和""确认呼应"，如变电站值班人员的倒闸操作；③改进仪器仪表的设计，用悦耳动听、赏心悦目的音响和画面信号提示监盘人或操作人。

尽管对于人的认识过程、情绪情感、意志注意是分述的，但它们之间却不是分离而是有机联系的。如人的情绪是与感觉和知觉联系的，而且人在安全生产过程中情绪体验的程度又与意志有关；人的意志又与情感紧密联系，在意志行动中，无论克服障碍或是实现目标，都会引起情绪反应，而且在意志的支配下，人的情感可以促使人们去攻坚克难实现既定目标，情感增强意志，反之意志又控制情感。

案例 3-6　某煤矿制氧车间班长李某在充装一出租气瓶时，发现瓶头上没有车间标志环，于是把该瓶推到车间打压，并向负责车间气瓶检查的刘某做了安全交代。刘某马上对该气瓶进行检查，发现没有质检科打压标记，经仔细辨识认定，这是一个氨气瓶。氨气瓶在外形上与氧气瓶无差异，但氨气工作压力只有 3 兆帕；而氧气的工作压力是 14.7 兆帕，是氨气压力的 4.9 倍。稍一疏忽，就会发生一场惨烈的爆炸事故。

案例评析 本案制氧车间李某胸怀高度的责任感，对工作倾注极大的注意力，对每一个氧气瓶进行认真细致的检查，从细微地发现"没有车间标志环"开始，紧盯不放，不让任何安全隐患潜伏，交代打压车间检定，追究到底，从而避免了一次有可能导致车间大爆炸的恶性安全事故。

第三节 个性心理与安全

个性是影响作业者安全行为的重要因素。个性指个人稳定的心理特征和品质的总和，即在个体身上经常、稳定地表现出来的心理特点的总和。人的个性主要体现在兴趣、能力、性格与气质等方面。人的个性心理特征是有差异的。因此，在安全管理过程中，必须重视并尊重这种差异，有的放矢，区别对待。个性，也是指个体在生活实践中经常表现出来的总的精神面貌，带有一定倾向性的各种心理特征的总和，反应了人与人之间稳定的差异特征。

个性心理由个性倾向性和个性心理特征两部分构成。前者包括需要、动机行为、意志和价值观等，后者包括能力、气质和性格等。

一、需要和动机与安全

1. 需要

需要是个体对客观事物的需求在大脑中的主观反映。由前述人的行为模式——SOR 循环可知，需要也就是人在受到内外事物刺激作用时所产生的欲望。人的需要是多种多样的。

美国著名心理学家马斯洛 1943 年提出了著名的"需要层次论"，他把人的需要归并为 5 种，并按它们在人的生命进程中发生发展的顺序，排列成五个层次，即生理需要、安全需要、社交需要、尊重需要、成就需要（自我实现需要）。其中，生理需要和安全需要是生存的基础需要。但在人的生命进程的不同阶段或某些特殊事件的时期里，各种需要的强度是不一样的，强度的相对优势地位也不是一成不变的。

2. 动机

动机是引起和维持行为并将行为导向需要目标的一种意图。是行为的直接驱动力。动机的产生必须具备两个条件：一是外在条件即客观事物的刺激或诱惑；二是内在条件即主观需要或欲望。外因通过内因起作用。

动机对行为的作用（三个方面）：①始发（启动）作用，驱动行为的产生；②选择作用，使人对需要的对象产生明确的倾向性，促使行动顺着需要的对象进行下去；③强化作用，即动机会因行为的结果而得到强化。

3. 行为

行为是个体发生的外在动作，它起源于人脑机能，受意识（需要、动机、意志等）所控制，是心理活动的外在表现。可分为有意识行为和另无意识行为。

通常所说的行为，都指有意识行为，安全行为与不安全行为大多属于有意识行为。安全行为是指劳动者在作业过程中所进行的，旨在保护自身与生产系统处于安全状态的行为。反之，有碍于自身和生产系统安全的行为则是不安全行为。

由于劳动者的心理状态各异，境遇有别，故不同的劳动者对同样的作业，或同一个劳动者对不同的作业，所表现的行为安全性和理智性也不一致，行为的成败情况也有差别。

4. 意志

意志是自觉地确定目标，控制动机与行为，克服困难去实现目标的心理现象。

意志的品质特征：自觉性、果断性、坚毅性、自制性（前已述及）。

5. 世界观、信念、理想

世界观就是一个人对世界的总的看法。

信念是一个人坚信某种认识的正确性。

理想是一个人对未来的向往。这些都是人的心理活动的核心内容，也是个性倾向性的集中表现。

如果每个劳动者对安全生产都有正确的认识，都以安全生产为目标，对安全生产有坚定的信念，那么企业的安全生产工作就好办了。

人衣蔽体、食果腹后就要寻求安全庇护，有了安全感就要爱与被爱，就要得到尊重，实现自己的理想，实现一步步需要活动的内在和外在的动力就是动机。动机是在需要和刺激的基础上产生的，它是激发行动的原动力、指引行动的罗盘、激励行动实现需求的引擎。以下是需求的渐次实现与安全生产的关系。

这里的衣食无忧是低级的生理需要，还包括遮风挡雨的栖息之地。安全感不仅是指人身肉体不受伤害，还包括精神上不受社会的、政治的伤害，譬如不能因言获罪等。后者的不安全更加令人毛骨悚然。

爱与被爱。爱别人，有资格、有能力去建立并发展爱别人的关系圈子。被爱，被亲朋好友、同学同事、组织和单位爱，也就是自己有爱相联系的归属感。被爱是认可接纳最基本的前奏。如果没有被爱也就没有归属感，人就会孤独无依、空虚寂寞。对于缺乏爱与被爱的人，在生产劳动中不会把做好安全生产和取得好的经济效益作为追求的目标，他寻找的是爱与归属。

有安全感的人，自己的品行德操、成绩能力、威望地位等方面被集团或群体乃至社会认可和肯定，从而获得他人、团体和社会尊重。个人本身也就获得了自足、自尊、自豪、自信，相反就会失落自卑、心灰意冷、抑郁苦闷。

至于自我实现的最高层次，人与人之间差异可谓天渊之别。孟子说，达则兼济天下，穷则独善其身。一般劳动者，断无范仲淹"先忧后乐"之宽阔襟怀，亦无辛弃疾歌刘裕"金戈铁马，气吞万里如虎"的英雄气概。大多生产企业员工志在做好一个员工的本职工作，但愿生命呈现出一条不扰人不哗然、于人于己于社会都有价值的涓涓细流。那么要做好本职工作，安全生产当然是最基本的要求。

广义上讲，只要社会上各种人的潜力、才能、天赋得到充分彻底的发挥，就是自我实现。企业员工遵从自己的理想和信念，成为技术精湛、安全高效的生产能手，就是自我实现。他们就会在内心充满深沉的幸福感、在精神世界里过着怡然自足、蕴涵丰富的生活。

需要的满足影响安全生产。员工往往横向比较，特别在待遇地位受重视的程度等方面，对员工心理影响很大，一旦得不到合理满足，心理就不平衡、有怨气，这种状态带到生产现场就是安全隐患。因此单位组织、领导在奖金、晋级、评优、评先、提拔等方面一定要公开透明、公平合理，切忌排斥异己、任人唯亲、厚此薄彼。

综上所述，需要的满足有助于劳动者提高业务技术和技能水平，增强安全生产责任心。如果员工衣食无忧，就想提升自己的层次，在业务技术或安全生产等方面挑战自己、提升自己，自动自发行动或参与单位拟定的安全项目。通过努力一旦成功了，得到工友、领导和单位的认可，就有了成就感、自豪感和满足感，就有了更强烈的取得更大成功的信心。这样就形成了良性循环。

因此单位应当组织业务技术、安全生产方面的竞赛，鼓励员工参与。设置合理的目标，形成个人和团队踊跃参与、相互竞争的氛围，既有利于培养拔尖人才，也有利于攀登更高的技术和安全目标。

二、性格与安全

1. 性格

人在长期的社会实践过程中，通过与环境的相互作用，以及客观事物对人的各种影响，在个体的经验中被保存和固定下来，形成个体对人、对事的稳定态度和习惯行为方式，并以一定的形式表现出来。心理学上把这种对现实事物的固定态度和习惯化行为方式称之为性格。性格是每个人所具有的最主要的、最显著的心理特征。

2. 性格对安全生产的影响

良好的性格可使劳动者对安全生产态度积极、行为理智、情绪饱满、意志坚毅，性格不好的劳动者对安全生产常抱消极无所谓的态度，甚至持抵抗态度，违章操作。由于性格本身的复杂性，心理学家对性格的分类不尽相同。

（1）按照理智、情绪、意志在性格结构中的占比优势，性格分为理智型、情绪型和意志型。理智型性格的人，用理智衡量一切，支配行动，时时事事权衡利弊，思虑安危，大多会做出正确的决定，有利安全。情绪型性格的人，情绪体验深刻，举止受情绪左右，情绪时过境迁变化无常，不利于安全生产。意志型性格的人，认准明确的目标，坚韧不拔，主动行动直至胜利，有利安全生产。

（2）按照心理活动内外倾向，性格分为外倾型和内倾型。外倾型性格的人，心理活动外在，开朗活跃，善于交际，在应急、应激状态下反应快捷；内倾型性格的人，心理活动内在，深沉文静，反应缓慢，孤僻但富有想象，不易发生事故，但事故后应对迟缓。当然多数人在二者之间。

（3）按照个体独立性程度，性格分为顺从型和独立型。顺从型性格的人，适应性强，易受暗示，容易不加批判地接受别人意见，遵章守纪，但应对事故处置没有主见。独立型性格的人，独立性强，有坚定的个人信念，不易受其他因素影响，喜欢把意志强加于别人，在应急、应激状态下能够独立处置事故。

案例 3-7 某年轻司机性格急躁。一次，他驾车途中遇到一位慢性子的司机驾驶着大拖车跑在他的前头，他几次逼近拖车鸣笛要超车，可拖车就是迟迟不让，他一气之下猛踩油门强行超车，不料正好与对面来车迎面相撞，车毁人亡。这类由性格不良引发的事故，真是何止万千。

案例评析 该年轻司机应属情绪型和攻击型性格，容易受外界干扰，一旦不良情绪火起，自己就为情绪所左右不能自制，就要争强好胜，发起攻击，这时候什么工作职责、安全生产早已九霄云外。在分配工作时候，应倍加注意。

（4）从支配安全行为心理方面划分，性格分为自觉型、自制型和果断型。自觉型性格的人，表现为从事安全行动的目的性或盲目性、自动性或依赖性、纪律性或散漫性。自制型性格的人，表现为自制能力的强弱、约束或放任、主动或被动等。果断型性格的人，表现在长期的工作过程中，安全行为是坚持不懈还是半途而废，严谨还是松散，意志顽强还是懦弱等。

表 3-4 进一步将与安全生产密切相关的性格归结为活泼型、冷静型、急躁型、轻浮型和迟钝型五种类型。

表 3-4 性格类型与安全生产

序号	类型	特点	归类
1	活泼型	反应灵敏，适应性强，精力充沛，勤劳勇敢	安全型
2	冷静型	善于思考，工作细致，头脑清楚，行动准确	安全型
3	急躁型	反应迅速，胆大有余，求成心切，工作草率	非安全型
4	轻浮型	做事马虎，不求甚解，心猿意马，轻举妄动	很不安全型
5	迟钝型	反应迟钝，动作呆板，头脑简单，判断力差	不安全型

案例 3-8 某年 12 月，某矿被下达了停产整改指令，责令该矿在 106 号西巷冒顶处用

水泥、木垛打上了密闭，严禁人员进入。但该矿承包者置禁令于不顾，安排"不怕事"的生产副矿长贺某厚带领工人偷采偷挖。翌年1月某天夜班班前会上，贺某厚鼓励工人放胆工作，提高产量，本月增发奖金，并安排当班工人到106号西巷原冒顶处放炮采煤，发生冒顶透水事故，其中4人被堵死亡。

案例评析 负责安全生产的副矿长贺某厚安全意识淡薄，置工人的安全于不顾，强令工人冒险作业，严重违反安全规程，造成了4人被堵死亡的重大事故。

人的性格不只是天生的，还受到社会实践的塑造，即性格具有一定的可塑性和稳定性。因此，应用心理学在安全管理与教育培训中，就要利用性格的这种可塑性和稳定性，深入发掘和培养发展劳动者认真负责、谦虚克己、自觉自制等良好性格，克服和防止那些易于产生不安全行为和事故的不良性格，如懈怠、消极、狂妄、利己、自满、任性、草率和优柔寡断等。根据孔子因材施教的教育理念，作为安全管理的领导还要根据不同性格的个体施以不同的教育管理方式。

三、血型、气质与安全

1. 气质

气质，俗称脾气，是心理活动的动力体系。它表现在人的情感情绪和行为的发生强度、速度、灵活性、稳定性和指向性等方面。气质是这些特征的总和。气质是人典型的、稳定的心理特点，主要是指人的心理活动在动力方面的特点，主要表现在一个人情绪的反应速度、强度和表露的隐显程度，心理活动的指向性，以及动作的灵敏或迟钝方面。性格是表现在人的态度和行为方面的比较稳定的心理特征，如寡断、果断、勇敢、懦弱、勤劳、懒惰。性格和气质两者相互渗透，相互制约。气质不是指活动的动机、目标和内容，而是在各种不同活动中都会表现出来的行为特点。但性格是人的心理特征的一个主要方面，人与人之间的个性差异首先表现在性格上。性格对于人的动机、行为的影响是很深刻的。因为人的性格和他的思想观点、理想、信念、世界观有着密切的关系。思想观点制约着人的性格，影响着一个人的行为举止、习惯和意向。因此，人的性格与人的安全生产行为有着极为密切的关系。安全管理与事故统计表明，无论技术多好的操作人员，如果性格马虎，也会发生事故。事实上，有的劳动者工作三十余年，连皮都没擦伤过，而有的劳动者工作几年就多次发生工伤事故。这虽然与操作者的年龄、操作技术、工种等因素有关，但性格因素也起了很大的作用。

2. 血型、气质类型与安全

将血型与气质对应分为四大类型，如图3-4所示。以下按照笛卡尔坐标的象限顺序罗列。

（1）O型胆汁质，兴奋外倾不稳定型：感受性低且耐受性低，无意反应性强并且占优势；情绪兴奋性高，而抑制能力差；反应速度快，但不灵活。这就是平时所见脾气倔强的人。他们精力旺盛，经常是精神振奋而较少沮丧。干什么事都倾向于干到底，一般阻挠和打击不容易使他们消沉。这种人的情绪变化较快，也比较强烈，容易急躁。

（2）B 型多血质，活泼外倾稳定型：感受性低而耐受性较高，无意反应强；具有可塑性；情绪兴奋性高，外部表现明显；反应速度快而灵活。这就是平时所见性情活泼的人。这种人较容易兴奋，脾气来得急也去得快，表情丰富。

（3）AB 型粘液质，安静内倾稳定型：感受性高且耐受性高；无意反应性和情绪兴奋性都低；外部表现少；反应速度慢，但具有稳定性。这种人不容易发动他们去做一件事，但一旦开始做了，也不容易放下手。工作很仔细，但显得迟钝。情绪比较稳定，心理状态很少外露。

（4）A 型抑郁质，抑制内倾不稳定型：感受性高而耐受性低；严重的内倾；情绪兴奋性高而体验深；反应速度慢，不灵活。这就是平时所见遇事敏感而又多心的人。他们不够活泼，对外界反应也不强烈。经不起事，既容易激动，也容易消沉。由于这种人很敏感，常表现为羞怯、畏缩。情感的主观体验很强但表现很弱，倾向于沉闷。

上述气质类型，在一般人身上表现得并不总是那么典型。大多数人都是近似于某一种类型，而同时又具有另一种气质的某些特征；或者是介乎各种类型之间的中间型。另外，气质类型没有好坏之分。不能把某些气质看作是积极的或消极的，每种气质都有其积极和消极的方面。气质对劳动安全也有影响。如胆汁质型气质的劳动者对安全工作积极主动，也可能蛮干逞能；多血质型气质的劳动者处理安全工作机灵敏捷，也可能投机取巧；粘液质型气质的劳动者在安全工作中稳重认真，也可能反应迟缓；抑郁型气质的劳动者在安全工作中沉着镇定，也可能胆怯犹豫。

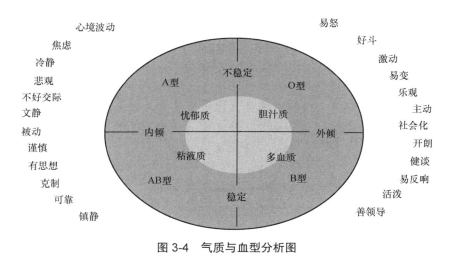

图 3-4　气质与血型分析图

3. 不同气质类型个体的教育和管理

就气质与安全的关系而言，没有完全安全的气质，也没有完全不安全的气质。其次，很多个体属于不同类型的组合体。作为生产领导和安全管理人员要把不同类型气质的劳动者分派在合适的作业岗位，给予合适到教育方式才是最重要的安全管理。

（1）对于反应快，但粗心大意、注意力不集中的外倾型劳动者可以严格要求尖锐批评。对于反应迟缓、工作细心、注意力集中的内倾型劳动者就要多加督促、耐心指导，培养提升其工作速度，避免当众批评。

（2）根据岗位作业特点，安排适当气质类型的员工。如流水线上的工作需要反应迅速、动作敏捷的员工；铁路道口、门卫看守工作就需要情绪稳定、忠于职守的员工。

正确的使用人才，既可尽其才，又能利安全。

案例 3-9 2018 年 5 月 14 日，从重庆飞往拉萨的 3U8633 航班，在飞行途中驾驶舱右座前风挡玻璃突然破裂并脱落，副驾驶一度被吸出窗外，后在机长的手动驾驶下成功返航落地成都。

机长说，3U8633 航班起飞时间是在 6 时 25 分，约 7 时许，没有任何征兆，挡风玻璃突然爆裂，"轰"一声发出巨大的声响。我往旁边看时，副驾（身体）已经飞出去一半，半边身体悬挂在窗外，还好他系了安全带。驾驶舱物品全都飞起来了，许多设备出现故障，噪声非常大，无法听到无线电波。

乘客说，当时乘务员正推着餐车在派送早餐，不少乘客开始尖叫，机舱内行李架上的物品、餐盒洒落一地。紧接着，机舱内的氧气面罩全部脱落，乘客迅速拉起氧气面罩罩住面部。

风挡玻璃破碎之后，飞行员将面临失压、高噪声、极低温、大气流、仪表失灵的情况，正处于万米高空，整个飞机震动非常大，无法看清仪表，操作困难。突然飞机开始剧烈抖动，持续了大概 5～6 秒急速下坠，下坠速度特别快。

镇静！稳住！成功迫降！当时高度是 9750 米，风挡玻璃没了，驾驶舱温度下降到零下几十度，机组人员穿着短袖衬衫，很多设备失灵，在这种情况下机长正确操纵飞机安全降落。这是非常难的一件事，难度体现在飞行途中座舱盖掉落、驾驶舱挡风玻璃爆裂的情况下，驾驶员的身体受到极大的伤害。挡风玻璃掉落后，首先面临的就是失压，突然的压力变化会对耳膜造成很大伤害。极度的寒冷会造成驾驶员身体冻伤。在驾驶舱中，仪表盘被掀开，噪音极大，什么都听不见。大多数无线电失灵，只能依靠目视水平仪来进行操作。机组乘务处境要保持不乱，不断安慰乘客，相信机组处理意外事故的信心和能力。

惊心动魄 27 分钟后，在塔台的指挥下飞机最终安全备降成都双流国际机场。

案例评析 从此次事件可以看出，机长"泰山崩于前而色不变"的极高心理素质和安全型气质，有很强的应急处置能力，也彰显了机长必须成功的坚定意志和坚忍不拔的毅力。乘务员也处变不惊，具备安全的气质和性格，避免了一场严重空难。

四、兴趣与安全

1. 兴趣

每个人都有自己的兴趣。从家庭、学校的耳濡目染开始一直到工作岗位，历经感兴趣、有乐趣、成志趣，在家教和学校教育的氛围中渐渐熏陶培养成趣。

子曰："知之者不如好之者，好之者不如乐之者。"兴趣是指一个人积极探究某种事物或进行某种活动的认识倾向。兴趣对于一个人从事劳动、发展能力有重要的意义。任何人，只要他对自己所从事的事业有很大的兴趣，就能积极地、创造性地去完成任务。

2. 兴趣对安全的影响

（1）一个人热爱自己的工作，就会心情愉悦、积极主动地认知自己的工作。譬如，一个爱好电子线路设计的工作者，他要从元件电阻、电容、电感、二极管、三极管、晶闸管等开始探究其工作原理，弄明白基本放大电路、负反馈放大器、功率放大电路、逻辑门电路、组合逻辑电路和集成触发器等电路的功能和原理，才能够设计出功能强大的电子线路。做好自己热爱的工作最起码的要求是安全生产。

反之一个人不爱自己的工作，就会感到枯燥乏味、兴味索然，穷于应付，把工作搞得一团糟，不仅破坏工作环境，也破坏自己和他人的心境，容易造成事故。

（2）兴趣的培养与安全。兴趣不是天生的，也不是一成不变的，是熏陶培养逐渐形成的。倡导引导劳动者热爱平凡的工作，树立像诺贝尔奖获得者屠呦呦和南丁格尔奖获得者孙静霞、邹瑞芳等在平凡工作岗位获得不平凡成就的劳动者的光辉形象，引导培养员工热爱劳动，对本职工作兴趣盎然。

美国有人提出防止工伤事故的第一个原则就是建立和维持人们对安全工作的兴趣。因此，在安全管理中，一方面必须有意识地培养操作人员对本职工作的兴趣、对注意安全的兴趣，对安全生产进行宣贯学习、举办活动、评优奖励等激励，让劳动者获得安全生产的成就感和荣誉感并再接再厉。在可能的条件下，本着人尽其才的原则尽量根据劳动者的特长、兴趣去安排工作；另一方面通过多种形式把劳动者的兴趣爱好引导到本职工作的正确轨道上来，为安全生产所用。

五、能力与安全

1. 能力

能力，通常是指顺利完成某种活动所必须具备的那些心理特征。也就是说它直接影响活动顺利进行和完成效率的个性心理特征。能力分为一般能力和特殊能力。基本活动所学的能力就是一般能力，如感觉能力、观察力、记忆力、思维力、语言的感知、理解力、表达力、想象力、注意力等，这些能力的综合也叫智力。如企业领导组织安全生产的管理能力，工人的劳动能力以及与不安全因素作斗争，相应地采取安全措施的能力等。在某种专业活动中需要的能力就是特殊能力。如表演、交际、珠心算等。

（1）能力与知识、技能。能力不是知识、技能的简单罗列或机械的组合，而是其有机组合和综合运用。能力是在学习掌握知识和技能的过程中获得的，掌握知识、技能又依靠能力。能力不表现在知识、技能本身，表现在获得知识、技能并运用在工作劳动实践和处理事故的速度、强度、效能等方面。能力处处表现在活动中。譬如，专业知识渊博、业务技能精湛的人在获得知识技能的过程中可能有能力，但遇到事故手足无措，在处理事故这个过程中不是有能力的。

（2）能力与素质。快捷的神经系统、敏锐的感觉系统和灵活的运动系统只能说明一个人天生的解剖生理特征好，也就是素质好。素质好不一定能力强。素质是先天为主，是能力发展的必要条件，制约着能力的发展，尤其是运动员。能力是后天在具体的劳动生产活动中发展起来的。没有活动中的表现很难发现一个人的真正的能力。

2. 能力对安全影响

（1）能力的差别。

1）质的差别。人与人在前述的观察、记忆、想象、操作、思维这些能力的差别。如观察记忆能力，如三国时期的张松过目不忘，过一遍曹操的《孟德新书》就能一字不差背诵下来；英国首相丘吉尔可以熟记五万英语单词。如思维想象力，中国和东南亚的珠心算选手想象大脑中有一个算盘，能在 300 秒计算 7200 个数码，每秒钟计算 24 个数码（包括写答案的时间），在"观众命题、人机对抗赛"中一路领先取胜，令人叹为观止！

2）量的差别。同一种能力在速度、强度和效能方面的差别。如，同样的作业岗位、同样的作业和工作量，有的人在轻松愉快中提前完成了，有的人则艰难吃力延迟完成。原因颇多：是否用力合适、是否有条理、是否充满自信，以及动作是否规范。

（2）人尽其才与安全。

既然人的能力在质和量上都有很大的差异，企业为了安全生产和提高效率，就要在组织生产分派岗位上做到以人适岗、职岗匹配、人尽其才。如，思维能力强、智商高的劳动者从事编程操作、复杂机械或系统的故障诊断维修工作；操作能力灵活机动的操作工，操作复杂机械或生产线，如电力变电站复杂的大型倒闸操作；组织感召能力强的、懂专业的人担任组织安全生产工作负责人或者车间主任；沟通能力强、懂安全生产管理的承担安全生产宣贯教育培训工作。

对于一个生产团队而言，要做到能力优势互补。如同唐僧团队，本人意志坚定、矢志取经，沙僧埋头苦干、勤勉负责，孙悟空降妖除魔、能力超强，猪八戒能在关键时刻帮忙，取得最终胜利。

3. 能力的培训与发展

能力不是天生的，有了先天的生理素质，就具备了后天能力发展的必要条件。企业应长期不间断地通过学习培训、竞赛演练等多种活动提高职工的能力，尤其是安全意识、安全生产知识技能。

劳动者的能力强，对作业对象和作业场所的不安全因素就能及时发现和排除，特别是适应本工种、本岗位安全生产需要的特殊能力，对搞好安全生产更是必不可少。许多事故就是因为作业人员能力差所造成的。通过安全教育和训练及特殊工种培训，可进一步提高劳动者的能力。

案例 3-10 2000 年 7 月，某矿工人朱某河开始检修煤机下滚筒，工人刁某瓶在煤机附近维修架子，本班工人房某兰、丁某岭在煤机附近安装移溜器。正在工作时，悬移支架倒了 8 架，长度 9 米，宽度 4.1 米。倒架造成冒顶，将在现场工作的朱某河、刁某瓶、房某兰、丁某岭压在下面。

案例评析 煤机司机必须经过专业技术培训，并经考试取得合格证方可操作，无证不得操作。朱某河本人不是司机，没有操作证，不具备专业的维修能力，检修滚筒时启动煤机，滚筒升起将架子刮倒，造成倒架冒顶是这起事故的直接原因。

不法法，则事毋常；法不法，则令不行

——管子

第四章　安全生产法律法规

依法治理安全生产活动，已成为世界共识和惯例。安全生产法律法规是生产安全的法治保证。本章介绍以《安全生产法》为主的安全生产法律法规体系和劳动法律体系。

第一节　安全生产法律法规规章

我国安全生产法律法规体系由宪法、法律、行政法规（地方性法规）、部委规章（地方政府规章）、安全技术标准和安全作业规程组成，如图 4-1 所示。

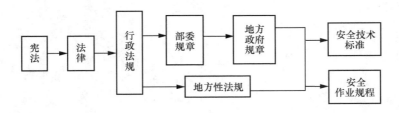

图 4-1　安全生产法律法规体系

一、安全生产法律体系

1. 宪法

《中华人民共和国宪法》是母法、基础法，位阶效力最高，其他法律都必须以宪法为制定的依据。其中，关于劳动安全生产的规定有：第四十二条关于加强劳动保护、改善劳动条件、劳动就业训练的规定；第四十三条关于休息休养、工作时间规定和休假制度；第五十三条关于遵守法律、遵守劳动纪律的规定等。

2. 安全生产法律

其他法律的地位和效力次于宪法，其规定不得同宪法相抵触。我国有关安全生产的法律包括基础法、专门法和相关法等。

（1）基础法。《中华人民共和国安全生产法》（简称《安全生产法》）是综合安全生产法律制度的基础法，属于安全生产法律体系的母法。本法规范的主体范围是在中华人民共和国领域内从事生产经营活动的企事业单位和个体经济组织。

（2）专门法。专门的安全生产法是规范某一专业领域安全生产法律制度的法律。我国在专业领域的法律有《中华人民共和国矿山安全法》《中华人民共和国海上交通安全法》《中华人民共和国消防法》《中华人民共和国道路交通安全法》等。

（3）相关法。与安全生产相关的法律是指安全生产基础法和专门法律以外的其他法律中涵盖有安全生产内容的法律，如《中华人民共和国劳动法》《中华人民共和国环境保护法》《中华人民共和国职业病防治法》《中华人民共和国建筑法》《中华人民共和国煤炭法》《中华人民共和国电力法》《中华人民共和国铁路法》《中华人民共和国民用航空法》《中华人民共和国工会法》《中华人民共和国全民所有制工业企业法》等。还有一些与安全生产监督执法工作有关的法律，如《中华人民共和国全民所有制工业企业法刑法》《中华人民共和国刑事诉讼法》《中华人民共和国行政处罚法》《中华人民共和国行政复议法》《中华人民共和国国家赔偿法》《中华人民共和国标准化法》等。

3．行政法规

安全生产行政法规是国务院为实施安全生产法律或规范安全生产监督管理制度而制定并颁布的一系列具体规定，是我们实施安全生产监督管理和监察工作的重要依据。行政法规的法律地位和法律效力次于宪法和法律，但高于地方性法规、行政规章行政法规，在中华人民共和国领域内具有约束力。

列举几部安全生产的行政法规：《国务院关于特大安全事故行政责任追究的规定》《特种设备安全监察条例》《建设工程安全生产管理条例》《安全生产事故报告和调查处理条例》《电力安全事故应急处置和调查处理条例》《国务院关于进一步加强安全生产工作的决定》《煤矿安全监察条例》《危险化学品安全管理条例》《安全生产许可证条例》等。

4．地方性法规

安全生产地方性法规的法律效力高于本级和下级地方政府规章。

是指由有立法权的地方权力机关——人民代表大会及其常务委员会依照法定职权和程序制定和颁布的、施行于本行政区域的规范性文件。各省人民代表大会及常委会通过的安全生产条例等有关国家法律法规的实施办法、条例等均属安全生产的地方性法规。

地方性法规与部门规章之间对同一事项的规定不一致，不能确定如何适用时，由国务院提出意见，国务院认为应当适用地方性法规的，应当决定在该地方适用地方性法规的规定；认为应当适用部门规章的，应当提请全国人民代表大会常务委员会裁决。

5．部委规章和地方政府规章

规章是指国家行政机关依照行政职权所制定、发布的针对某一类事件、行为或者某一类人员行政管理的规范性文件。部门规章之间、部门规章与地方政府规章之间具有同等效力，在各自的权限范围裁决。部门规章之间、部门规章与地方政府规章之间对同一事项的规定不一致时，由国务院裁决。

安全生产规章分部门规章和地方政府规章两种。

（1）安全生产部门规章是指国务院的部、委员会和直属机构依照法律、行政法规或者国务院授权制定的在全国范围内实施安全生产行政管理的规范性文件。如：《安全生产经营单位安全培训规定》《违反劳动法行政处罚办法》《建设工程消防监督管理规定》《安全生产事故隐患排查治理暂行规定》《安全生产事故应急预案管理办法》《特种作业人员安全技术培训考核管理办法》《建设项目安全设施"三同时"监督管理办法》《危险化学品经营许可证管理办法》《特种设备质量监督与安全监察规定》《锅炉压力容器制造监督管理办法》《电力企业安全生产监督管理办法》等。

（2）安全生产地方政府规章是指有地方性法规制定权的地方人民政府依照法律、行政法规、地方性法规或者本级人民代表大会或其常务委员会授权制定的在本行政区域实施行政管理的规范性文件。如各省政府、具有立法权的较大市政府依据国家法律法规，结合本辖区安全生产的需要制定的相关规定。

6. 技术标准和安全作业规程

技术标准和安全作业规程是各部委或行业关于技术标准和安全作业的规范性文件，也称技术规章或安全规程。《110kV～750kV 架空输电线路设计规范》《国家电网公司电力安全工作规程（变电部分）》。各行各业的安全（生产）工作规程都属于这一类，有的是国家标准，有的是行业标准。

同一机关制定的法律、行政法规、地方性法规、自治条例和单行条例、规章，规定与一般规定不一致的，适用特别规定；新规定与旧规定不一致的，适用新规定。

7. 企业制度

安全生产责任制、安全生产例会制度、安全生产教育培训制度、安全生产检查制度、安全生产奖惩制度、现场安全施工管理制度、隐患排查制度、风险管控制度、事故调查处理制度等。

安全生产法律体系是依据宪法的准则、立法原则制定的有关安全生产法律规范的集成，按照其法律地位和法律效力的层级划分为法律、法规、规章以及安全技术标准。

二、《安全生产法》新增亮点专题解读

《安全生产法》是防止和减少生产安全事故，保障人民群众生命财产安全的一部重要法律，于 2014 年 8 月修改，自 2014 年 12 月 1 日起施行。又于 2021 年 6 月修改，自 2021 年 11 月 1 日起施行。《安全生产法》是我国安全生产领域的基础性、综合性法律，对依法加强安全生产工作，预防和减少安全生产事故，保障人民群众生命财产安全，具有重要法治保障作用。

1."三管三必须"

2021 年施行的《安全生产法》最大的亮点之一就是将"管行业必须管安全、管业务必须管安全、管生产经营必须管安全"（简称"三个必须"）写入法律。2016 年 12 月 9 日《中共中央　国务院关于推进安全生产领域改革发展的意见》（简称《意见》）发布实施。《意见》按照"三个必须"和"谁主管谁负责"的原则明确各有关部门的职责范围。这次作为安全生产的一个重要原则，直接写进了《安全生产法》第三条第三款"安全生产工作实行管行业必须管安全、管业务必须管安全、管生产经营必须管安全，强化和落实生产经营单位主体责任与政府监管责任，建立生产经营单位负责、职工参与、政府监管、行业自律和社会监督的机制"。这对于安全生产的主体责任和监管职责分工，明确清晰，守土有责，责无旁贷。

《安全生产法》第十条第二款规定，"国务院交通运输、住房和城乡建设、水利、民航等有关部门依照本法和其他有关法律、行政法规的规定，在各自的职责范围内对有关行业、领域的安全生产工作实施监督管理；县级以上地方各级人民政府有关部门依照本法和其他有关法律、法规的规定，在各自的职责范围内对有关行业、领域的安全生产工作实施监督管理。"

（1）"三管三必须"的三个层次。"三管三必须"应当理解为三个层次。

1）第一个层次是中央政府部门的管理。《安全生产法》第十条提出，"国务院应急管理部门依照本法，对全国安全生产工作实施综合监督管理；县级以上地方各级人民政府应急管理部门依照本法，对本行政区域内安全生产工作实施综合监督管理。国务院交通运输、住房和城乡建设、水利、民航等有关部门依照本法和其他有关法律、行政法规的规定，在各自的职责范围内对有关行业、领域的安全生产工作实施监督管理。"

这些部门一般称之为行业领域的主管部门，要求在其管业务和生产经营活动的时候，必须管安全。其实《安全生产法》在这里只是有代表性的不完全列举，应作扩张解释，包括科教文卫等所有事业单位，即各行各业都应当管好自己职责范围内的安全（生产）。

2）第二个层次是《安全生产法》第十条规定的县级以上地方各级人民政府"应急管理部门和对有关行业、领域的安全生产工作实施监督管理的部门，统称负有安全生产监督管理职责的部门。""依照本法和其他有关法律、法规的规定，在各自的职责范围内对有关行业、领域的安全生产工作实施监督管理。"

3）第三个层次是省市县地方政府其他职能部门、机关和企事业单位，也应当遵循"三管三必须"的原则，首先要扫净自家门前雪，再关心他人瓦上霜。譬如，政府各职能部门按照各自行业领域的监管范围管好企事业单位的安全（生产）；机关、学校向职员、学生宣贯安全知识，强化安全意识的同时既有助于管好职员、学生的安全，也有助于提高整个社会的安全水平。

当然最重要的主体是企业。依据"三个必须"的原则，企业内部也嵌套一个三级职责划分。首先，《安全生产法》也对企业负责人的安全责任给予明确，如第五条指出企业"主要负责人是安全生产第一责任人""其他负责人对职责范围内的安全生产工作负责"。

其次是分管安全、工艺、设备、购销、财务、人事等不同方面的职能部门。如主管安全的负责人和安全环保部门仅仅应该起到上下沟通、协调组织和监督的作用，主要工作应该是监督和督促各个部门履行自己业务范围内的安全职责；企业各部门各模块的安全首先应由各个部门负责，在其管理本职业务工作时候，同时管控自己业务范围内的安全。如管设备的，应该保证设备完好率和设备运行安全；管财务的，要保障安全的经费来源，管人事的；要保障人员的安全素质和安全准入。最后是车间班组和生产一线的作业人员。

（2）监管类别和职责的划分。《安全生产法》第十条第一款规定，"国务院应急管理部门依照本法，对全国安全生产工作实施综合监督管理；县级以上地方各级人民政府应急管理部门依照本法，对本行政区域内安全生产工作实施综合监督管理。"由此可见，政府安全监管有两类部门，一类是应急管理部门，一类是其他行业领域主管部门（简称有关部门）。两类部门统称为负有安全生产监督管理职责的部门。

两种监督管理，一种是由应急管理部门负责的"综合监督管理"，即间接监管；另一种是有关部门负责的"监督管理"或"行业监管"即直接监管，如"交通运输、住房和城乡建设、水利、民航等有关部门"的直接监管。这里"等"的范围，按照"三个必须"提出的行业、业务、生产经营主管部门，广义上还应包括教育、卫生、体育、文化、农业、林业、商业、城市管理以及工业主管部门，自然也应该涵盖环保、特种设备、食品药品、国土资源等主管部门。各有关部门分兵多路，积极承担起"三个必须"的安全监管责任，各把关口合力围堵，全力歼灭安全事故。

但是应急管理部门除了"综合监督管理"，也有《安全生产法》规定之外的直接监管的职责。如冶金、有色、建材、轻工、纺织、机械、烟草、商贸八大行业，还有危化品、烟花爆竹等。其他有关部门也有类似的分外职责，如住建部门牵头开展燃气管道整治工作，工信部门牵头开展各类工业园区整治工作，能源部门牵头开展长输油气管道、化学储能电站安全管理工作，交通运输部门牵头开展规划性运输，水路、陆路运输安全工作，铁路局牵头开展铁路安全整治工作。

（3）企业安全职责的内部分工。以电网企业为例，按照"三个必须"的原则，公司领导和安全质量部门，对应政府和各有关部门的"综合监督职责"。同样安全质量部对于电网调度、营销、运维检修和变配电单位也应该具有"直接监管"的权力。当然如上各部门包括人力资源、党建工会、财务等部门在管好本部门安全工作的基础上，积极配合全力支持公司领导和安全质量部的安全生产工作，按照党政同责、一岗双责、齐抓共管、失职追责的原则，做好全公司的安全生产工作。

2. "两个至上"与"三个规律"

毛泽东说过，"人是世间第一可宝贵的"。《安全生产法》第三条第二款，"安全生产工作应当以人为本，坚持人民至上、生命至上，把保护人民生命安全摆在首位，树牢安全发展理念，坚持安全第一、预防为主、综合治理的方针，从源头上防范化解重大安全风险。"发展过程中可以有很多代价，但绝不以人民的生命作为代价。该条首次提出"人民至上，生命至上"（简称"两个至上"），把保护人民和生命安全摆在了至高无上的首位。这也是理解安全和发展科学发展观的辩证思维和崭新理念。

发展经济的终极目标是让人民过上安康幸福的日子，而不只是对美好生活的向往。敬畏生命，尊重人格，每个人都享有其存在的价值和独立的尊严，享有生命权、自由权、私有财产权和被尊重的权利。这就是人之为人的最基本的权利，即最基本的人权，也是现代文明的标志。

在"两个至上"的指引下，《安全生产法》还制定了两个与之相关、以人为本的更加体贴入微的新理念条款。其一是第四十四条第二款，"生产经营单位应当关注从业人员的身体、心理状况和行为习惯，加强对从业人员的心理疏导、精神慰藉，严格落实岗位安全生产责任，防范从业人员行为异常导致事故发生。"这里首次提出了生产经营单位不仅要关心从业人员的身体，还要关心从业人员的心理状况和行为习惯。其二是第五十六条第一款，"生产经营单位发生生产安全事故后，应当及时采取措施救治有关人员。"人世间第一宝贵的是人，一切物质文明的成果都是人创造的。当事故发生后，首先救治受伤的从业人员，因为他们是国家财富的创造者。当然负有法定职责的除外，如消防员灭火、刑警抓捕歹徒。

人命关天，发展决不能以牺牲人的生命为代价，这是不可逾越的红线。始终把人民生命安全放在首位，完善制度、强化责任、加强管理、严格监管，把全员安全生产责任制落到实处，切实防范重特大安全生产事故的发生。

因此在生产经营活动中，要尊重爱护员工，给他们提供安全、舒适、绿色的工作环境，呵护他们的身心健康，而不是首先考虑经济效益。这就是以人为本的通俗理解，即安全是前提，发展是结果。

世界各国安全生产的规律中，第一个规律是事故总量随着经济总量的增加而增加。第二个规律是重特大事故、特别重大事故随着工业化的加速、城镇化的集中，次数和人数在增加。第三个规律是事故死亡指数和 GDP 的增长率正相关。

某些工业化国家安全生产的历程说明发展周期是逐渐缩短的。如，英国历经 70 年，在 1950 年走过了人均 GDP1000 美金到 3000 美金这个阶段，也是事故易发期。美国历经 60 年，在 1960 年走过了人均 GDP1000 美金到 3000 美金这个阶段，走出了事故易发期。日本历经 26 年，走过了从人均 GDP1000 美金到 6000 美金这个阶段，在 1974 年走出了事故易发期。

他山之石，可以攻玉。我们应当研究发达国家的发展历程，借鉴经验，开拓创新，秉持安全发展理念，实现经济社会可持续发展。

案例 4-1 美国杜邦公司对员工的桌椅和工作用具都有安全要求和检查。要求员工下楼梯必须手扶楼梯，不得撒手迅速跑下楼梯，驾驶公司车辆必须系安全带。员工违章，不是罚款而是促膝相谈。

日本象印股份有限公司制造的不锈钢真空保温杯使用说明书有这样的安全提醒：①倒入热水时，请小心热水飞溅，以免烫伤；②请勿在杯体装有滤网组件的状态下，拿着滤网组件的提把移动，否则杯体掉落地上，有烫伤的危险；③盖好杯盖后，将杯体底部朝上，检查是否有泄漏。

案例评析 如上这些规定，犹如对智障人士或者是幼稚园孩子的谆谆告诫，又仿佛是慈母对已经参加工作的儿女那日复一日地唠叨和叮咛。以人为本，生命至上，还需要再加任何诠释吗？

3. 新兴行业安全生产监管

2020 年 7 月 31 日发布的《国务院办公厅关于支持多渠道灵活就业的意见》指出："个体经营、非全日制以及新就业形态等灵活多样的就业方式，是劳动者就业增收的重要途径，对拓宽就业新渠道、培育发展新动能具有重要作用。"但是，新平台、新行业、新风险也随之而来。新型从业人员的劳动报酬、休假，尤其是职业安全保障问题更为突出。

《安全生产法》第四条第二款规定，"平台经济等新兴行业、领域的生产经营单位应当根据本行业、领域的特点，建立健全并落实全员安全生产责任制，加强从业人员安全生产教育和培训，履行本法和其他法律、法规规定的有关安全生产义务。"这里明确了新兴业态中生产经营单位的安全生产义务，为这些领域的从业人员的职业安全保障提供了一个基本解决方案。

首先，搞明白新兴行业、领域的生产经营单位是谁。平台企业和劳动者之间的关系是比较复杂的，两者之间还存在着其他多种生产经营主体。以餐饮外卖平台为例，存在配送合作商和劳务外包企业等主体。

以餐饮外卖平台为例，"外卖骑手"分为"专送骑手"和"众包骑手"。"专送骑手"为平台企业（如阿里巴巴、京东）和与其合作的配送公司工作（如京东快递），其生产经营单位应是配送公司。"众包骑手"系由自然人在移动终端上注册 App 并获得通过后上岗工作的"外卖骑手"，其生产单位是平台企业（如饿了么 App）或者是平台企业的劳务外包企业。

其次，如何界定平台经济等新兴业态中的从业人员。《安全生产法》在传统劳动关系之外，明确提及的其他劳动形态也只是劳务派遣和实习实训，不能涵盖平台经济等新兴业态中的许多就业形态。如"外卖骑手"一类新型劳动者。因此，《安全生产法》使用的"从业人员"一词具有很强的概括性，这里应当作广义理解，即凡是依托网络平台从事相关行业业务的劳动者，都属于"从业人员"范畴。

再次，目前平台型企业的安全生产义务。上述这些"从业人员"自身的安全以及他们对公共安全和第三人造成的安全事故，其"生产单位"是否应该承担相应的责任等问题目前依然无解。诚然，在平台经济等新兴业态中，劳动者和平台之间的关系是多样而复杂的——劳动关系、劳务关系、发包和承揽关系，甚至是委托与被委托关系。试想，委托与被委托关系之间是否应承担安全生产事故赔偿责任？

案例 4-2　通过某网约车平台，搭车人甲约到了网约车驾驶人乙。路上因驾驶人乙不停地接拨电话，疏于谨慎驾驶，撞上了高速公路隔离带，车翻人伤。搭车人甲起诉网约车平台和驾驶人乙要求赔偿。庭审中，某网约车平台根据《民法典》第九百六十一条"中介合同是中介人向委托人报告订立合同的机会或者提供订立合同的媒介服务，委托人支付报酬的合同。"强调自己只是从事中介业务，促成了搭车人甲和驾驶人乙之间的客运交易，只负有如实报告委托事项的义务，不负有路上的安全责任。

案例评析　驾驶人乙和网约车平台以及搭车人甲和网约车平台都是委托和被委托的关系。网约车平台只审查驾驶人的驾驶资格和驾龄。至于安全事故赔偿问题，《安全生产法》和安全生产领域的其他法律法规原来所考虑的传统就业形态难以解决本案问题。那么什么情况下网约车平台应该与驾驶人乙承担连带责任？《民法典》第九百六十二条"中介人应当就有关订立合同的事项向委托人如实报告。中介人故意隐瞒与订立合同有关的重要事实或者提供虚假情况，损害委托人利益的，不得请求支付报酬并应当承担赔偿责任。"如平台提供了虚假情况：网约车驾驶人无照驾驶或者驾龄不足限制年限。

现实中，新行业、新业态从业人员造成第三人人身伤害和财产损失的，平台企业大多置身安全事故赔偿之外。因为目前还缺少比较切近平台企业安全事故赔偿的法律规范。这种情况包括依托平台付出劳务的各类"外卖骑手"和"配送骑手"

最后，如何看待平台经济等新兴业态中生产经营单位的安全生产保障义务。因为生产安全不仅影响或威胁劳动者人身安全，也影响或威胁公众生命财产安全。生产经营单位的安全生产保障义务包括两个层次，一是保护劳动者职业安全，二是保障公共安全和不特定的第三人的安全。

对于平台企业生产经营单位，保护从业人员的安全也有别于传统业态的劳动者。从业人员组织松散、作业面宽，遍及全国各地，安全生产管理无法做到集中强化安全培训。平台企业对于直接依托平台的从业人员，可以通过网络强制从业人员学习本行业领域的安全知识和操作技能，强化安全意识。

关于平台经济等新兴业态中的生产经营单位是否应当承担，以及如何承担公共安全意义上的安全生产义务，当下不宜立即将其安全生产义务提升到这个层面。如果这样，在支持企业创造就业机会的今日，有可能极大地增加企业成本，制约新兴业态的持续健康发展。

《安全生产法》第四条第二款"平台经济等新兴行业、领域的生产经营单位应当根据本行业、领域的特点，建立健全并落实全员安全生产责任制，加强从业人员安全生产教育和培训，履行本法和其他法律、法规规定的有关安全生产义务。"这里所规定的安全生产保障义务，暂作狭义理解为宜，即主要理解为保障劳动者职业安全的义务。随着平台经济等新兴行业新领域发展完善，不断发现问题、解决问题，逐步落实平台经济等新兴业态生产单位的安全生产责任主体、义务范围和履行方式，监管部门责任划分、监管权限与措施等。

至于平台经济等新兴业态安全生产管辖部门，在"管行业必须管安全、管业务必须管安全、管生产经营必须管安全"（"三管三必须"）原则指导下，为了避免平台经济等新兴业态的安全生产监管出现盲区，《安全生产法》第十条第二款作了指导性规定："对新兴行业、领域的安全生产监督管理职责不明确的，由县级以上地方各级人民政府按照业务相近的原则确定监督管理部门。"

4. "两清单"

人们有时候办业务找不到相应的部门负责处理，甲部门推给乙部门，乙部门推给丙部门。安全生产管理的职责也存在这样的情形。由于我国管理体制的复杂性，部门职责分工难免不明确。为此，《安全生产法》第十七条要求，"县级以上各级人民政府应当组织负有安全生产监督管理职责的部门依法编制安全生产权利和责任清单，并公开接受社会监督。"即监管权力清单和监管责任清单（简称"两清单"）。

实际上，就是将省级以下负有安全生产监管职责的部门的具体分工放到地方政府部门。当然，分工原则除了"三个必须"，还有责权利相统一的原则和"两清单"之规定，就是让相关部门把自己的权力和责任应该完全对应，并向上级汇报且公之于众，接受监督。

依法编制生产权力和责任清单，负有安全生产监督管理的部门要梳理本部门应当履行的全部职责，形成清晰的边界。在把握核心与重点的基础上，全面梳理本部门的权责事项，做到无死角、无盲区，有权力、有责任，权责一致、分工合理、协同合作，形成务实高效的安全生产管理体系。

一方面，负有安全生产监督管理的部门依法行使公权力的同时，也要依法履行职责，否则必须依法追责。另一方面，"两清单"要公开公正，接受监督，提高政府部门的公信力。

案例 4-3　以下是某市负有安全生产监督管理职责的部门"两清单"。

某市负有安全生产监督管理职责的部门"两清单"

序号	职权类型	职权编码	职权名称	职权依据	责任事项	责任事项依据	承办机构	追责对象范围	备注
1									
2									
3									

首先，某市地方政府组织应急、危化、消防、道路交通、建设、质监、特种设备等重点部门，依法划分权力边界，明确职责分工，详尽列出本部门的职责表单，明确职责范围。在行使权力和履行职责时，加强沟通协调，联动推进，实现各部门间工作的相互推动和相互促进。

其次，严格落实地方政府属地管理、行业主管部门直接监管、应急管理部门综合监管职责，采取专项整治、专家检查、暗访突击、联合执法等措施，深入排查安全隐患，对于重大隐患，采取限期整改、挂牌督办、停产停业整顿等措施督促整改。

案例评析　借鉴某市政府的做法，电力企业也应该由高层领导和安全质量管理部组织生产经营部门（如电建、运维、营销等）和各务虚部门（如人资、党群等），列出部门的安全管理权力和职责。分工协作，齐心协力，拉网式推进安全生产管理再上新台阶。

5. 身体、心理状况和行为习惯

身体、心理状况和行为习惯对于安全生产影响有显著作用。因此《安全生产法》在第四十四条增加了第二款"生产经营单位应当关注从业人员的身体、心理状况和行为习惯，加强对从业人员的心理疏导、精神慰藉，严格落实岗位安全生产责任，防范从业人员行为异常导致事故发生。"基于这样的认识，《安全生产法》实事求是地规定实行人性化管理。关心劳动者的身体、心理状况和行为习惯既是减少安全事故的管理措施，也是人性化管理新理念的确立。

案例 4-4　某市一政府部门 2020 年 10 月以来发生了怪事：从局长到员工无论男女，情欲亢奋，稍有刺激，情不自禁。经警方介入调查，原来是一个女性职员因晋升不公平，自 2017 年 8 月开始，给整个部门的饮用水注射刺激母猪发情用的激素长达两年之久，导致了如此不堪的局面。

案例评析　绩效评比、奖金发放、干部提拔等满足个人不同层次的需求，个人一旦得不到满足，特别是由于客观原因而没有得到满足，就会影响人的情绪，产生怨气，思虑报复。到了这一步就会严重影响安全生产和工作。该案提醒各行各业的领导干部要秉公办事，一视同仁，任人唯贤。

6. 违法成本增加，失信寸步难行

孔子曰：人而无信，不知其可也。"诚信"二字承载着太多历史的划痕，以它的厚重和坚韧，穿越漫长的时空，渐行渐弱走到今天。清代帮助左宗棠收复新疆的一品红顶商人胡雪岩，开票局的时候，有的清兵远离家乡，转战南北，不便携带银两，就存到胡雪岩的商号里，士兵战死后，胡雪岩连本带利，不远万里给死者家属送去。按理说，士兵死后，其直系亲属对该笔存款——遗产本是有继承权的，送给家属也是应该的，但胡雪岩却因此而一炮走红，生意如日中天，身家富可敌国。

个人诚信，立根，企业诚信，固本。鉴于此，《安全生产法》第七十八条规定，"负有安全生产监督管理职责的部门应当建立安全生产违法行为信息库，如实记录生产经营单位及其有关从业人员的安全生产违法行为信息；对违法行为情节严重的生产经营单位及其有关从业人员，应当及时向社会公告，并通报行业主管部门、投资主管部门、自然资源主管部门、生态环境主管部门、证券监督管理机构以及有关金融机构。有关部门和机构应当对存在失信行为的生产经营单位及其有关从业人员采取加大执法检查频次、暂停项目审批、上调有关保险费率、行业或者职业禁入等联合惩戒措施，并向社会公示。

"负有安全生产监督管理职责的部门应当加强对生产经营单位行政处罚信息的及时归集、共享、应用和公开，对生产经营单位作出处罚决定后七个工作日内在监督管理部门公示系统予以公开曝光，强化对违法失信生产经营单位及其有关从业人员的社会监督，提高全社会安全生产诚信水平。"

《安全生产法》关于建设安全生产诚信体系的规定，就企业层面而言，是落实安全生产主体责任的体现，主要表现在是否自觉守法，履职践诺，落实全员责任制度，遵章合规安全生产。同时约束安全生产监管部门建立安全生产违法行为信息库和安全生产"黑名单"制度，落实监管责任，建立评定评估、分级管理、公开公示、通报监督、奖励惩戒等制度。《安全生产法》第七十八条旨在逐步形成企业安全生产诚信管理的长效机制。安全生产诚信管理包括多个方面，如落实全员安全生产责任和管理制度、安全投入、安全培训、安全生产标准化信息化建设、隐患排查治理、生产单位的不良记录或"黑名单"予以通报和公示、职业病防治和应急管理等方面的情况。

保证企业安全生产诚信管理的长效机制良性运行有两大措施。

（1）对生产经营单位失信行为进行联合惩戒。《安全生产法》增加"有关部门和机构应当对存在失信行为的生产经营单位及其有关从业人员采取加大执法检查频次、暂停项目审批、上调有关保险费率、行业或者职业禁入等联合惩戒措施，并向社会公示。""负有安全生产监督管理职责的部门应当加强对生产经营单位行政处罚信息的及时归集、共享、应用和公开，对生产经营单位作出处罚决定后七个工作日内在监督管理部门公示系统予以公开曝光，强化对违法失信生产经营单位及其有关从业人员的社会监督，提高全社会安全生产诚信水平。"

（2）加大了对中介服务机构失信行为的惩戒力度。安全服务机构出具失实虚假报告的，除了罚款停业对主管人员和其他直接责任人员，实行终身行业和职业禁入，构成犯罪的要追究刑事责任。《安全生产法》第九十二条规定，"承担安全评价、认证、检测、检验职责的机构出具失实报告的，责令停业整顿，并处三万元以上十万元以下的罚款；给他人造成损害的，依法承担赔偿责任。

承担安全评价、认证、检测、检验职责的机构租借资质、挂靠、出具虚假报告的，没收违法所得；违法所得在十万元以上的，并处违法所得二倍以上五倍以下的罚款，没有违法所得或者违法所得不足十万元的，单处或者并处十万元以上二十万元以下的罚款；对其直接负责的主管人员和其他直接责任人员处五万元以上十万元以下的罚款；给他人造成损害的，与生产经营单位承担连带赔偿责任；构成犯罪的，依照刑法有关规定追究刑事责任。

对有前款违法行为的机构及其直接责任人员，吊销其相应资质和资格，五年内不得从事安全评价、认证、检测、检验等工作；情节严重的，实行终身行业和职业禁入。"

案例 4-5　某供电公司在煤改电、气改电取暖营销活动中，宣传材料展示了电能清洁安全价格便宜的优点，并比较了煤、气、电取暖价格成本，且承诺改电取暖后，发生问题用户只需打个电话，公司客服随叫随到，提供令您满意的服务。有的客户冲着这样到家贴心的服务承诺就与公司签订了改电取暖合同。不久后，电费问题、温度问题、停电问题相继出现。常常是多路电话一齐袭来，外勤客服脚不沾地，四处奔波，还是忙不过来。不少客户怒气冲冲，拨打投诉电话，说供电公司失信违约。

案例评析　本案供电公司的高端宣传比之于后来的客服滞后行为确有言而无信之嫌。如果长此以往，相关部门给予联合惩戒并公之于众将严重损害公司信誉并影响电力营销工作的开展。《民法典》第四百七十三条规定，要约邀请是希望他人向自己发出要约的表示，商业广告和宣传、寄送的价目表等为要约邀请。商业广告和宣传的内容符合要约条件的，构成要约。本案就电能这种特殊且垄断的商品而言，供电公司宣传广告价格服务等内容符合要约条件，因为这是一种重在后续服务的连续供货合同。客户对供电公司的宣传信以为真并与之签订合同就是承诺，合同成立。不能提供传广告服务内容就是失信违约。本案不仅是诚信问题，供电公司还应当承担违约责任。

提醒：一言重九鼎，诚信值万金！宣传不要过度承诺！

7. 重拳出击强安监

《安全生产法》对投机钻营、专心仕途、不负责任的企业领导，轻者给予严厉处罚，重则终身不得担任领导职务，以此加强他们安全生产的责任心。保安全是保乌纱的前提条件，不仅处罚单位也处罚个人，乃是开先河的规定。

（1）罚款金额更高。《安全生产法》中对涉及实施罚款处罚的违法行为，其罚款数额普遍提高，粗算有 8 处罚款倍增。《安全生产法》第一百一十四条规定，"发生生产安全事故，对负有责任的生产经营单位除要求其依法承担相应的赔偿等责任外，由应急管理部门依照下列规定处以罚款：

"（一）发生一般事故的，处三十万元以上一百万元以下的罚款；

"（二）发生较大事故的，处一百万元以上二百万元以下的罚款；

"（三）发生重大事故的，处二百万元以上一千万元以下的罚款；

"（四）发生特别重大事故的，处一千万元以上二千万元以下的罚款。

"发生生产安全事故，情节特别严重、影响特别恶劣的，应急管理部门可以按照前款罚款数额的二倍以上、五倍以下对负有责任的生产经营单位处以罚款。"

由上可见,发生特大事故,又加情节特别严重、影响特别恶劣的情形,最高罚款额为2000万元的五倍即1亿元。《安全生产法》对事故单位和相关责任人的罚款金额也大幅提高。如对单位主要负责人的事故罚款数额由上一年收入的30%～80%,提高到40%～100%。

第九十五条规定,"生产经营单位的主要负责人未履行本法规定的安全生产管理职责,导致发生生产安全事故的,由应急管理部门依照下列规定处以罚款:

"(一)发生一般事故的,处上一年年收入百分之四十的罚款;

"(二)发生较大事故的,处上一年年收入百分之六十的罚款;

"(三)发生重大事故的,处上一年年收入百分之八十的罚款;

"(四)发生特别重大事故的,处上一年年收入百分之一百的罚款。"

(2)处罚规定更严。

1)处罚条件严苛。

①违法即罚,不留腐败余地。《安全生产法》修改以前,不少条文对违法行为规定"可以处以罚款",即可以罚款也可以不罚款,这样模棱两可的规定缺乏法律威慑力,也给贪官污吏官员留足了权力寻租的腐败空间。修改以后去掉了"可以"二字,一经发现违法行为,罚款没商量。如,修改前的《安全生产法》第一百零二条"生产经营单位有下列行为之一的,责令限期改正,可以处五万元以下的罚款,对其直接负责的主管人员和其他直接责任人员可以处一万元以下的罚款;逾期未改正的,责令停产停业整顿"。对应修改后的第一百零五条"生产经营单位有下列行为之一的,责令限期改正,处五万元以下的罚款,对其直接负责的主管人员和其他直接责任人员处一万元以下的罚款;逾期未改正的,责令停产停业整顿"。显然修改后对应条文表述没有"可以"二字,责令改正同时直接罚款。

②"限改"同罚,逾期翻倍罚款。另一种情况是修改前对违法行为"责令限期改正""逾期未改正的"才罚款。修改后责令限期改正同时罚款,不容忍"逾期未改正的"情形再现。如修改前《安全生产法》第九十一条"生产经营单位的主要负责人未履行本法规定的安全生产管理职责的,责令限期改正;逾期未改正的,处二万元以上五万元以下的罚款,责令生产经营单位停产停业整顿。"对应修改后的第九十四条"生产经营单位的主要负责人未履行本法规定的安全生产管理职责的,责令限期改正,处二万元以上五万元以下的罚款;逾期未改正的,处五万元以上十万元以下的罚款,责令生产经营单位停产停业整顿。"修改前逾期未改才罚款且数额低,修改后责令改正的同时直接罚款,逾期未改的罚款数额倍增有余。

如上修改后的《安全生产法》规定的违法行为发生以后,全部改为责令限期改正的同时直接处以罚款,而不是以逾期未改正作为罚款前提的条款粗算达八处之多。

2)处罚后果严重。

《安全生产法》第九十四条规定:"生产经营单位的主要负责人未履行本法规定的安全生产管理职责的,责令限期改正,处二万元以上五万元以下的罚款;逾期未改正的,处五万元以上十万元以下的罚款，责令生产经营单位停产停业整顿。

"生产经营单位的主要负责人有前款违法行为，导致发生生产安全事故的，给予撤职处分；构成犯罪的，依照刑法有关规定追究刑事责任。

"生产经营单位的主要负责人依照前款规定受刑事处罚或者撤职处分的，自刑罚执行完毕或者受处分之日起，五年内不得担任任何生产经营单位的主要负责人；对重大、特别重大生产安全事故负有责任的，终身不得担任本行业生产经营单位的主要负责人。"

本条第一款对生产经营单位的主要负责人违法即罚，逾期改正翻倍罚款。第三款则对重大、特别重大生产安全事故负有责任的单位主要负责人限期或终身断绝仕途。

（3）按日连续计罚。《安全生产法》针对安全生产领域部分单位"屡禁不止、屡罚不改"的现象，增设了按日连续计罚的措施。所谓按日连续计罚，即对于违法的生产经营单位被责令改正且受到罚款处罚的，如拒不改正，则负有安全生产监督管理职责的部门可以作出自责令改正之日的次日起，按照原处罚数额按日连续处罚，严厉打击拒不整改、欺上瞒下的违法行为，提高其违法生产经营成本。《安全生产法》第一百一十二条规定："生产经营单位违反本法规定，被责令改正且受到罚款处罚，拒不改正的，负有安全生产监督管理职责的部门可以自作出责令改正之日的次日起，按照原处罚数额按日连续处罚。"按日连续计罚的计算方法参考如下案例。

案例 4-6　几年前某金某工贸公司在 217 省道附近侧邻高压线路建了一个大型钢材交易市场。2021 年 10 月 26 日，在修葺房顶的施工中，一名施工人员在传递物件时触电致伤，2 天后，又有一名工人在房顶工作时触电坠落致残。钢材市场内部供电线路纵横交错，堆积陈列的大多是大型机械和导电金属体，隐患重重。10 月 31 日，市应急管理部门进行现场检查，责令金某工贸公司限期 5 日内对相邻钢材市场一侧的高压线路装设硬质防护网之后方可继续施工并处罚款 5 万元。至 11 月 6 日金某工贸公司的大型钢材市场并无丝毫整改，施工隐患依然没消除却在继续施工。市应急管理部门又对金某工贸公司罚款 25 万元，并责令金某工贸公司停业整顿，并对其法人代表金某处 9 万元罚款。

案例评析　在侧邻高压线路的钢材交易市场屋顶上施工，建筑材料在高压线附近晃来晃去，无疑危险重重，时刻危及施工人员的健康和生命，亟待消除安全隐患。因此市应急管理部门对其罚款 5 万元，责令 5 日内改正。依据《安全生产法》第一百零二条"生产经营单位未采取措施消除事故隐患的，责令立即消除或者限期消除，处五万元以下的罚款；"而金某工贸公司没有丝毫消除隐患的行动，拒不改正，根据《安全生产法》第一百一十二条"生产经营单位违反本法规定，被责令改正且受到罚款处罚，拒不改正的，负有安全生产监督管理职责的部门可以自作出责令改正之日的次日起，按照原处罚数额按日连续处罚。"对该公司实施第二次罚款 25 万元。鉴于隐患危急，又根据《安全生产法》第一百零二条"生产经营单位未采取措施消除事故隐患的，责令立即消除或者限期消除，处五万元以下的罚款；生产经营单位拒不执行的，责令停产停业整顿，对其直接负责的主管人员和其他直接责任人员处五万元以上十万元以下的罚款；构成犯罪的，依照刑法有关规定追究刑事责任。"市应急管理部门责令金某工贸公司停业整顿，并对其直接负责人金某处9万元罚款。

（4）联合惩戒措施。

《安全生产法》对于严重违法的生产经营单位主要负责人，除了加重罚款数额，实施行业禁入，五年内不得担任任何生产经营单位的主要负责人，情节严重的终身不得担任本行业生产经营单位的主要负责人之外，对其经营的违法行为情节严重的生产经营单位及其有关从业人员还要实施加大执法检查频次、暂停项目审批、上调有关保险费率、行业或者职业禁入等联合惩戒措施。

《安全生产法》第七十八条第一款"负有安全生产监督管理职责的部门应当建立安全生产违法行为信息库，如实记录生产经营单位及其有关从业人员的安全生产违法行为信息；对违法行为情节严重的生产经营单位及其有关从业人员，应当及时向社会公告，并通报行业主管部门、投资主管部门、自然资源主管部门、生态环境主管部门、证券监督管理机构以及有关金融机构。有关部门和机构应当对存在失信行为的生产经营单位及其有关从业人员采取加大执法检查频次、暂停项目审批、上调有关保险费率、行业或者职业禁入等联合惩戒措施，并向社会公示。"

对于安全评价、认证、检测等中介机构违法行为的罚款力度增加，同时采用了联合惩戒方式，即对机构及其直接责任人员吊销其相应资质和资格，五年内不得从事安全评价、认证、检测、检验等工作；情节严重的，实行终身行业和职业禁入。《安全生产法》第九十二条"承担安全评价、认证、检测、检验职责的机构出具失实报告的，责令停业整顿，并处三万元以上十万元以下的罚款；给他人造成损害的，依法承担赔偿责任。

"承担安全评价、认证、检测、检验职责的机构租借资质、挂靠、出具虚假报告的，没收违法所得；违法所得在十万元以上的，并处违法所得二倍以上五倍以下的罚款，没有违法所得或者违法所得不足十万元的，单处或者并处十万元以上二十万元以下的罚款；对其直接负责的主管人员和其他直接责任人员处五万元以上十万元以下的罚款；给他人造成损害的，与生产经营单位承担连带赔偿责任；构成犯罪的，依照刑法有关规定追究刑事责任。

"对有前款违法行为的机构及其直接责任人员，吊销其相应资质和资格，五年内不得从事安全评价、认证、检测、检验等工作；情节严重的，实行终身行业和职业禁入。"

第二节 劳动保护法

健康的体魄是劳动能力的基本保证。工作中劳动者的健康必须受到保护——劳动保护，而且这种保护在世界各国都提高到了法律的高度。

一、劳动保护概述

女职工和未成年工在劳动过程中要受到特殊保护。就生理而言，女职工在经期、生育期、哺乳期等期间都有特殊的生理反应，需要特殊保护。未成年工是指年满 16 周岁、未满 18 周岁，身体发育还未成熟的劳动者。因此，《中华人民共和国劳动法》以及国务院颁布的《女职工劳动保护规定》，原劳动部发布的《女职工禁忌劳动范围规定》和《未成年工特殊保护规定》等，对女职工和未成年工的保护作了如下明确规定。

1. 女职工劳动保护

（1）禁止用人单位安排女职工从事矿山井下、国家规定的四级体力劳动强度的劳动和其他禁忌从事的劳动。

（2）用人单位不准安排女职工在经期从事高处、低温、冷水作业和国家规定的三级体力劳动强度的劳动。

（3）禁止用人单位安排女职工在怀孕期间从事国家规定的三级体力劳动和孕期禁忌从事的活动。

（4）不准用人单位对怀孕 7 个月以上的职工安排延长工作时间和夜班劳动。

（5）禁止用人单位安排女职工在哺乳未满 1 周岁婴儿期间从事国家规定的三级体力劳动强度的劳动和哺乳期禁忌从事的劳动，不得延长其工作时间和安排夜班劳动。

（6）女职工在四期（经期、怀孕期、产期、哺乳期）的工资、福利待遇不变。

2. 未成年工劳动保护

（1）禁止用人单位安排未成年工从事矿山井下、有毒有害、国家规定的四级体力劳动强度的劳动和其他禁忌从事的劳动。

（2）用人单位必须定期对未成年工进行身体健康检查。

3. 广义的人性化劳动保护

劳动保护不只是发放安全用具和伤亡时给予工伤待遇，更包括关心员工的心理状态和健康状况，根据实际情况，及时休息、及时就医，在岗位上就要保持健康的体魄和充沛的精力。掌握员工的精神状态、思想动态以及影响思想精神状态的原因，及时疏导启发、排除心理障碍，减少安全事故。

坚持以人为本，就是把人民群众的生命安全放在第一位，树立人力资源是第一生产力的观念。不能为了发展经济，以牺牲人的健康和生命为代价。

坚持安全发展，就绝不能以牺牲人民群众的生命健康来换取一时的高效益和快速发展，而应该在劳动者的生命健康得到切实保障的基础上发展，即安全是前提，发展是结果。

案例 4-7　2014 年 5 月 3 日零点，青铜峡分公司维修一车间一班值班员工殷某宏身体不适，多次腹泻（至事故发生时腹泻 8 次）。4 时 15 分殷某宏又一次上完厕所在下便池台阶（台阶高度 23cm）时，右腿膝盖直接跪倒在地面上（卫生间地面为专用防滑瓷砖，当时地面无积水、杂物，照明光线良好），摔倒后殷某宏当即站不起来，便大声呼喊同组值班员工鄢某。鄢某听到呼喊后赶至卫生间，将不能行动的殷某宏背到接班室，查看摔伤部位后立即将殷某宏摔倒的情况向班长朱某民汇报。朱某民赶到现场并将情况向值班副主任申某华汇报，申某华到达接班室，在查看了殷某宏的伤情后，考虑到现场不具备安全护送伤者的条件，于 4 时 55 分拨打急救电话并汇报分公司，5 时 15 分公司救护车和值班医生赶到，将殷某宏转移至公司医院救治。经检查，殷某宏右腿膝盖髌骨骨折。

案例评析 事故直接原因是殷某宏对事故时自己的身体状态认识不足，没有对下便池台阶可能发生的摔倒风险进行有效防范。事故间接原因：一是车间、班组对员工上班期间突然出现的身体不适状况未引起重视，未劝解回家或终止值班送医院治疗，对员工由于身体不适在作业或其他行动中可能引发事故事件的安全隐患没有及时解决。二是车间对卫生间危险源辨识和评估不足，对员工的安全提示及预防不全面。

整改措施 车间补充完善卫生间危险源辨识和风险评估内容，完善防控措施；班前会、交接班、上班期间，责任班班长要关注班组成员精神状态和身体状态，发现精神状态和身体状态欠佳的员工，班组、同组值班人员要及时进行调整或汇报处置。结合此次事件，开展一次全体员工安全教育和培训工作。

4. "生死合同"

英国经济评论家邓宁在《工联和罢工》中指出：如果资本有百分之百的利润，它就敢践踏人间的一切法律。

曾经有老板在没有安全保证的生产条件下，与劳动者签订"生死合同"，从业人员成了廉价且不承担伤亡和职业病责任的赚钱机器人。这些行为严重违反了《中华人民共和国劳动法》（简称《劳动法》）、《中华人民共和国劳动合同法》（简称《劳动合同法》）等法律的规定。

《劳动法》第十八条规定，下列劳动合同无效：①违反法律、行政法规的劳动合同；②采取欺诈、威胁等手段订立的劳动合同；③无效的劳动合同，从订立的时候起，就没有法律约束力。确认劳动合同部分无效的，如果不影响其余部分的效力，其余部分仍然有效。劳动合同的无效，由劳动争议仲裁委员会或者人民法院确认。

《劳动合同法》第三条规定，"订立劳动合同，应当遵循合法、公平、平等自愿、协商一致、诚实信用的原则。"劳动合同订立的原则首先是合法，劳动合同无效的判断也首先看是否违反法律和行政法规。这里的"法"是指中国法制体系中一切有效的法律法规。《安全生产法》是最新修改的法律，劳动合同与其相悖自然无效。劳动合同的订立还在于是否遵循公平、平等自愿、协商一致、诚实信用的原则。

（1）无效劳动合同的原因。

1）劳动者不懂得保护自己劳动权益的法律法规。

2）在资方处于强势地位的劳动力市场上，劳动者有时候为了找到工作往往不顾及个人健康安危，委曲求全，实际上是违心签订了劳动合同，不是其真实的意思表示。

3）资方在签订劳动合同时掩盖真相，虚假宣传，夸大劳动待遇，掩饰恶劣劳动条件，有欺诈行为。

4）在欺诈胁迫甚至暴力威胁的情形下签订的劳动合同，如黑煤矿、黑煤窑的劳工。

（2）"生死合同"属于无效劳动合同。

首先，用人单位免除自己的法定责任，是指根据有关法律法规，用人单位有依法承担的责任，但用人单位在劳动合同中约定免除该责任。其次，用人单位排除劳动者权利，是指用人单位通过劳动合同中的约定取消或者限制劳动者权利，如有的劳动合同中载明"劳动者生老病死都与企业无关""工伤、死亡概不负责""用人单位有权根据生产经营变化及劳动者的工作情况调整其工作岗位，劳动者必须服从单位的安排"等。载有上述这类无效条款的劳动合同就是"生死合同"。

"生死合同"严重违反了《安全生产法》第五十二条的规定，"生产经营单位与从业人员订立的劳动合同，应当载明有关保障从业人员劳动安全、防止职业危害的事项，以及依法为从业人员办理工伤保险的事项。

"生产经营单位不得以任何形式与从业人员订立协议，免除或者减轻其对从业人员因生产安全事故伤亡依法应承担的责任。"该条对生产经营单位提出了如下要求。

1）保证劳动者劳动安全免受伤害并防止职业病危害。要求用人单位安全投入充足，保障基本的安全生产条件。要建立健全安全生产制度和操作规程，具备完善有效的安全设施设备，对员工进行安全培训教育，提供合格的劳动防护装备和用品。

2）强制实施工伤保险制度。不管用人单位是否情愿都应当按法律规定为从业人员缴纳工伤保险费。当从业人员受伤、患职业病失去部分或全部劳动能力时，依法从国家和社会获得物质帮助，保证基本生活。

3）禁止以任何形式签订"生死合同"，即使签订了"生死合同"也是无效的合同，自始无效。用人单位不能依据"生死合同"排除从业人员的权利免除自己的法律责任。

订立生死合同的用人单位同时违反了《劳动合同法》第二十六条，下列劳动合同无效或者部分无效：①以欺诈、胁迫的手段或者乘人之危，使对方在违背真实意思的情况下订立或者变更劳动合同的；②用人单位免除自己的法定责任、排除劳动者权利的；③违反法律、行政法规强制性规定的。对劳动合同的无效或者部分无效有争议的，由劳动争议仲裁机构或者人民法院确认。

（3）资方订立"生死合同"的法律责任。

1）违反劳动法律法规的责任。《劳动法》第十八条第二款，"无效的劳动合同，从订立的时候起，就没有法律约束力。确认劳动合同部分无效的，如果不影响其余部分的效力，其余部分仍然有效。劳动合同的无效，由劳动争议仲裁委员会或者人民法院确认。"一旦劳动合同被确认无效，资方有关"不负责任"的条款是无效的。换句话说，还是必须负责任的。

2）违反安全生产法的责任。《安全生产法》第一百零六条规定，生产经营单位与从业人员订立协议，免除或者减轻其对从业人员因生产安全事故伤亡依法应承担的责任的，该协议无效；对生产经营单位的主要负责人、个人经营的投资人处二万元以上十万元以下的罚款。

案例 4-8 陈某进城打工，发现一张招工告示称"某个体砖厂大量招工，包吃住，月薪 5000 元另加奖金"，于是前往位于郊区某乡村的砖厂，与老板王某洽谈。王某拿出的劳动合同最后有一行不起眼的小字"受雇人员伤亡厂方概不负责"。陈某没有多想就签了合同。一个月后，陈某在挖土时忽然遇到塌方，身受重伤，丧失了劳动能力。王某以双方签订的劳动合同中已写明"受雇人员伤亡厂方概不负责"为由，不同意对陈某赔偿损失。

案例评析 这是一起典型的生产经营单位通过与从业人员签订"生死合同"，达到逃避依法应承担工伤赔偿责任目的的案件。本案砖厂利用打工人员不懂法律又急于找个工作挣钱的心理，在劳动合同中加入"受雇人员伤亡厂方概不负责"的违法条款。企图以"合法"的形式规避生产经营单位应承担的赔偿责任，违反《安全生产法》第五十二条第二款"生产经营单位不得以任何形式与从业人员订立协议，免除或者减轻其对从业人员因生产安全事故伤亡依法应承担的责任"之规定。这严重损害了从业人员的合法权益，是一种无效合同，不受法律的保护。本案中，陈某虽然与砖厂签订了含有"受雇人员伤亡厂方概不负责"条款的劳动合同，但这一人身伤害免责条款是违法的、无效的，不能以此免除或者减轻砖厂的赔偿责任。因此，陈某既可直接向砖厂请求赔偿，也可向劳动行政主管部门申请处理，还可以直接向人民法院起诉，以维护其合法权益。另外安全行政部门还要根据《安全生产法》第一百零六条对砖厂负责人王某进行处罚。

二、工伤保险

生于忧患，死于安乐。《安全生产法》第五十一条规定，生产经营单位必须依法参加工伤保险，为从业人员缴纳保险费。国家鼓励生产经营单位投保安全生产责任保险；属于国家规定的高危行业、领域的生产经营单位，应当投保安全生产责任保险。具体范围和实施办法由国务院应急管理部门会同国务院财政部门、国务院保险监督管理机构和相关行业主管部门制定。

工伤保险制度，是指由用人单位缴纳工伤保险费，对劳动者因工作原因遭受意外伤害或者职业病，从而造成死亡、暂时或者永久丧失劳动能力时，给予职工及其相关人员工伤保险待遇的一项社会保障制度。

那么生产经营单位投保安全生产责任保险的意义何在？

（一）社会保险

社会保险是国家和用人单位依照法律规定或者合同约定，对与用人单位存在劳动关系的劳动者在暂时或永久丧失劳动能力以及暂时失业时，为保证其基本生产需要，给予物质帮助的一种社会保障制度。

社会保险包括养老保险、失业保险、医疗保险、生育保险和工伤保险等。其中工伤保险与生产经营单位的安全生产工作关系最为密切。

（二）工伤保险

1. 工伤和劳动能力鉴定

（1）工伤范围。根据《工伤保险条例》第十四条，职工有下列情形之一，应当认定为工伤：①在工作时间和工作场所内，因工作原因受到事故伤害的；②在工作时间前后和工作场所内，从事与工作有关的预备性或收尾性工作受到事故伤害的；③在工作时间和工作场所内，因履行工作职责受到暴力等意外伤害的；④患职业病的；⑤因工外出时间，由于工作原因受到伤害或者发生事故下落不明的；⑥在上、下班途中，受到非本人主要责任的交通事故或者城市轨道交通、客运轮渡、火车事故伤害的；⑦法律、行政法规规定应当认定为工伤的其他情形。

（2）工伤认定申请规定。

1）工伤保险申请时限、时效和申请责任。《工伤保险条例》第十七条规定，职工发生事故伤害或者按照职业病防治法规定被诊断、鉴定为职业病，所在单位应当自事故伤害发生之日或者被诊断、鉴定为职业病之日起 30 日内，向统筹地区社会保险行政部门提出工伤认定申请。遇有特殊情况，经报社会保险行政部门同意，申请时限可以适当延长。

用人单位未按前款规定提出工伤认定申请的，工伤职工或者其近亲属、工会组织在事故伤害发生之日或者被诊断、鉴定为职业病之日起 1 年内，可以直接向用人单位所在地统筹地区社会保险行政部门提出工伤认定申请。

按照本条第一款规定应当由省级社会保险行政部门进行工伤认定的事项，根据属地原则由用人单位所在地的设区的市级社会保险行政部门办理。

用人单位未在本条第一款规定的时限内提交工伤认定申请，在此期间发生符合本条例规定的工伤待遇等有关费用由该用人单位负担。

2）工伤认定申请材料。《工伤保险条例》第十八条规定，提出工伤认定申请应当提交下列材料：①工伤认定申请表；②与用人单位存在劳动关系（包括事实劳动关系）的证明材料；③医疗诊断证明或者职业病诊断证明书（或者职业病诊断鉴定书）。

工伤认定申请表应当包括事故发生的时间、地点、原因以及职工伤害程度等基本情况。工伤认定申请人提供材料不完整的，社会保险行政部门应当一次性书面告知工伤认定申请人需要补正的全部材料。申请人按照书面告知要求补正材料后，社会保险行政部门应当受理。

（3）劳动能力鉴定。《工伤保险条例》第二十一条～二十四条规定，职工发生工伤经治疗伤情相对而言稳定后存在残疾影响劳动能力的，应进行劳动能力鉴定。鉴定是指劳动功能障碍程度和生活自理障碍程度的等级鉴定。劳动功能障碍分为十个伤残等级，最重的为一级，最轻的为十级。生活自理障碍分为三个等级：生活完全不能自理、生活大部分不能自理和生活部分不能自理。

劳动能力鉴定由用人单位、工伤职工或者其近亲属向设区的市级劳动能力鉴定委员会提出申请，并提供工伤认定决定和职工工伤医疗的有关资料。

劳动能力鉴定是劳动和社会保障行政部门的一项重要工作，是确定工伤保险待遇的基础。省、自治区、直辖市劳动能力鉴定委员会和设区的市级劳动能力鉴定委员会分别由省、自治区、直辖市和设区的市级社会保险行政部门、卫生行政部门、工会组织、经办机构代表以及用人单位代表组成。鉴定标准由国务院卫生行政部门等有关部门制定。

2. 工伤保险待遇

（1）工伤医疗补偿。

《工伤保险条例》第三十条规定，职工因工作受到事故伤害或者患职业病进行治疗，享受工伤医疗待遇。职工治疗工伤应当在签订服务协议的医疗机构就医，情况紧急时可以先到就近的医疗机构急救。治疗工伤所需费用符合工伤保险诊疗项目、工伤保险药品目录、工伤保险住院服务标准的，从工伤保险基金中支付。工伤保险诊疗项目目录、工伤保险药品目录、工伤保险住院服务标准，由国务院社会保险行政部门会同国务院卫生行政部门、食品药品监督管理部门等部门规定。

职工住院治疗工伤的伙食补助费，以及经医疗机构出具证明，报经办机构同意，工伤职工到统筹地区以外就医所需的交通、食宿费用从工伤保险基金支付，基金支付的具体标准由统筹地区人民政府规定。

工伤职工治疗非工伤引发的疾病，不享受工伤医疗待遇，按照基本医疗保险办法处理。工伤职工到签订服务协议的医疗机构进行工伤康复的费用，符合规定的，从工伤保险基金支付。

（2）停止享受工伤保险待遇。

《工伤保险条例》第四十二条规定，工伤职工有下列情形之一的，停止享受工伤保险待遇：①丧失享受待遇条件的；②拒不接受劳动能力鉴定的；③拒绝治疗的。

（3）工伤保险责任的承担。

由于用人单位的情况时有变化，所以依法明确某些情况下工伤保险责任的承担者，对于保障职工享受工伤保险待遇非常重要。《工伤保险条例》第四十三～四十五条规定，用人单位分立、合并、转让的，承继单位应当承担原用人单位的工伤保险责任；原用人单位已经参加工伤保险的，承继单位应当到当地经办机构办理工伤保险变更登记。用人单位实行承包经营的，工伤保险责任由职工劳动关系所在单位承担。职工被借调期间受到工伤事故伤害的，由原用人单位承担工伤保险责任，但原用人单位与借调单位可以约定补偿办法。企业破产的，在破产清算时依法拨付应当由单位支付的工伤保险待遇费用。

职工被派遣出境工作，依据前往国家或者地区的法律应当参加当地工伤保险的，参加当地工伤保险，其国内工伤保险关系中止；不能参加当地工伤保险的，其国内工伤保险关系不中止。

职工再次发生工伤，根据规定应当享受伤残津贴的，按照新认定的伤残等级享受伤残津贴待遇。

（4）《安全生产法》关于工伤的赔偿规定。

《安全生产法》第五十三条规定，因生产安全事故受到损害的从业人员，除依法享有工伤保险外，依照有关民事法律尚有获得赔偿的权利的，有权向本单位提出赔偿要求。

3．关于工伤保险参保范围和缴费的规定

《社会保险法》第三十三条规定，职工应当参加工伤保险，由用人单位缴纳工伤保险费，职工不缴纳工伤保险费。

《工伤保险条例》第二条规定，中华人民共和国境内的企业、事业单位、社会团体、民办非企业单位、基金会、律师事务所、会计师事务所等组织和有雇工的个体工商户（以下称用人单位）应当依照本条例规定参加工伤保险，为本单位全部职工或者雇工（以下称职工）缴纳工伤保险费。

中华人民共和国境内的企业、事业单位、社会团体、民办非企业单位、基金会、律师事务所、会计师事务所等组织的职工和个体工商户的雇工，均有依照本条例的规定享受工伤保险待遇的权利。

第十条规定，用人单位应当按时缴纳工伤保险费。职工个人不缴纳工伤保险费。

（1）参保范围。

1）企业，包括法人企业和非法人企业，是本法的主要调整对象。

2）有雇工的个体工商户，即雇佣二至七名学徒或者帮工、在工商行政管理部门登记的自然人。

3）事业单位、社会团体、基金会和民办非企业单位。

4）灵活就业人员。由于工伤保险实行雇主责任制，由用人单位单方缴费，个人不缴费，因此未将灵活就业人员纳入工伤保险的覆盖范围。

（2）保险费承担主体。

工伤保险实行用人单位单方缴费制度，用人单位为本单位职工缴纳工伤保险费，职工不缴纳工伤保险费，职工在受到工伤事故伤害时由工伤保险基金为其支付相应的工伤保险待遇。

4．工伤的认定

《社会保险法》第三十六条规定，职工因工作原因受到事故伤害或者患职业病，且经工伤认定的，享受工伤保险待遇；其中，经劳动能力鉴定丧失劳动能力的，享受伤残待遇。

工伤认定和劳动能力鉴定应当简捷方便。

《工伤保险条例》第十四条规定，职工有下列情形之一的，应当认定为工伤：①在工作时间和工作场所内，因工作原因受到事故伤害的；②工作时间前后在工作场所内，从事与工作有关的预备性或者收尾性工作受到事故伤害的；③在工作时间和工作场所内，因履行工作职责受到暴力等意外伤害的；④患职业病的；⑤因工外出期间，由于工作原因受到伤害或者发生事故下落不明的；⑥在上下班途中，受到非本人主要责任的交通事故或者城市轨道交通、客运轮渡、火车事故伤害的；⑦法律、行政法规规定应当认定为工伤的其他情形。

第十五条规定，职工有下列情形之一的，视同工伤：①在工作时间和工作岗位，突发疾病死亡或者在 48 小时之内经抢救无效死亡的；②在抢险救灾等维护国家利益、公共利益活动中受到伤害的；③职工原在军队服役，因战、因公负伤致残，已取得革命伤残军人证，到用人单位后旧伤复发的。职工有前款第①项、第②项情形的，按照本条例的有关规定享受工伤保险待遇；职工有前款第③项情形的，按照本条例的有关规定享受除一次性伤残补助金以外的工伤保险待遇。

第十六条规定，职工符合本条例第十四条、第十五条的规定，但是有下列情形之一的，不得认定为工伤或者视同工伤：①故意犯罪的；②醉酒或者吸毒的；③自残或者自杀的。

第二十二条规定，劳动能力鉴定是指劳动功能障碍程度和生活自理障碍程度的等级鉴定。

劳动功能障碍分为十个伤残等级，最重的为一级，最轻的为十级。

生活自理障碍分为三个等级：生活完全不能自理、生活大部分不能自理和生活部分不能自理。

劳动能力鉴定标准由国务院社会保险行政部门会同国务院卫生行政部门等部门制定。

5. 工伤待遇

《社会保险法》第三十六条规定，职工因工作原因受到事故伤害或者患职业病，且经工伤认定的，享受工伤保险待遇；其中，经劳动能力鉴定丧失劳动能力的，享受伤残待遇。

《工伤保险条例》第三十条规定，职工因工作遭受事故伤害或者患职业病进行治疗，享受工伤医疗待遇。

职工治疗工伤应当在签订服务协议的医疗机构就医，情况紧急时可以先到就近的医疗机构急救。

治疗工伤所需费用符合工伤保险诊疗项目目录、工伤保险药品目录、工伤保险住院服务标准的，从工伤保险基金支付。工伤保险诊疗项目目录、工伤保险药品目录、工伤保险住院服务标准，由国务院社会保险行政部门会同国务院卫生行政部门、食品药品监督管理部门等部门规定。

职工住院治疗工伤的伙食补助费，以及经医疗机构出具证明，报经办机构同意，工伤职工到统筹地区以外就医所需的交通、食宿费用从工伤保险基金支付，基金支付的具体标准由统筹地区人民政府规定。

工伤职工治疗非工伤引发的疾病，不享受工伤医疗待遇，按照基本医疗保险办法处理。

工伤职工到签订服务协议的医疗机构进行工伤康复的费用，符合规定的，从工伤保险基金支付。

（1）享受工伤保险待遇的条件。

1）工作原因。因工作原因受到事故伤害，是指职工为履行工作职责、完成工作任务而受到事故伤害，这是最为普遍的工伤情形。工作时间、工作地点和工作原因是工伤认定的三个基本要素，即"三工原则"。

2）事故伤害，一般包括安全事故、意外事故以及自然灾害等各种形式的事故。如果是职工在因工外出期间发生事故下落不明的情况，很难确定职工已死亡还是暂时失去联系，本着尽量维护职工权益的基本精神，这种情况也应认定为工伤。

3）患职业病。职业病是指职工在职业活动中，因接触粉尘、放射性物质和其他有毒、有害物质等因素而引起的职业性疾病。职工经诊断或鉴定确患职业病，并经过工伤认定属于工伤或视同工伤的，可以享受工伤保险待遇。

（2）享受工伤保险待遇的程序。

1）工伤认定是指社会保险行政部门依据法律的授权，对职工因事故受到伤害或者患职业病的情形是否属于工伤或视同工伤给予定性的行政确认行为，是受到事故伤害或者患职业病的职工享受工伤保险待遇的前提。工伤认定的结果包括认定为工伤、视同工伤、非工伤和不视同工伤。工伤认定的程序包括申请、受理、审核、调查核实、作出认定等，并有严格的时限规定。

2）劳动能力鉴定职工发生工伤，经治疗伤情相对稳定后存在残疾，影响劳动能力的，应当进行劳动能力鉴定。劳动能力鉴定是职工享受伤残待遇的重要前提。工伤职工进行劳动能力鉴定有三个条件：一是应在经过治疗，伤情处于相对稳定的状态后进行；二是必须存在残疾，主要表现在身体上的残疾；三是必须对工作、生活产生了直接的影响，伤残程度已经影响到职工本人的劳动能力。劳动能力鉴定包括劳动功能障碍程度和生活自理障碍程度的等级鉴定：劳动功能障碍分为十个伤残等级；生活自理障碍分为三个等级，分别为生活完全不能自理、生活大部分不能自理和生活部分不能自理。

（3）工伤待遇费用支付。

1）因工伤发生的费用。《社会保险法》第三十八条规定，因工伤发生的下列费用，按照国家规定从工伤保险基金中支付：①治疗工伤的医疗费用和康复费用；②住院伙食补助费；③到统筹地区以外就医的交通食宿费；④安装配置伤残辅助器具所需费用；⑤生活不能自理的，经劳动能力鉴定委员会确认的生活护理费；⑥一次性伤残补助金和一至四级伤残职工按月领取的伤残津贴；⑦终止或者解除劳动合同时，应当享受的一次性医疗补助金；⑧因工死亡的，其遗属领取的丧葬补助金、供养亲属抚恤金和因工死亡补助金；⑨劳动能力鉴定费。

2）根据工伤等级不同各类待遇，分为工伤医疗康复类待遇、辅助器具配置待遇、伤残待遇和死亡待遇。

①工伤医疗康复类待遇。a.治疗工伤的医疗费用和康复费用，包括治疗工伤所需的挂号费、医疗费、药费、住院费等费用和进行康复性治疗的费用。b.住院伙食补助费和异地就医的交通食宿费。职工治疗工伤需要住院的，由工伤保险基金按照规定发给住院伙食补助费；经医疗机构出具证明，报经办机构同意，工伤职工到统筹地区以外就医的，所需交通、食宿费由工伤保险基金负担。c.护理费。生活不能自理的，经劳动能力鉴定委员会确认的生活护理费，由工伤保险基金负担。d.劳动能力鉴定费。劳动能力鉴定是职工配置辅助器具、享受生活护理费、延长停工留薪期、享受伤残待遇等的重要前提和必经程序，因此产生的劳动能力鉴定费也由工伤保险基金负担。《工伤保险条例》没有明确规定劳动能力鉴定费的负担问题，各省规定也不尽相同。

②辅助器具配置待遇。工伤职工因日常生活或就业需要，经劳动能力鉴定委员会确认，可以安装矫形器、义肢、义眼、义齿和配置轮椅等辅助器具，所需费用按照国家规定的标准从工伤保险基金支付。

③伤残待遇。a.一次性医疗补助金。职工因工致残被鉴定为五级至十级伤残的，该职工与用人单位解除或者终止劳动关系后，由工伤保险基金支付一次性医疗补助金。按照现行《工伤保险条例》的规定，一次性医疗补助金由工伤职工所在用人单位支付，本法将一次性医疗补助金列入工伤保险基金的支付范围，进一步减轻用人单位的负担，增加了工伤保险制度对用人单位的吸引力。b.一次性伤残补助金。职工因工致残并经劳动能力鉴定委员会评定伤残等级的，按照伤残等级，从工伤保险基金中向职工支付一次性伤残补助金，其数额为规定月数的本人工资（指工伤职工因工作遭受事故伤害或者患职业病前 12 个月的平均月缴费工资），并且是一次性支付。c.伤残津贴。工伤保险基金需要负担一至四级伤残职工按月领取的伤残津贴，一至四级伤残又称为完全丧失劳动能力，对该类工伤职工，与用人单位保留劳动关系，退出工作岗位，由工伤保险基金按月支付伤残津贴。

④死亡待遇。a.丧葬补助金。职工因工死亡的，伤残职工在停工留薪期内因工导致死亡的，一至四级伤残职工在停工留薪期满后死亡的，其近亲属按照规定从工伤保险基金中领取丧葬补助金。丧葬补助金是安葬工亡职工、处理后事的必需费用。丧葬补助金按 6 个月的统筹地区上年度职工月平均工资的标准计发，计发对象是工亡职工的近亲属。b.供养亲属抚恤金。按照因公死亡职工生前本人工资的一定比例计发，计发对象是由工亡职工生前提供主要生活来源、无劳动能力的亲属。核定的各供养亲属的抚恤金之和不应高于工亡职工生前的工资。该项待遇为长期待遇，一旦供养亲属具备、恢复能力或者死亡的，供养亲属抚恤金即停止发放。c.因工死亡补助金。《工伤保险条例》规定，一次性工亡补助金标准为 48 个月至 60 个月的统筹地区上年度职工月平均工资。按照最新政策，因公死亡补助

金的标准改为按照上一年度全国城镇居民人均可支配收入的 20 倍计发,发放对象为工亡职工的近亲属,当有数个近亲属时,对于工伤职工生前对其尽了较多照顾义务的近亲属,应当予以照顾。

6. 关于由用人单位负担的工伤保险待遇的规定

《社会保险法》第三十九条规定,因工伤发生的下列费用,按照国家规定由用人单位支付:①治疗工伤期间的工资福利;②五级、六级伤残职工按月领取的伤残津贴;③终止或者解除劳动合同时,应当享受的一次性伤残就业补助金。

(1)工资福利。

职工因工作遭受事故伤害或者患职业病需要暂停工作接受工伤医疗的,在停工留薪期内,除享受工伤医疗待遇外,原工资福利待遇不变,由所在用人单位按月支付。停工留薪期应当根据伤情的具体情况来确定,一般不超过 12 个月。停工留薪期的长短,由已签订服务协议的治疗工伤的医疗机构提出意见,经劳动能力鉴定委员会确认。伤情严重或者情况特殊需要延长治疗期限的,经设区的市级劳动能力鉴定委员会确认,可以适当延长,但延长不得超过 12 个月。工伤职工评定伤残等级后,停发原有的工资待遇,按照有关规定享受伤残待遇。

(2)伤残津贴。

该项工伤保险待遇仅针对五级、六级伤残职工。五级、六级伤残,一般称为大部分丧失劳动能力,对于该类工伤职工,保留其与用人单位的劳动关系,由用人单位安排适当工作,难以安排的,由用人单位按月发给伤残津贴,具体标准为:五级伤残为本人工资的 70%,六级为 60%,并由用人单位按照规定为其缴纳各项社会保险费。伤残津贴实际金额低于当地最低工资标准的,由用人单位补足差额。

(3)一次性伤残就业补助金。

职工因工致残被鉴定为五级、六级伤残的,经工伤职工本人提出,该职工可以与用人单位解除或者终止劳动关系,由用人单位支付一次性伤残就业补助金;职工因工致残被鉴定为七至十级伤残的,劳动合同期满终止,或者职工本人提出解除劳动合同的,由用人单位支付一次性伤残就业补助金。按照规定,一次性伤残就业补助金按照工伤职工本人月工资计算,不得低于所在市月最低工资标准,其中五级为 28 个月,六级为 24 个月,七级为 20 个月,八级为 16 个月,九级为 12 个月,十级为 8 个月。

7. 关于用人单位未依法缴纳工伤保险费的,其职工发生工伤时如何支付待遇的规定

《社会保险法》第四十一条规定,职工所在用人单位未依法缴纳工伤保险费,发生工伤事故的,由用人单位支付工伤保险待遇。用人单位不支付的,从工伤保险基金中先行支付。

从工伤保险基金中先行支付的工伤保险待遇应当由用人单位偿还。用人单位不偿还的,社会保险经办机构可以依照本法第六十三条的规定追偿。

(1)用人单位支付工伤保险待遇的责任。职工发生工伤后,若因用人单位未参保导致

不能从工伤保险基金中享受工伤保险待遇，则由用人单位向其支付工伤保险待遇。

（2）工伤保险先行支付制度。工伤保险先行支付制度，是指在工伤事故发生后，用人单位拒不支付或者无力支付未参保职工的工伤保险待遇时，由工伤保险基金先行支付，再由社保经办机构向用人单位追偿的制度。

该制度是《社会保险法》的亮点之一，最大限度保障了工伤职工的基本权益。

（3）工伤保险待遇的追偿。社保经办机构责令用人单位限期偿还工伤保险待遇，除需补缴欠缴数额外，自欠缴之日起，按日加收万分之五的滞纳金。逾期仍未偿还的，由有关行政部门处欠缴数额一倍以上三倍以下的罚款。社保经办机构可以向银行和其他金融机构查询其存款账户；并可以申请县级以上有关行政部门作出划拨的决定，书面通知其开户银行或者其他金融机构划拨应偿还的工伤保险待遇。用人单位账户余额少于应偿数额的，社保经办机构可以要求该用人单位提供担保，签订延期偿还协议。用人单位不偿还且未提供担保的，社保经办机构可以申请人民法院扣押、查封其价值相当于应偿数额的财产，以拍卖所得抵缴工伤保险待遇。

案例 4-9 贵州籍民工胡某在一家小五金企业上班时右手手指被机器轧伤，在医院治疗期间，胡某一共花去医药费 3 万多元，但他所在的企业负责人只在住院第一天支付过 3000 元钱，之后没有理会胡某的治疗和生活问题。胡某医疗问题陷入困境。

案例评析 本案企业老板甩手不管，拒绝支付胡某因工伤发生的费用，由于之前公司为胡某缴纳了工伤保险，根据《社会保险法》第三十八条的规定，胡某住院期间治疗工伤的医疗费用和康复费用、住院伙食补助费等可从工伤保险基金中支付。

三、职业病防治法

为了预防、控制和消除职业病危害，防治职业病，保护劳动者健康及其相关权益，促进经济社会发展，制定了《中华人民共和国职业病防治法》（简称《职业病防治法》），自 2002 年 5 月 1 日起施行。2018 年 12 月 29 日，第十三届全国人民代表大会常务委员会第七次会议通过，对《中华人民共和国职业病防治法》作出第四次修正。

1. 职业病的范围

《职业病防治法》第二条规定，本法所称职业病，是指企业、事业单位和个体经济组织等用人单位的劳动者在职业活动中，因接触粉尘、放射性物质和其他有毒、有害因素而引起的疾病。

职业病的分类和目录由国务院卫生行政部门、劳动保障行政部门制定、调整并公布。职业病危害，是指对从事职业活动的劳动者可能导致职业病的各种危害。职业病危害因素包括：职业活动中存在的各种有害的化学、物理、生物因素以及在作业过程中产生的其他职业有害因素。

2. 用人单位在职业病防治方面的职责和职业病的前期预防规定

（1）用人单位在职业病防治方面的职责。

1）工作环境和条件。《职业病防治法》第四条规定，劳动者依法享有职业卫生保护的权利。用人单位应当为劳动者创造符合国家职业卫生标准和卫生要求的工作环境和条件，并采取措施保障劳动者获得职业卫生保护。

2）职业病防治责任制。《职业病防治法》第三、五、六条规定，职业病防治工作坚持预防为主、防治结合的方针，建立用人单位负责、行政机关监管、行业自律、职工参与和社会监督的机制，实行分类管理、综合治理；用人单位应当建立、健全职业病防治责任制，加强对职业病防治的管理，提高职业病防治水平，对本单位产生的职业病危害承担责任；用人单位的主要负责人对本单位的职业病防治工作全面负责。

3）工伤社会保险。《职业病防治法》第七条规定，用人单位必须依法参加工伤保险。

（2）职业病的前期预防。

1）工作场所的职业卫生要求。《职业病防治法》第十五条规定，产生职业病危害的用人单位的设立除应当符合法律、行政法规规定的设立条件外，其工作场所还应当符合下列职业卫生要求：①职业病危害因素的强度或者浓度符合国家职业卫生标准；②有与职业病危害防护相适应的设施；③生产布局合理，符合有害与无害作业分开的原则；④有配套的更衣间、洗浴间、孕妇休息间等卫生设施；⑤设备、工具、用具等设施符合保护劳动者生理、心理健康的要求；⑥法律、行政法规和国务院卫生行政部门、关于保护劳动者健康的其他要求。

2）职业病危害项目申报。《职业病防治法》第十六条规定，国家建立职业病危害项目申报制度。用人单位工作场所存在职业病目录所列职业病的危害因素的，应当及时、如实向所在地卫生行政部门申报危害项目，接受监督。职业病危害因素分类目录由国务院卫生行政部门制定、调整并公布。职业病危害项目申报的具体办法由国务院卫生行政部门制定。

3）建设项目职业病危害预评价。《职业病防治法》第十七条规定，新建、扩建、改建建设项目和技术改造、技术引进项目（以下统称建设项目）可能产生职业病危害的，建设单位在可行性论证阶段应当进行职业病危害预评价。

医疗机构建设项目可能产生放射性职业病危害的，建设单位应当向卫生行政部门提交放射性职业病危害预评价报告。卫生行政部门应当自收到预评价报告之日起三十日内，作出审核决定并书面通知建设单位。未提交预评价报告或者预评价报告未经卫生行政部门审核同意的，不得开工建设。

职业病危害预评价报告应当对建设项目可能产生的职业病危害因素及其对工作场所和劳动者健康的影响作出评价，确定危害类别和职业病防护措施。

建设项目职业病危害分类管理办法由国务院卫生行政部门制定。

4）职业病危害防护设施。《职业病防治法》第十八条规定，建设项目的职业病防护设施所需费用应当纳入建设项目工程预算，并与主体工程同时设计、同时施工、同时投入生产和使用。

建设项目的职业病防护设施设计应当符合国家职业卫生标准和卫生要求；其中，医疗机构放射性职业病危害严重的建设项目的防护设施设计，应当经卫生行政部门审查同意后，方可施工。建设项目在竣工验收前，建设单位应当进行职业病危害控制效果评价。

3. 劳动过程中职业病的防护与管理、职业病诊断与职业病病人保障的规定

（1）用人单位职业病防治措范。

《职业病防治法》第二十条规定，用人单位应当采取下列职业病防治管理措施：①设置或者指定职业卫生管理机构或者组织，配备专职或者兼职的职业卫生管理人员，负责本单位的职业病防治工作；②制定职业病防治计划和实施方案；③建立、健全职业卫生管理制度和操作规程；④建立、健全职业卫生档案和劳动者健康监护档案；⑤建立、健全工作场所职业病危害因素监测及评价制度；⑥建立、健全职业病危害事故应急救援预案。

（2）用人单位职业病管理。

1）职业病危害公告和警示。《职业病防治法》第二十四条规定，产生职业病危害的用人单位，应当在醒目位置设置公告栏，公布有关职业病防治的规章制度、操作规程、职业病危害事故应急救援措施和工作场所职业病危害因素检测结果。

对产生严重职业病危害的作业岗位，应当在其醒目位置，设置警示标识和中文警示说明。警示说明应当载明产生职业病危害的种类、后果、预防以及应急救治措施等内容。

2）生产单位对有毒有害工作场所的管理。《职业病防治法》第二十五条规定，对可能发生急性职业损伤的有毒、有害工作场所，用人单位应当设置报警装置，配置现场急救用品、冲洗设备、应急撤离通道和必要的泄险区。

对放射工作场所和放射性同位素的运输、贮存，用人单位必须配置防护设备和报警装置，保证接触放射线的工作人员佩戴个人剂量计。

对职业病防护设备、应急救援设施和个人使用的职业病防护用品，用人单位应当进行经常性的维护、检修，定期检测其性能和效果，确保其处于正常状态，不得擅自拆除或者停止使用。

3）劳动合同中职业病危害的知情权。《职业病防治法》第三十三条规定，用人单位与劳动者订立劳动合同（含聘用合同，下同）时，应当将工作过程中可能产生的职业病危害及其后果、职业病防护措施和待遇等如实告知劳动者，并在劳动合同中写明，不得隐瞒或者欺骗。

劳动者在已订立劳动合同期间因工作岗位或者工作内容变更，从事与所订立劳动合同中未告知的存在职业病危害的作业时，用人单位应当依照前款规定，向劳动者履行如实告知的义务，并协商变更原劳动合同相关条款。

用人单位违反前两款规定的，劳动者有权拒绝从事存在职业病危害的作业，用人单位

不得因此解除与劳动者所订立的劳动合同。

4. 职业病患者享受待遇

职业病病人依法享受国家规定的职业病待遇。用人单位应当按照国家有关规定，安排职业病病人进行治疗、康复和定期检查。用人单位对不适宜继续从事原工作的职业病人，应当调离岗位，并妥善安置。用人单位对从事接触职业病危害的作业的劳动者，应当给予岗位津贴。用人单位发生分立、合并、解散、破产等情形的，应当对从事接触职业病危害的作业的劳动者进行健康检查，并按照国家有关规定妥善安置职业病病人。

5. 法律责任

用人单位有违反《职业病防治法》的规定，由卫生行政部门给予警告，责令限期改正，逾期不改正的，处五万元以上二十万元以下的罚款；情节严重的，责令停止产生职业病危害的作业，或者提请有关人民政府按照国务院规定的权限责令关闭。对有直接责任的主管人员和其他直接责任人员，依法给予降级或者撤职的行政处分。用人单位违反《职业病防治法》规定，造成重大职业病危害事故或者其他严重后果，构成犯罪的，对直接负责的主管人员和其他直接责任人员，依法追究刑事责任。

《职业病防治法》第七十七条规定，用人单位违反本法规定，已经对劳动者生命健康造成严重损害的，由卫生行政部门责令停止产生职业病危害的作业，或者提请有关人民政府按照国务院规定的权限责令关闭，并处十万元以上五十万元以下的罚款。第七十八条规定，用人单位违反本法规定，造成重大职业病危害事故或者其他严重后果，构成犯罪的，对直接负责的主管人员和其他直接责任人员，依法追究刑事责任。

案例 4-10　某私营鞋底厂厂房简易，铁架结构，注塑、擦鞋油和包装都在一个约 50 平方米的车间内的一块大木板操作台上完成，没有通风措施。质量低劣的原料都是三无产品，更没有成分和毒性说明。工人没有任何防护装备，日常工作 10 小时以上是常态。春节后三月的一天为了赶订单，加班到日工作 16 小时，现场工人出现头晕头疼，恶心呕吐，有的甚至抽搐昏迷。

事故现场测定结果　车间空气中甲苯浓度最高达 423 毫克/立方米，二甲苯浓度最高达 369 毫克/立方米。根据《工作场所有害因素职业接触标准》，甲苯（Toluene）和二甲苯（Xylene）的时间加权平均容许浓度（指以时间为权数规定的 8 小时工作日的平均容许接触水平）都是 50 毫克/立方米。本案车间空气中甲苯、二甲苯浓度最高值分别是规定值的 8.46 倍、7.38 倍。

案例评析　本案某私营鞋底厂使用有毒性的挥发性有机物苯、甲苯、二甲苯，应根据《职业性苯中毒诊断标准》（GBZ68—2002）的规定，工作期间保持其浓度在安全的范围内。今后按照国家职业卫生和安全相关规定应做好如下工作：①工作场所设立职业卫生管理制度；②车间设置通风设施；③个人配备个人防护装备；④应按规定进行职业病项目申报；⑤应对工人进行职业健康监护；⑥遵守劳动法，加强安全培训，每日工作不超过 8 小时，每周不超过 40 小时；⑦生产使用的各种化学品应选择有厂名厂址、化学成分和毒性说明的合格产品。

第三节　安全生产法律责任

安全生产法律体系规定了各种法律关系主体必须履行的义务和承担的责任，内容丰富。《安全生产法》是安全生产领域的基本法律。现行有关安全生产的法律、行政法规中，《安全生产法》采用的法律责任形式最全，设定的处罚种类最多，实施处罚的力度最大。

一、安全生产法律责任形式

安全生产法律责任形式，即追究安全生产违法行为法律责任的形式有三种，即行政责任、民事责任和刑事责任。

1. 行政责任

行政责任是指责任主体违反安全生产法律规定，由有关人民政府和安全生产监督管理部门、公安机关依法对其实施行政处罚的一种法律责任。在追究安全生产违法行为的法律责任形式中行政责任运用最多。《安全生产法》针对安全生产违法行为设定的行政处罚有：责令改正、责令限期改正、责令停产停业整顿、责令停止建设、停止使用、责令停止违法行为、罚款、没收违法所得、吊销证照、行政拘留、关闭等 11 种，这在我国有关安全生产的法律、行政法规行政处罚的种类中是最多的。

2. 民事责任

民事责任是指责任主体违反安全生产法律规定造成民事损害的，由人民法院依照民事法律强制民事赔偿的一种法律责任。《安全生产法》第一百一十六条规定，生产经营单位发生生产安全事故造成人员伤亡、他人财产损失的，应当依法承担赔偿责任；拒不承担或者其负责人逃匿的，由人民法院依法强制执行。《安全生产法》是我国众多的安全生产法律、行政法规中唯一设定民事责任的法律。

《安全生产法》第一百零三条规定，生产经营单位将生产经营项目、场所、设备发包或者出租给不具备安全生产条件或者相应资质的单位或者个人的，……导致发生生产安全事故给他人造成损害的，与承包方、承租方承担连带赔偿责任。

3. 刑事责任

刑事责任是指责任主体违反安全生产法律规定构成犯罪，由司法机关依照刑事法律给予刑罚的一种法律责任。为了惩罚严重违反安全生产法的犯罪分子，《安全生产法》设定了刑事责任。《中华人民共和国刑法》（简称《刑法》）有关安全生产违法行为的罪名，主要是重大责任事故罪、重大劳动安全事故罪、危险物品肇事罪和提供虚假证明文件罪以及国家工作人员职务犯罪等。

二、安全生产违法行为行政处罚的行政执法主体

安全生产违法行为行政处罚的政执法主体，是指法律、法规授权履行安全生产行政执法权的国家行政机关。《安全生产法》第一百一十条规定，本法规定的行政处罚，由安全生产监督管理部门和其他负有安全生产监督管理职责的部门按照职责分工决定。予以关闭的行政处罚由负有安全生产监督管理职责的部门报请县级以上人民政府按照国务院规定的权限决定；给予拘留的行政处罚由公安机关依照治安管理处罚法的规定决定。由本条规定可见，在安全生产监督管理体制中，《安全生产法》规定的行政执法主体有四种。

1. 县级以上人民政府负责安全生产监督管理职责的部门

县级以上人民政府负责安全生产监督管理的部门是《安全生产法》规定的主要行政执法主体。除了法律特别规定之外，安全生产监督管理部门对安全生产违法行为均有权做出处罚决定。这凸显安全生产综合监管部门的法律地位，强化政府部门监管力度。

2. 县级以上人民政府

对经停产整顿仍不具备安全生产条件的生产经营单位，由负责安全生产监督管理的部门报请县级以上人民政府按照国务院规定的权限决定予以关闭。关闭行政处罚的执法主体只能是县级以上人民政府，其他部门无权决定此项行政处罚。

3. 公安机关

尊重公民人身自由权利，保证限制人身自由行政处罚的合法性。拘留是限制人身自由的行政处罚，由公安机关实施。公安机关以外的其他部门、单位和公民，都无权擅自抓人。

4. 法定的其他行政机关

依照有关安全生产法律、行政法规，履行某些行政处罚执法权的机关主要有公安、工商、铁道、交通、民航、建筑、质检和煤矿安全监察等专项安全生产监管部门等机构，他们在有关法律、行政法规授权的范围内，有权对安全生产违法行为主体做出相应的行政处罚决定。

三、安全生产违法行为的责任主体

安全生产违法行为的责任主体，是指依照《安全生产法》的规定享有安全生产权利、负有安全生产义务和承担法律责任的社会组织和公民。责任主体主要包括以下四种。

1. 人民政府、安全生产监督管理部门及其直接负责的主管人员和其他直接责任人员

各级地方人民政府和安全生产监督管理部门在职权范围内对其管辖行政区域安全生产工作进行监督管理。监督管理既是法定职权，又是法定职责。如果由于地方人民政府和安全生产监督管理部门的领导人和直接责任人员违反法律法规，导致重大、特大事故，将依法追究其行政和刑事责任。

2. 生产经营单位直接负责的主管人员和其他直接责任人员

生产经营单位主要负责人、安全生产管理机构、安全生产管理人员，违反安全生产法

律法规的规定，给予罚款、给予降级、撤职的处分、拘留，构成犯罪的，依照刑法有关规定追究刑事责任。

3. 生产经营单位的从业人员

从业人员直接从事生产经营活动，他们在生产工作的第一线。他们的违法违规违章会直接导致安全事故的发生，同时他们也是安全隐患最先知情者和事故直接受害者，他们对安全生产至起着关重要的作用。《安全生产法》第一百零七条规定，生产经营单位的从业人员不落实安全岗位责任，不服从管理，违反安全生产规章制度或者操作规程的，由生产经营单位给予批评教育，依照有关规章制度给予处分；构成犯罪的，依照刑法有关规定追究刑事责任。

4. 安全生产中介服务机构及其直接负责的主管人员和其他直接责任人员

《安全生产法》第九十二条规定，承担安全评价、认证、检测、检验职责的机构，出具失实报告的，责令停业整顿，并处三万元以上十万元以下的罚款；租借资质、挂靠、出具虚假报告的，没收违法所得；并处违法所得二倍以上五倍以下的罚款，没有违法所得或者违法所得不足十万元的，单处或者并处十万元以上二十万元以下的罚款；对其直接负责的主管人员和其他直接责任人员处五万元以上十万元以下的罚款；给他人造成损害的，与生产经营单位承担连带赔偿责任；构成犯罪的，依照刑法有关规定追究刑事责任。

对有前款违法行为的机构，吊销其相应资质。情节严重的，实行终身行业和职业禁入。

四、安全生产犯罪

刑事责任是指责任主体违反安全生产法律规定构成犯罪，由司法机关依照刑事法律处罚的一种法律责任。与安全生产相关的刑事犯罪有如下几种。

1. 重大责任事故罪

《刑法》第一百三十四条第一款规定，在生产、作业中违反有关安全管理的规定，因而发生重大伤亡事故或者造成其他严重后果的，处三年以下有期徒刑或者拘役；情节特别恶劣的，处三年以上七年以下有期徒刑。

2. 强令违章冒险作业罪

《刑法》第一百三十四条第二款规定，强令他人违章冒险作业，因而发生重大伤亡事故或者造成其他严重后果的，处五年以下有期徒刑或者拘役；情节特别恶劣的，处五年以上有期徒刑。

3. 重大劳动安全事故罪

《刑法》第一百三十五条规定，安全生产设施或者安全生产条件不符合国家规定，因而发生重大伤亡事故或者造成其他严重后果的，对直接负责的主管人员和其他直接责任人员，处三年以下有期徒刑或者拘役；情节特别恶劣的，处三年以上七年以下有期徒刑。

4. 大型群众性活动重大安全事故罪

《刑法》第一百三十五条规定，举办大型群众性活动违反安全管理规定，因而发生重大伤亡事故或者造成其他严重后果的，对直接负责的主管人员和其他直接责任人员，处三年以下有期徒刑或者拘役；情节特别恶劣的，处三年以上七年以下有期徒刑。

5. 危险物品肇事罪

《刑法》第一百三十六条规定，违反爆炸性、易燃性、放射性、毒害性、腐蚀性物品的管理规定，在生产、储存、运输、使用中发生重大事故，造成严重后果的，处三年以下有期徒刑或者拘役；后果特别严重的，处三年以上七年以下有期徒刑。

6. 工程重大安全事故罪

《刑法》第一百三十七条规定，建设单位、设计单位、施工单位、工程监理单位违反国家规定，降低工程质量标准，造成重大安全事故的，对直接责任人员，处五年以下有期徒刑或者拘役，并处罚金；后果特别严重的，处五年以上十年以下有期徒刑，并处罚金。

7. 教育设施重大安全事故罪

《刑法》第一百三十八条规定，明知校舍或者教育教学设施有危险，而不采取措施或者不及时报告，致使发生重大伤亡事故的，对直接责任人员，处三年以下有期徒刑或者拘役；后果特别严重的，处三年以上七年以下有期徒刑。

8. 消防责任事故罪

《刑法》第一百三十九条规定，违反消防管理法规，经消防监督机构通知采取改正措施而拒绝执行，造成严重后果的，对直接责任人员，处三年以下有期徒刑或者拘役；后果特别严重的，处三年以上七年以下有期徒刑。

9. 不报、谎报安全事故罪

《刑法》第一百三十九条规定，在安全事故发生后，负有报告职责的人员不报或者谎报事故情况，贻误事故抢救，情节严重的，处三年以下有期徒刑或者拘役；情节特别严重的，处三年以上七年以下有期徒刑。

《安全生产法》第一百零七条规定，有关地方人民政府、负有安全生产监督管理职责的部门，对生产安全事故隐瞒不报、谎报或者迟报的，对直接负责的主管人员和其他直接责任人员依法给予处分；构成犯罪的，依照刑法有关规定追究刑事责任。

10. 重大飞行事故罪

《刑法》第一百三十一条规定，航空人员违反规章制度，致使发生重大飞行事故，造成严重后果的，处三年以下有期徒刑或者拘役；造成飞机坠毁或者人员死亡的，处三年以上七年以下有期徒刑。

11. 铁路运营安全事故罪

《刑法》第一百三十二条规定，铁路职工违反规章制度，致使发生铁路运营安全事故，造成严重后果的，处三年以下有期徒刑或者拘役；造成特别严重后果的，处三年以上七年以下有期徒刑。

12. 交通肇事罪

《刑法》第一百三十三条规定，违反交通运输管理法规，因而发生重大事故，致人重伤、死亡或者使公私财产遭受重大损失的，处三年以下有期徒刑或者拘役；交通运输肇事后逃逸或者有其他特别恶劣情节的，处三年以上七年以下有期徒刑；因逃逸致人死亡的，处七年以上有期徒刑。

13. 危险驾驶罪

《刑法》第一百三十三条规定，在道路上驾驶机动车，有下列情形之一的，处拘役，并处罚金：①追逐竞驶，情节恶劣的；②醉酒驾驶机动车的；③从事校车业务或者旅客运输，严重超过额定乘员载客，或者严重超过规定时速行驶的；④违反危险化学品安全管理规定运输危险化学品，危及公共安全的。

机动车所有人、管理人对前款第三项、第四项行为负有直接责任的，依照前款的规定处罚。

有前两款行为，同时构成其他犯罪的，依照处罚较重的规定定罪处罚。

14. 提供虚假证明文件罪

《刑法》第二百二十九条规定，承担资产评估、验资、验证、会计、审计、法律服务等职责的中介组织的人员故意提供虚假证明文件，情节严重的，处五年以下有期徒刑或者拘役，并处罚金。

前款规定的人员，索取他人财物或者非法收受他人财物，犯前款罪的，处五年以上十年以下有期徒刑，并处罚金。

15. 出具证明文件重大失实罪

《刑法》第二百二十九条第二款，第一款规定的人员，严重不负责任，出具的证明文件有重大失实，造成严重后果的，处三年以下有期徒刑或者拘役，并处或者单处罚金。

《安全生产法》第八十九条规定，承担安全评价、认证、检测、检验工作的机构，出具虚假证明的，……构成犯罪的，依照刑法有关规定追究刑事责任。

可见安全生产中介机构的负责人、管理人员、安全生产中介人员和其他有人员有可能成为提供虚假证明文件罪、出具证明文件重大失实罪的犯罪主体。

16. 滥用职权罪玩忽职守罪

《刑法》第三百九十七条规定，国家机关工作人员滥用职权或者玩忽职守，致使公共财产、国家和人民利益遭受重大损失的，处三年以下有期徒刑或者拘役；情节特别严重的，处三年以上七年以下有期徒刑。本法另有规定的，依照规定。

国家机关工作人员徇私舞弊，犯前款罪的，处五年以下有期徒刑或者拘役；情节特别严重的，处五年以上十年以下有期徒刑。本法另有规定的，依照规定。

《安全生产法》第八十七条规定，负有安全生产监督管理职责的部门的工作人员，……

构成犯罪的，依照刑法第三百九十七条追究刑事责任。

案例 4-11 某炼钢股份有限公司 0 时 30 分出一炉钢。指吊工陈某站在钢包东侧（站位错误）指挥天车工刘某挂包。陈某看到东侧挂钩挂好了，误认为西侧挂钩也好了就吹哨起吊。在向 4 号车方向行驶约 8 米后，陈某发现西侧挂钩没有挂到位，钢包倾斜随时有滑落的危险，急忙吹哨示意落包。也有其他工人发现西侧挂钩没有挂好，与陈某一起追赶着天车喊停。天车工刘某听到地面多人喊停，立即急忙停车。由于急刹车在惯性作用下，西侧未挂好的吊钩脱离钢包轴，重量 70 吨的钢包（钢包自重 30 吨，钢水 40 吨）严重倾斜，挣脱东侧吊钩坠落地面。1640℃的钢水洒地后，因温差而爆炸。

生产现场 3 人死亡、2 人重伤和 1 人轻伤。

案例评析 本案陈某站位错误，没有发现西侧吊钩没挂好就指挥起吊，违反了"指吊金属液体必须站在安全位置，确认无误方可指挥起吊"的指吊安全规程。天车工刘某明知陈某站位错误，无法发现西侧挂钩是否挂好，就盲目起吊，违反了起重"十不吊""看不清指挥信号和吊物，起吊方向歪斜或超负荷，捆绑、吊挂不牢或不平衡"不起吊之规定。多人喊停后又违规中途急刹车，致使钢包脱钩坠地爆炸。

陈、刘二人触犯了《刑法》第一百三十四条第一款，在生产、作业中违反有关安全管理的规定，因而发生重大伤亡事故或者造成其他严重后果的，犯有重大责任事故罪，应处三年以下有期徒刑或者拘役。

第五章 "三违"与安全规程

平常我们所说的"三违"是三大类违章行为,是人性弱点在生产活动中不自觉的暴露,是导致安全生产事故难以根除的痼疾。

第一节 "大三违"

事故的直接原因显而易见,而间接原因却盘根错节。从安全生产管理和作业人员行为上,"三违"分为"大三违"和"小三违"。"大三违"包括管理性违章、装置性违章和作业行为违章。作业行为违章就是我们平时关注最多的"小三违"。"大三违"是生产经营单位管理层违反安全生产法律法规规章制度的行为,未尽安全管理职责,埋下安全隐患,导致安全事故的行为。"大三违"是更深层次的违章,是事故的间接原因,却往往在事故分析处理中被忽视淡漠,事故责任占比偏小,不利于安全生产管理整体水平的提高。本文将讨论一下"大三违"的前两者。

一、管理性违章

1. 管理性违章法律规定与概念

《安全生产法》第二十一条规定,生产经营单位的主要负责人对本单位安全生产工作负有下列职责:①建立健全并落实本单位全员安全生产责任制,加强安全生产标准化建设;②组织制定并实施本单位安全生产规章制度和操作规程;③组织制定并实施本单位安全生产教育和培训计划;④保证本单位安全生产投入的有效实施;⑤组织建立并落实安全风险分级管控和隐患排查治理双重预防工作机制,督促、检查本单位的安全生产工作,及时消除生产安全事故隐患;⑥组织制定并实施本单位的生产安全事故应急救援预案;⑦及时、如实报告生产安全事故。

一个企业的安全生产从制度的制定到培训实施首先由生产经营主要负责人牵头组织指导单位安全管理部门及其人员和各部门负责人落地执行。

管理性违章的主体是生产单位领导层、管理和技术人员,违反安全生产法律规定的安全管理职责规定，不作为或者履职不到位，导致安全管理松懈，埋下各方面的"小三违"隐患而导致事故发生的违法违规或违章行为。

《安全生产法》第二十五条规定，生产经营单位的安全生产管理机构以及安全生产管理人员履行下列职责：①组织或者参与拟订本单位安全生产规章制度、操作规程和生产安全事故应急救援预案；②组织或者参与本单位安全生产教育和培训，如实记录安全生产教育和培训情况；③组织开展危险源辨识和评估，督促落实本单位重大危险源的安全管理措施④组织或者参与本单位应急救援演练；⑤检查本单位的安全生产状况，及时排查生产安全事故隐患，提出改进安全生产管理的建议；⑥制止和纠正违章指挥、强令冒险作业、违反操作规程的行为；⑦督促落实本单位安全生产整改措施。生产经营单位可以设置专职安全生产分管负责人，协助本单位主要负责人履行安全生产管理职责。

安全生产管理机构以及安全生产管理人员违反如上规定，未能全面正确履行以上职责的行为属于管理性违章。导致管理性违章有以下原因。

（1）没有把安全产生放在第一位。对国家安全生产法律法规规章和行业安全标准与规程不重视，不理解或者理解不深透，宣贯不到位。譬如，不参加安全工作会议，不组织安全制度要求的相关安全活动。对有关职业健康安全与环境管理的法规政策落实不力，不及时协调解决贯彻落实安全生产法规政策中出现的问题；本单位安全规章制度不完善，有空缺，有漏洞；安全生产规章制度形同虚设，徇私舞弊，不能严格按照安全生产责任制公正公开处理安全事故；事故调查处理不能按照"四不放过"的原则开展，未分析事故发生的原因，未组织制订、落实相关的安全防范措施，没有起到警示教育作用，对相关责任人未严肃处理，甚至不了了之走过场；安全奖惩不合理不公平；不重视安全文化建设：缺失安全生产文化氛围，厂区、车间没有安全标语、口号、提醒、嘱咐、叮咛；不重视安全教育培训，如不搞安全知识竞赛、反事故演习等等。

（2）预防为主和忧患意识淡薄。错误认为抓安全生产不一定不出事故，不抓安全生产不一定出事故。把安全事故的发生看作是或然性的随机事件。我们说安全生产长期放任不管，不安全因素积累，量变到质变，安全事故发生就具有高度盖然性。这就是我们平时肯定的，经过生产实践证明的：事故不是随机的不具或然性，而是可防可控的。不参加安全检查，不依法经常及时地排查、分析、排除隐患；例行安全检查，走马观花，没深入各个模块和环节认真仔细的排查安全隐患；对已存在的安全隐患，未能及时分级分类管控排除；对员工反映的安全隐患，不予表彰，听而不闻；对于发生的安全事故，能捂就捂，能盖则盖；这样管理安全生产，事故必定找上门来。

（3）缺失安全生产综合治理措施。在思想上，没能及时把握员工有什么影响安全生产的思想动向，予以疏通引导；没能随时了解员工的家庭困难和其他突发事件，在工作生活上给予关心关怀，纾困解难；未能调动一切可以调动的积极力量，参与安全生产管理，让务实务虚部门勠力同心通力协作齐抓共管；忽视了家庭成员对安全生产的积极辅助，没有适当的活动让家庭成员参与安全生产管理，表彰对安全生产做出积极贡献的员工的家庭成员；缺乏对安全生产在思想精神，经济物质，科技创新等方面综合鼓励奖励措施等等。

（4）缺乏远期安全生产管理体系和目标。安全生产管理不成体统，缺什么补什么。譬如，迎接检查造资料，定制度，上软件，补硬件，忙活一阵子；出了事故，开大会，学制度，搞培训，讲安全，紧张一阵子。缺乏长远目标，短期行为，得过且过。徒具安全虚名，实则危机四伏。所以导致安全生产管理非常态化。不能做到警钟长鸣，常抓不懈。如，①组织措施与技术措施不合规；②从业人员工作任务分配失当；③工作票、作业指导书不符合安全规程；④监控缺失；⑤工作变化不请示；⑥违章指挥；⑦检查、检验不到位等等。平时安全管理中未能把查找、分析、排除安全隐患作为安全生产管理的重中之重。譬如，在电力建设、运维、营销中压工期，抢进度，保业绩，讲效率，保形象，树旗帜的管理行为。

拴绳子养海带，根子在上头。管理性违章是深层次的违章，上层的违章。违章的领导带不出安全生产的队伍！要治理作业人员层面的违章，就必首先治理领导层的管理性违章。领导层管理性违章少一桩，从业人员的违章作业行为减一筐。

2. 管理性违章的危害

（1）权威性和隐蔽性。领导是楷模，领导的行为是正确的，领导权威性不容置疑，不敢质疑。领导行为往往是高层面的，宏观的，底层难以察觉到，具有隐蔽性。以致掩盖了管理性违章对安全生产重要的，深层次的，全面的影响。表现为安全生产主抓一线员工的"小三违"行为，而领导层的管理性违章则没人管。

（2）滞后性。管理性违章全面渗透影响着生产单位的安全生产。尽管领导抓安全生产不力，也不一定会立刻发生事故。就是说，虽然管理性违章出现，事故并不随之而来，往往具有一定的滞后性。这就使得领导误认为不是自己安全生产管理得不好，是一线作业人员违章操作；一线作业人员看不到上层隐蔽的管理性违章，再加上不敢质疑权威，以致自上而下领导和员工都忽视了管理性违章。事故的发生就是必然的了。

（3）诱导性。领导和管理人员无视安全法律法规章，带头违反安全制度规程，发现作业人员违章操作听之任之，不及时纠正等行为，上行下效，潜移默化，势必会诱导员工滋生轻视安全生产的不良习惯。层次越高，权威越大，影响越坏。久而久之，整个生产单位对违章视而不见、听而不闻，安全生产就会全线崩塌。

（4）顽固性。领导层不深入生产实践活动，其管理性违章又具有"权威性""隐蔽性""间接性""宏观性"，自己都难以认识到，谈何纠错改错？比之于作业人员的具体的、真实的、显见的违章操作，管理性违章更具有顽固性。再加之领导权力的自信和任性，即使领导没有下大气力抓安全生产，如果侥幸没有发生事故，就误认为是权力的威慑力在起作用，是自己管理能力的体现。一旦发生事故，则认为底层作业人员的违章所致。

由上可见，管理性违章的影响更深更广。各级领导和安全管理人员，应从内心深处认识到管理性违章的危害，以身作则，恪尽职守。全员上下一致，牢固树立安全第一思想，各负其责，尽职尽责，实现安全生产管理目标。

案例 5-1　某日 8：00 左右，某造船厂船坞工地，某公司、某中心承担安装载重量 600 吨、跨度为 170 米的巨型龙门起重机工程，在吊装主梁过程中，发生倒塌，死亡 36 人，重伤 2 人，轻伤 1 人。其中某公司 4 人，某中心 9 人（含副教授 1 人、博士后 2 人、博士 1 人），造船厂 23 人。经济损失 1 亿元。

事故前，龙门起重机刚性腿已经竖立好，在主梁提升到 47.6 米高度时，主梁上小车与刚性腿内侧缆风绳相碰受阻，龙门起重机暂停。次日 7：00，现场指挥人员通过多次放松刚性腿内外侧缆风绳来解决主梁小车与刚性腿内侧缆风绳阻碍起吊问题，直至内侧缆风绳处于完全松弛状态。7：55，现场工作人员发现刚性腿不断向外侧倾斜。继而完全倾覆。主梁被拉动横向平移坠落，另一端塔架也随之倾倒。三方工作人员都没有来得及逃命。

案例评析　本案主要原因是安全预控和现场管理存在缺陷，表现在如下几个方面：一是在主梁吊装受阻时，指挥人员违章指挥操作，在出现新的施工障碍时，在没有采取任何安全措施的情况下，完全放松了内侧缆风绳，致使刚性腿向外倾斜倒伏，并依次拉动主梁和塔架向同一方向倾覆垮塌。二是施工中遇到新情况需要修编安全作业指导书，在没有通过保证安全的报批程序进行，也没有任何新的安全措施的情况下，违章指挥完全放松刚性腿缆风绳，导致事故发生。三是起吊主梁受阻就说明吊装方案及作业指导书存在重大缺陷。但审核审批人员均未提出异议和修改意见，失去了重要的把关审查的作用。四是在某公司、某中心和造船厂三方交叉作业的施工现场，缺乏统一协调的安全管理人员和措施：①各方安全责任分工不明确，沟通不畅。在事故发生时都没有及时通知避险，以致非起吊施工方造船厂死亡职工 23 人。②在吊装安全会议上没有经过充分的分析论证制定出全面系统的安全措施。没有施工三方的安全人员落实安全措施，更没有现场总安全员协调安全生产。

二、装置性违章

1. 装置性违章的概念

装置性违章，指工作现场的环境、设备、设施及工器具等不符合有关安全制度和规程、标准要求，不能保证人身和设备的安全。装置性违章的主体为现场作业的工作许可人、工作负责人、监护人、作业人员等。

（1）工作环境违章。工作环境（作业场所）存在危险隐患：缺失围栏设置、警示牌的悬挂、孔洞的盖堵，临近平行带电线路作业没有预防感应电的接地线；存在超标的粉尘、有毒有害气体；过高过低的温度和湿度；野外作业场所有沟壑、山涧、有落石滚石的危险；煤井下作业有冒顶塌方透水、瓦斯气体超标等危险。

（2）防护装置缺陷。①工作场所缺失安全防护性装置或者防护性装置不符合安全规程的规定，包括对机器设备防护性装置的维护、保管、检测和使用中，违反技术规定和安全规定的行为；用于生产或施工的机器设备装置的安全防护装备有缺陷，如有轮无罩、有轴无套。②工作设备装置状态错误：锅炉的压力、汽机的转速、轴瓦的密封、电流电压互感器的开、断状态，阀门、开关的开合状态；设备的转速、变速、启停状态等。

这里的防护装置是指生产经营活动中，将危险因素、有害因素控制在安全范围内以及预防、减少、消除危害所配备的设备和采取的措施。

2. 装置性违章的表现分类列举

（1）各行业安全防护装置不全、有缺陷或不符合规程规定：

1）机械传部分无罩、带电部分无绝缘保护。

2）危险化学品阀门、法兰等密封点没有防护罩。

3）电源箱无漏电保护器。

4）配电盘、电源箱、非防雨型临时开关箱等配电设施无可靠的防雨设施。

5）电焊机、卷扬机等小型施工机械无可靠防雨设施。

6）使用220伏及以上电源作为照明电源，无可靠安全措施。

7）在金属容器内施焊时，容器外未设专人监护。

8）在有粉尘或有害气体的室内或容器内工作，未设防尘或通风装置。

9）锅炉房、汽机房各层氧、乙炔集中布置点无防火罩。

10）高处危险作业的平台、走道、斜道等处未装设防护栏杆或未设防护立网。

11）高处危险作业下方未搭设牢靠的安全网等防护隔离。

12）施工现场、高处作业区域的孔洞无牢固的盖板、标识和围栏。

13）高处作业的水平梁上未设置水平安全绳。

14）垂直攀登作业未设置并正确使用垂直攀登自锁器。

15）深沟、深坑四周无安全警戒线或围栏、夜间无警告红灯。

16）夜间高处作业或炉膛内作业照明不足。

17）高处交叉作业、拆除工程等危险作业，四周无安全警戒线。

18）高处作业临边未设防护栏和挡脚板、脚手板未按标准敷设或有探头板未绑扎牢。

19）脚手板有虫蚀，断裂现象或强度不够，质量不能满足高空作业要求。

20）防护隔离层、安全网搭设不牢固、不可靠。

21）脚手架上堆物超过其承载能力。

22）安全设施损坏或有缺陷未及时组织维修。

23）安全防护用品未按要求检验更换或安全防护用品、用具配备不全、数量不足、质量不良。

（2）生产、施工设备、机具、工器具本身安全防护有缺陷。

1）起重机械制动、信号装置、显示装置、保护装置失灵或带病作业。

2）使用不合格的吊装工器具、或未按规程要求定期检验。

3）焊把或电焊机二次线绝缘不良，有破损。

4）电焊机外壳无接地保护。

5）流动电源盘无漏电保安器或漏电保安器失灵。

6）现场使用不规范的流动电源盘、刀闸、电源板。

7）流动电源盘的电源线未经固定配电箱的漏电保安器。

8）氧、乙炔管道、阀门、皮管漏气。

9）现场低压配电开关，护盖不全，导电部分裸露。

10）机器联轴器处无防护罩。

11）电动机器无接地线。

（3）生产、施工设备、机具、工器具的使用不符合安全规定。

1）在电缆沟、隧道、夹层、钢烟道内工作不使用安全电压行灯照明或行灯电压超过36伏。

2）在金属容器内、管道内、潮湿的地方使用的行灯电压大于12V。

3）易燃、易爆区域使用普通电器（应使用防爆电器）。

4）一个开关控制两台及以上电动设备。

5）施工电梯、吊笼带病运行或超载。

6）焊接作业使用的挡风帆布不防火。

（4）安全标志、设备标志不全、不清晰或不符合规定。

1）安全标志：保护性标识、禁止性标识、警示性标识、指令性标识、提示性标识不全、不清晰、不符合规定。

2）管线上的介质标识没有或不全。

3）易燃、易爆区、重点防火区、消防器材配备不齐不符合消防规程的要求，无警示标识。

4）车间、工作现场临时工作安全警示缺失或不全。

（5）特殊设备未经专业部门定期检验许可擅自使用。

1）锅炉、压力容器、气瓶、压力管道、电梯、起重机、厂区内机动车辆等。

2）消防器材不定期检验。

3）机具库出库的电动工具、机械不符合国家有关安全标准。

4）脚手架搭设后未经使用部门验收合格并挂牌后就使用。

5）电气安装工器具、绝缘工具未按规定定期试验。

（6）作业环境混乱无序。

1）毛坯、成品、工具摆放无序。

2）建筑材料不按规定卸车、存放或占道。

3）拆除的木料、脚手架、钢模板、架杆等不及时运走的，堆放杂乱。

4）现场材料、构件、设备堆放杂乱，未分类摆放。

5）办公室、工具房、车间等地方的室内、门前或周围杂乱。

6）易燃、易爆物品存放位置、地点、环境不符合安全规定。易燃、易爆区、重点防火区，防火设施不全、失去功能或防火措施不符合规定要求。

7）现场消防通道不畅通。

8）物品占用消防井或消防通道。

9）施工区域电焊线、电源线不集中布置，走向混乱，过通道无保护措施。

10）危废库房、油品库房没有消防器材或损坏。

11）危废库房、油品库房未上锁。

案例 5-2 某冶金集团公司总承包某热轧板厂 2 号加热炉工程后，将烟囱工程施工分包给其下属的第八建筑公司（简称八建）。当烟囱施工达到 106 米高度时，烟囱顶部有 13 名工人完成绑扎钢筋和模板支护作业后等待验收。这期间有 5 人乘坐吊篮下去，1 名质检员乘吊篮上来准备进行质检验收。此时，地面卷扬机司机以为还要等待好长一段时间，所以拉上制动器后离开机器去找人。这时天下起了雨，烟囱顶部的 9 人全部乘上吊篮准备下到地面。由于人员多总质量超过了卷扬机的制动力，吊篮没有停靠装置开始下滑，又因没有断绳保护装置，致使吊篮无任何保护，几乎是自由落体运动直落到没有设置缓冲装置的地面，巨大的冲击力致 7 人死亡，2 人重伤。

案例评析 本案八建用井子架和摩擦式卷扬机作为烟囱上下物料的运输工具；搭设物料提升机没有编制专项施工方案，仅凭经验搭设，没有任何保护装置。这违反了《龙门架及井架物料提升机安全技术规范》中对提升机的搭设制造要"提出设计方案、有图样、有质量保证措施"和提升机应具有"安全停靠装置或断绳保护装置"的规定。其次，本案虽然设了人员上下的钢梯，但既无防护圈，亦无休息平台，所以施工人员基本上都乘坐井架吊篮上下。这违反了"严禁人员攀登、穿越提升机井架和上下"的规定。装置性违章在先，行为性违章在后，施工人员的违章行为（乘坐吊篮上下）触发了装置缺陷（无保护装置）的隐患，酿成了本案 7 死 2 重伤的重大事故。

三、作业行为违章

作业行为违章即"小三违"，下一节详细介绍。

第二节 "小三违"

平日所说的"三违"指"小三违"（以下称"三违"），指违章指挥、违章作业、违反劳动纪律三类违章行为。

国家安监部门统计，以人的不安全行为为主要原因的伤亡事故占事故统计总数的86.9%，这种事故主要是"三违"事故——违反劳动纪律，不服从管理；违章作业；违章指挥，强令员工冒险作业。其中，违章作业导致的事故占统计数的63.1%，习惯性违章占41.8%；民工、临时工占所有受伤害人数的80%。很显然，用工单位对民工、临时工的技术技能、安全生产培训投入微薄甚至不投入，使之不熟悉安全规章，安全生产意识淡薄。在各类事故发生的原因分析中，80%以上的原因是人的不安全行为。但是受过专门训练的具备专业素质的行业人的"三违"事故的主要原因不是文化水平低，不是安全知识少，不是技能差，也不是安全规程不熟悉，关键是从业人员不执行或者不严格执行本行业本单位的安全生产规章制度和安全操作规程！

违章作业未必发生事故，事故背后必定有违章。因此《安全生产法》第四十四条"生产经营单位应当教育和督促从业人员严格执行本单位的安全生产规章制度和安全操作规程；并向从业人员如实告知作业场所和工作岗位存在的危险因素、防范措施以及事故应急措施。"第五十七条强调"从业人员在作业过程中，应当严格落实岗位安全责任，遵守本单位的安全生产规章制度和操作规程，服从管理，正确佩戴和使用劳动防护用品。"

一、违章指挥

1. 违章指挥概述

生产管理人员违反安全生产规章制度和操作规程，利用其职权强迫命令从业人员服从其错误的指挥，违章冒险作业的行为。

违章指挥，主要是指生产经营单位的生产管理人员违反安全生产方针、政策、法律、条例、规程、制度和有关规定错误指挥生产的行为。最典型的就是指挥工人在生产环境有危险、安全防护设施设备有缺陷或者不符合安全规定的条件下冒险作业；其次是随意改变工作内容和作业程序、施工安全措施不报告不请示不重新办理工作票；再次是不负责任发现违章作业不制止，让未经安全培训的劳动者或无专业资质认证的人员上岗作业等。

2. 违章指挥原因

违章指挥，说白了就是领导带头违章，对安全生产无知无畏，误认为权大于规程，滥施权威，不能正确认识和区分行政权力和安全生产指挥的关系。在安全生产活动中，安全规程就如同民主国家的宪法，要严格遵守。

3. 违章指挥具体行为

违章指挥具体行为包括：①指派不具备安全资格的人员上岗，不考虑工人的工种与技术等级进行分工。②没有工作交底，没有安全技术措施，没有创造生产安全的必备条件，即组织生产。③擅自变更经批准的安全技术措施。④对职工发现的装置性违章和技术人员拟定的反装置性违章措施不闻不问，不组织消除。⑤擅自决定变动、拆除、挪用或停用安全装置和设施。⑥决定设备带病运行、超过出力运行而没有相应的技术措施和安全保障措施，或是让职工冒险作业。⑦不按规定给职工配备必须佩戴的劳动安全卫生防护用品。⑧对作业场所危险源辨识不清就指令人员作业。⑨职业禁忌症者未及时调换工种。⑩发布其他违反职业健康安全和环境安全法律、法规、条例、标准、规程的指令的行为。⑪装置未满足开车条件就下令开车。⑫阻碍撤离危险工作场所。

案例 5-3 某年 9 月，某市锅检所对区划内的酒精厂锅炉进行定期检定时发现，该锅炉擅自修理，质量低劣，存在重大事故隐患，下达了停止使用的通知，报市安监局批准后依法对该锅炉查封。

翌年 10 月，该厂正值生产旺季蒸汽不足。厂长决定启用被查封的锅炉，11 月 4 日聘请某科技公司对锅炉进行化学清洗完毕后，就指派三位司炉工值班点火升压。次日 6：55，锅炉爆炸，锅炉耐火砖和护板全部炸飞，锅炉本体向上飞起（因底部 1000mm×650mm 大的修补钢板焊缝坡口不当且未焊透），冲毁锅炉房混凝土大梁后落下位移 1 米多。该事故致 4 人死亡，2 人重伤，2 人轻伤。

案例评析 厂长明知锅炉存在重大隐患，无视安监部门的行政决定，利用自己厂长地位和权力，擅自启用查封锅炉，强令司炉工冒险点火作业，酿成重大事故。

二、违章作业

1. 违章作业概述

违章作业主要是指生产作业人员违反生产岗位的安全规章制度和安全作业规程的作业行为。违章作业具有普遍性、经常性、继承性、习惯性、顽固性五个特性。

普遍性，违章行为不只是发生在某几个人身上，无论年龄大小、技术好差、能力强弱，间或都会发生违章作业行为。年龄大的依仗经验丰富违章，年龄小的初生牛犊不怕虎违章；技术好的艺高人胆大违章，技术差的眼高手低力不从心违章。经常性，与普遍性携手相伴。安全生产天天讲、月月讲、年年讲，依然层出不穷。继承性，师傅带徒弟，师徒相随，衣钵传承，形成了违章作业的继承性。师傅常常违章操作却从来是有惊无险，徒弟不仅不引以为戒，反而敬佩师傅乃是艺高人胆大，效而仿之。违章作业久而久之，就形成了习惯性。

正是由于前"四性"的相互渗透和作用使违章作业"养"成了顽固性。安全规程日考周考月考季考，反事故演习、安全检查、安全知识竞赛等，各行各业几乎在不间断的以各种方式方法进行安全管理，违章作业不仅未能绝迹，有时候还会祸不单行，甚至接踵而来。违章未必立竿见影出事故，但事故背后必有违章。如何根除违章？这也是本节要医治的顽疾和痼疾。

2. 违章行为表现

（1）违反安全生产管理制度。

1）新到岗员工、变换工种、复工人员未经安全教育培训就上岗。

2）特种作业人员无证操作。

3）作业前不检查设备、工具和工作场地安全情况。

4）设备有故障或安全防护装置缺乏，凑合使用。

5）发现隐患不报告不排除，冒险操作。

6）危险作业未经审批并办理工作票或虽经审批办理工作票但未认真落实安全措施就开工。

7）在禁火区吸烟或明火作业。

8）在受限或闭环空间内安排单人工作或本人自行操作。

（2）不按规定穿戴劳动防护用品、使用用具。

1）留有超过颈根以下长发、披发或发辫，不穿合格的工作服不戴安全帽或不将长头发置于帽内而进入有旋转设备的生产区域。

2）生产场所打赤膊、穿背心。

3）操作或检测维修旋转设备时，敞开衣襟操作。

4）在易燃、易爆、明火等作业场所穿化纤服装操作。

5）高处作业或在有高处作业、有机械化运输设备下面工作不戴安全帽。

6）操作高电压设备不戴绝缘手套，不穿绝缘鞋。

7）电焊、气焊（割）、金属切削等加工中有可能有铁屑异物溅入眼内而不戴防护眼镜。

8）高处作业位置非固定支撑面上、在牢固支撑面边沿处、在支撑面外和在坡度大于45度的斜支撑面上工作未使用安全带。

（3）各行业违反安全操作规程的通用内容。

1）跨越运转设备，设备运转时传送物件或触及运转部位。

2）开动被封存或报废设备。

3）攀登吊运中的物件，以及在吊物、吊臂下通过或停留。

4）任意拆除设备上的安全照明、信号、防火、防爆装置和警示标志，以及显示仪表和其他安全防护装置。

5）容器内作业时不使用通风设备。

6）高处作业往地面扔物件。

7）违反起重"十不吊"（起重设备带病，安全装置失灵；吊物上站人或有浮放物、起重臂和起吊物下有人停留或通行；看不清指挥信号和吊物；起吊方向歪斜或超负荷；捆绑、吊挂不牢或不平衡；起吊力不明的埋置物；零星物件未用盛器且捆扎放稳码好；在六级以上的强风区；被吊物锐角刃角未垫好；多孔板、积灰斗、手推翻斗车不用四点吊或大磨板外挂板不用卸甲、易燃易爆危险物）和机动车辆驾驶"七大禁令"（无证、无令；酒后、疲劳；带病行车；超高度、长度、重量装载；人货混装；超速、空挡滑车；无阻火器车辆进入禁火区）。

8）戴手套操作旋转设备。

9）开动情况不明的电源或动力源开关、闸、阀。

10）在机器转动时装拆或校正皮带。

11）在机器未完全停止前，进行修理工作。

12）在机器运行中，清扫、擦拭、润滑转动部位。

13）不熟悉使用方法，擅自使用电气工具。

14）不熟悉使用方法，擅自使用风动工具。

15）不熟悉使用方法，擅自使用喷灯。

16）用箍有铁套的胶皮管卸油。

17）没有对易燃易爆物品隔绝就从事电、火焊作业。

18）使用带故障的电气用具。

19）使用电动工具时不戴绝缘手套。

20）在有可能突然下落的设备下面工作。

21）在卷扬设备运行时跨越钢丝绳。

22）无证从事特种作业。

案例 5-4　某供电公司下属变电站的 A 相电容器熔丝熔断，电容器 A 相电流表无指示，值班员立刻将电容器开关拉开并上报要求抢修。检修班长接任务后，亲自去现场抢修，没有让监护人同往，而是安排监护人在值班室接电话，独自一人在下雨天攀登 1.7 米高的遮栏，并用手直接触及未放电的电容器，他自认为电容器熔丝已熔断，开关也已拉开，没想到电容器还存在静电，致使其触电身亡。

案例评析　本案中的检修班长实施了一系列违章行为：没办工作票，不安排监护人监护，没有对电容器进行放电就不戴绝缘手套直接手触电容器。这违反了《电力安全工作规程（变电部分）》（Q/GDW1799.1-2013）的相关规定：①6.3.1 在电气设备上工作，应填写工作票或事故紧急抢修单；②6.5 工作监护制度，监护人应始终在工作现场，对工作人员的安全认真监护，及时纠正不安全的行为之规定；③7.4.2 电容器接地前应逐相充分放电。电容器组虽然经过放电电阻自行放电，但仍会有部分残余电荷，因此必须进行人工放电，应先将接地线的接地端与接地网固定好，再用接地棒多次对电容器放电，直到无火花和放电声为止。

（4）机械行业违反安全操作规程的内容。

1）在生产作业过程中穿拖鞋、凉鞋、高跟鞋、裙子、喇叭裤、系围巾以及长发辫不放入帽内等。

2）不按规程进行机床润滑。

3）在车床运转中隔着车床传送物件。

4）不停车进行装卸工件，安装刀具，打扫切屑。

5）机床运转时，测量工件。

6）用手去制动转动的卡盘。

7）用机床正、反车电闸作刹车。

8）加工工件随意选择切进刀量和走刀量，造成机床过载。

9）切削长轴类工件不使用中心架，致其弯曲变形伤人。

10）私自拆卸机床的防护装置造；

11）高速切削时，没有防护罩；机床周围没有安装挡板隔离操作区。

12）机床运转时，操作者离开机床，发现机床运转不正常时，仍不停车检查修理。

13）停电时，不关断机床，未将刀具退出工作部位。

14）使用砂轮、磨光机等高速旋转工具时不戴防护眼镜。

15）使用砂轮时未系好袖口。

16）两人同时使用同一片砂轮。

17）使用没有防护罩的砂轮研磨。

18）站在砂轮正前方进行磨削的。

19）使用砂轮机侧面研磨工件。

20）使用没有保护罩的砂轮进行打磨工作。

21）冲压作业时，手伸进冲压模危险区域。

22）冲压作业不使用规定的专用工具。

23）不使用冲压机床配安全保护装置。

24）冲压作业时"脚不离踏"。

25）调整、检查、清理设备或装卸模具测量工作等不停机断电的。

26）用手指伸入螺丝孔内触摸。

27）戴手套或单手抡大锤。

28）敲榔头、掌钳子、打大锤两人正面站立。

29）扳手当榔头使用，扳手反打，使用扳手和管钳时不注意开口大小就进行加力。

30）使用无柄锉刀。

31）使用车床时不戴防护眼镜，戴手套操作车床。

32）戴手套操作机床、戴围巾作业，女工不戴工作帽开机床。

33）在进行车、铣、刨、磨、凿等作业时，不戴防护眼镜。

34）使用钻床时戴手套，袖口不扎紧。

35）薄件和小工件钻削时直接用手扶。

36）车、铣、刨等机床运行时清除铁屑未使用专用工具。用手清理清除铁屑。

37）机床运转时将头、手伸进切削区域。

案例5-5 某年4月23日，陕西一煤机厂职工小吴正在摇臂钻床上进行钻孔作业。测量零件时，小吴没有关停钻床，只是把摇臂推到一边，就用戴手套的手去搬动工件，这时，飞速旋转的钻头突然猛地绞住了小吴的手套，强大的力量拽着小吴的手臂往钻头上缠绕。小吴一边喊叫，一边拼命拽拉，等相邻工友跑过来关掉钻床，小吴的手套被撕烂，右手小拇指也被绞断。

案例评析 本案戴手套操作旋转机械就是违章操作。在操作旋转机械时操作者的工作装一定要做到"三紧"，即袖口紧、下摆紧、裤脚紧；不要戴手套、围巾；女工的发辫更要盘好掩盖在工作帽内，不能露出帽外。

（5）电力行业违反安全操作规程的内容。

1）砸煤时不戴防护眼镜。

2）不能及时消除煤堆形成的陡坡。

3）卸煤工从车厢上直接跳下。

4）在抓煤机抓斗活动范围内通行或逗留。

5）用吊斗、抓斗运载作业人员和工具。

6）把手伸入输煤皮带遮栏内加油。

7）在输煤皮带上站立、穿越或行走。

8）在运行时，用铁锹清理皮带滚筒上的粘煤。

9）直接用手去拔堵塞给煤机的煤块。

10）除焦时用身体顶着工具。

11）出灰时不按规定着装。

12）站在装满灰渣车的近处浇水。

13）在制粉设备附近吸烟。

14）在轴瓦就位时手拿轴瓦边缘。

15）无票操作或操作时不按规定进行唱票、复诵、核对名称，或不按照倒闸操作票填写的顺序进行操作（事故处理除外）。

16）无人监护进行操作和作业（有规定的除外）。

17）停电作业不验电、不挂接地线、未按规定执行地线揭示板制度。

18）没按规程要求设置闭环围栏。

19）约时停、送电或恢复重合闸。

20）擅自变更现场安全措施。

21）无票作业或擅自变更、扩大工作内容或工作范围。

22）打开运行中转动设备的防护罩，或将手伸入遮栏内，戴手套或用抹布对转动部分进行清扫或进行其他工作（有规定者除外）。

23）攀登设备、杆塔、构架，不核对名称、编号、杆塔号、色标；登高作业接近安全距离不验电。

24）随意解除运行设备联锁、报警、保护装置。

25）高处作业不按规定系安全带，进入生产（施工）现场不按规定佩戴和使用个人安全防护用具。

26）不按规定使用相应的安全工器具进行操作或作业。

27）非电工从事电气作业。

28）冒险蛮干，或经他人劝阻不听而违章作业。

29）开工前，工作负责人不列队宣读工作票，不明确工作范围和带电部位，安全措施不交代或交代不清，盲目开工，工作班成员未在工作票上签字。

30）开工前，工作负责人、工作许可人不按规定办理工作许可手续；工作结束时，工作负责人和值班人员不到现场共同验收设备、查看现场状况就办理工作终结手续或未办理工作票终结手续就恢复设备运行；或未采取可靠措施就进行试车工作。

31）在带电设备附近进行起吊作业，安全距离不够或无专人监护。

32）在电缆沟、隧道、夹层或金属容器内工作，使用的照明行灯不符合安全电压要求或无专人监护。

33）擅自拆除设备围栏、孔洞盖板、栏杆、隔离层或拆除上述设施不加设明显标志并及时恢复。

34）凭借栏杆、脚手架、瓷件、管道等起吊物件。

35）随意移开或越过遮栏工作误入带电设备间隔。

36）雷雨天气不穿绝缘靴，巡视室外高压设备。

37）进出高压室时，不随手将门锁好。

38）刀闸操作不唱票、带负荷拉刀闸。

39）对投运的设备（包括机械锁）随意退出或解锁。

40）用缠绕的方法装设接地线。

41）在室外地面高压设备上工作时，四周不设围栏。

42）在带电作业过程中设备突然停电时，视为设备无电；

43）在带电设备周围，使用钢卷尺测量。

44）等电位作业传递工具和材料时，不使用绝缘工具或绝缘绳索。

45）带电断开或接续空载线路时不戴护目镜。

46）带电水冲洗密封不良的设备。

47）敷设电缆时，用手搬动滑轮。

48）在带电体、带油体附近点火炉或喷灯。

49）电器设备着火，使用泡沫灭火器灭火。

案例 5-6 某发电厂 1 号机组大修，8 月 2 日锅炉检修队本体班王某某在汽包内安装旋风子分离器时，不慎将一个旋风分离器的固定销子掉入汽包与外置汽水分离器的水联通管中，为取出这个销子先用磁铁送入管内寻找没成功后采用割管的办法取出销子。销子取出当天下午由王某某和王某（徒工）监护并配合焊工马某某将这段割管焊接复原。截至 16 时 20 分左右两道焊口已焊完一遍。由于施焊地点狭窄，通风不好，室温又高，三人的衣服均被汗水浸透，决定先回班休息一会再干，17 时左右马某先调整了电焊机电流（80A 减到 40A）之后，随同二人一起回到焊接地点继续工作。综合班长兼焊工的吴某某得知此项工作后主动参与，亲到现场进行指导，考虑到位置别扭怕影响焊接质量，并提议割下一块护板以方便工作，吴某某接过马某递给的焊把，割了 300mm×500mm 的检查孔。此时吴某某检查了马某的电焊手套是完整的，且没有湿。在进行第二遍焊接时，王某某位于最里侧，王某在外侧，吴吴某某在护板外面通过检查孔进行监护，王某负责拿灯照明和递焊条。三人距马某有 lm 左右看他焊接。当马某焊完第二根焊条，并换好第三根，准备施焊时，监护的三人都用手遮光护眼，但等一会，也没见到闪光，又没听到动静，再看马某已停止了动作。三人几乎同时喊出："不好"。吴吴某某当即将焊把拉出来，又连喊"小马"，同时又急喊左面工作的瓦工协助一起将马某抬出放在平台上，立即对马某施行人工呼吸，后又背到厂前区花坛附近的地面上，经大夫做人工呼吸后转医院抢救。19 时 10 分抢救无效死亡。

案例评析 （1）马某触电的直接原因。当马某准备施焊时不慎将焊把触在脖子的梗动脉，电流迅速通过全身与接触的锅炉护板及周围的管道施放，是造成死亡事故的主要原因。

（2）间接原因与防范措施。对施焊地点狭窄，通风不畅，室温又高，三人衣服均被汗水浸湿的特殊情况下的焊接工作没有采取相应的防止人身触电措施，以保证作业人身安全。违反了《电力安规》热机部分关于电焊时焊工应避免与铁件接触，要站在橡胶绝缘垫上或穿橡胶绝缘鞋，并穿干燥的工作服；在潮湿地方进行电焊工作，焊工必须站在干燥的木板上，或穿橡胶绝缘鞋之规定。

（6）化工行业违反安全操作规程的内容。

1）在禁烟禁火区域、化工设备检修现场抽烟。

2）从事浓酸、强碱工作，不按规定使用防护用品。

3）直接用压缩空气吹扫易燃易爆介质容器。

4）操作阀门时工作人员正对着阀门丝杆。

5）接触有毒有害物品未戴橡胶手套。

6）从事接触粉尘工作者，在粉尘浓度超标时，未按规定使用防尘保护用品。

7）乱倒油类、水银、有毒药品等，留下隐患，污染环境。

8）在筒仓内工作没有完善的防中毒、窒息及坠落的安全措施。

9）在防火防爆区动火未办理动火工作票即开始动火工作。

10）进入防火防爆区时违反防火防爆区出入规定。

11）在易燃、易爆、高温等危险区域休息、逗留。

12）独自一人进入剧毒、易燃易爆危险区域。

13）在进入设备或容器内进行工作，事先不进行有毒气体检测、试验或没有进行充分的通风。

14）将易燃、易爆化学物品混存。

15）在易燃易爆区，使用大功率灯具及碘钨灯。

16）氧气瓶、乙炔瓶在施工现场超过存放量或未放置规定的安全距离（5米、10米）。

17）戴沾油手套操作气瓶。

18）用叉车装运气瓶。

19）钢丝绳捆绑气瓶用行车吊运。

20）滑、滚、敲击、碰撞、曝晒气瓶。

21）在易燃易爆环境中，使用防爆型低压灯具及不发生火花的工具，穿戴化纤织物。

22）厂区必须加强明火管理，严禁吸烟，严禁携带火易燃、易爆物品进入作业场所，不准任意动、用火和进行产生火花、高温的作业，严格按《化学工业部安全生产禁令》的规定执行。

23）应对检修现场的爬梯、栏杆、平台、铁笼子、盖板等进行检查，保证安全可靠。

24）对检修用的盲板逐个检查，高压盲板须经探伤后方可使用。

25）对检修所使用的移动式电气工器具，必须配有漏电保护装置。

26）对有腐蚀性介质的检修场所须备有冲洗用水源。

27）对检修现场的坑、井、洼、沟、陡坡等应填平或铺设与地面平齐的盖板，也可设置围栏和警告标志，并设夜间警示红灯。

28）应将检修现场的易燃易爆物品、障碍物、油污、冰雪、积水、废弃物等影响检修安全的杂物清理干净。

29）气焊作业时忽视氧气瓶、乙炔瓶的安全使用要求及安全距离。

30）氧气瓶与乙炔瓶间距不足5米，动火点与气瓶间距不足10米。

31）氧气瓶或乙炔瓶无防护，在烈日下暴晒42、在易燃易爆区域或空间未使用防爆灯具和器具，使用铁器敲击设备。

32）进入中间罐区不登记，不消除静电。

33）在油、氢气等防火防爆区域检修未按规定使用防爆防静电工具，使用电焊枪未按规定设置接地线。

34）开关阀门猛开猛关或以脚代替。

35）现场开关重要阀门未予微机沟通，造成生产波动。

36）加装盲板及拆除盲板时不做盲板台账。

37）乙炔发生岗位排渣时没有通知洗渣人，排渣时不巡视渣池。

38）乙炔发生岗位修风镐未关气源阀门。

39）乙炔发生岗位更换活门胶套未断开气源管。

40）乙炔发生岗位更换腰鼓圈振荡器没有断电。

41）下雨时乙炔除尘器卸电石灰、拉灰。

42）擅自检修带压力的管道。

43）带压力松动表针、接头和阀门。

案例 5-7 某年 7 月 28 日 8：40，某化工有限公司 1 号厂房（2400 平方米，钢框架结构）发生一起爆炸事故，死亡 22 人，受伤 29 人，其中 3 人重伤。

7 月 27 日 15：10，车间操作人员首次向氯化反应塔塔釜投料。17：20，通入导热油加热升温；19：10，塔釜温度上升到 130℃，此时开始向氯化反应塔塔釜通氯气；20：15，操作工发现氯化反应塔塔顶冷凝器没有冷却水，于是停止向釜内通氯气，关闭导热油门。28 日 4：20，在冷凝器仍然没有冷却水的情况下，又被通知通氯气，并打开导热油阀门继续加热升温；7：00，止加热；8：00，塔釜温度为 220℃，塔顶温度为 43℃；8：40，氯化反应塔发生爆炸。

案例评析 事故发生的直接原因是在氯化反应塔冷凝器无冷却水的情况下没有立即停车，而是错误地继续加热升温，这一违章操作使物料（2，4—二硝基氟苯）长时间处于高温状态，并最终导致其分解爆炸。

该公司未经设立批准（正在补办设立批准手续），生产工艺未经科学论证，建设项目未经设计审查和安全验收的情况下，擅自低标准进行项目建设并组织试生产长达五个月。车间领导违章指挥、员工违章操作、现场管理混乱，边施工边试生产，现场人员过多，也是扩大人员伤亡的重要原因。

（7）矿山行业违反安全操作规程的内容。

1）穿化纤衣服入井。

2）入井不戴安全帽。

3）入井不携带矿灯。

4）入井不随身携带自救器。

5）不接受入井检身和出入井人员清点制度。

6）出入井不按规定走出入口。

7）不按规定佩戴劳动保护用品。

8）超员乘罐笼。

9）乘罐躺卧、打盹、睡觉，不站立和不握紧扶手。

10）乘罐、乘车嬉戏打闹。

11）乘罐、乘车摘掉安全帽。

12）乘罐时将头、手、脚、随身携带的工具等伸出罐笼外面。

13）乘坐装物料的罐笼。

14）乘坐罐笼时随意向井筒内乱扔东西。

15）超员乘坐人车。

16）乘坐人车不关门、不挂防护链。

17）乘车、乘罐笼不听指挥，抢上抢下。

18）在两节车厢之间搭乘。

19）在机车头与司机挤坐在一起。

20）人车行进中扒上跳下。

21）乘坐井下装物料的矿车。

22）乘坐固定车厢式矿车、翻转式矿车、底卸式矿车、平板车和材料车。

23）开车时不顾一切拣拾掉落在车外的东西。

24）乘车时在车内站立。

25）在兼作行人的斜巷内行走，不执行"行人不行车，行车不行人"的规定。

26）在行人道宽度不够的大巷里行走，当车辆接近时不立即就近躲避。

27）在轨道中间行走。

28）乘猴车时不扶牢吊杆，用手触摸绳轮。

29）建井期间乘吊桶上、下不带保险带。

30）乘坐带式输送机背向进行方向或站立、仰卧、手摸胶带两侧。

31）乘坐刮板输送机。

32）在刮板输送机的机槽内行走。

33）攀扶电缆行走。

34）在井下行走时，随身携带的长柄工具扛在肩上。

35）随身携带的锋利工具刃口不戴护套。

36）横穿大巷、弯道、交叉口不执行"一停二看三通过"规定。

37）井下行走横跨正在运行的绞车道或无极绳道。

38）在采区巷道行走不注意观察支护等周围险情。

39）在溜煤眼和下料眼下方行走。

40）在井下随意拆开、敲打、撞击矿灯。

41）在井下吸烟。

42）在井下用矿灯取暖。

43）在井下使用电炉子。

44）闯放炮警戒线。

45）擅自进入钉有栅栏或挂有危险警告牌的地点。

46）不走专门设置的过桥通道，随意钻越。

47）一人一次同时运搬炸药和起爆材料超过 30 公斤。

48）一人一次背运原包装炸药超过一箱。

49）一人一次挑运原包装炸药超过两箱。

50）爆破材料不用专车运送。

51）炸药、雷管同车运送，且非爆破人员同车乘坐。

52）把炸药和雷管放入衣兜或怀里携带。

53）站在石块滑落的方向撬石。

54）装药前未对炮眼进行清理。

55）装起爆药包和硝化甘油时，抛掷或冲击。

56）药包爆破的重新装药时间，硝铵炸药未经过 15min；硝化甘油药未经过 30min。

57）深孔装药炮孔出现堵塞时，在未装入雷管、黑梯药柱等敏感爆炸材料前，用金属长杆处理。

58）使用导爆管起爆时，其网络中有死结，炮孔内的导爆管有接头。将导爆管对折 180°、损坏管壁和异物入管、将导爆管拉细。

59）用雷管起爆导爆管时，在雷管周围不均匀敷设导爆管。

60）装药时有烟火、明火照明；装电雷管起爆体开始后，不用绝缘电筒或蓄电池灯照明。

61）单人装药放炮、补炮，爆破工点完炮后未开动局扇或打开风门（喷雾器）。

62）装药时强力冲击，用铁器装药，不用木棍装。

63）非专业人员进行装药爆破工作。

64）电气爆破送电未爆进行检查时，未先将开关拉下，锁好开关箱；线路短路不足 15min 就进行现场检查处理。

65）炸除卡漏斗大块矿石时，爆破人员钻入漏斗内装药爆破。

66）采煤工作面任意留顶煤和底煤，伞檐超过作业规程的规定。采煤工作面的浮煤未清理干净。

67）台阶采煤工作面未设置安全脚手板、护身板和溜煤板。

68）倒台阶采煤工作面，未在台阶的底脚加设保护台板。

69）台阶采煤，阶檐的宽度、台阶面长度和下部超前小眼的个数，不符合作业规程规定。

70）采煤工作面未能存有一定数量的备用支护材料。使用折损的坑木、损坏的金属顶梁、失效的单体液压支柱。

案例 5-8 某煤电公司煤矿从 11 月 1 日起，51108 进风工作面迎头瓦斯浓度多次超限。11 月 4 日，全矿局扇停了 9 次，但没有查明原因，继续生产。11 月 5 日 9 时 5 分开始，该工作面瓦斯浓度明显异常，没有查明原因，未采取处理措施。11 时 8 分停电、停风后，瓦斯浓度值开始迅速增加，到 11 时 25 分浓度超过 4%，直到 11 时 40 分发生爆炸，造成 47 人死亡、2 人受伤的"11·5"特别重大瓦斯爆炸事故。

案例评析 《煤矿安全规程》第一百七十五条规定，严禁在停风或者瓦斯超限的区域内作业。第一百六十五条规定，使用局部通风机通风的掘进工作面，不得停风；因检修、停电、故障等原因停风时，必须将人员全部撤至全风压进风流处，切断电源，设置栅栏、警示标志，禁止人员入内。第一百七十六条规定，停风区中甲烷浓度超过 1.0% 或者二氧化碳浓度超过 1.5%，最高甲烷浓度和二氧化碳浓度不超过 3.0% 时，必须采取安全措施，控制风流排放瓦斯。

本案中瓦斯监控系统多次显示该工作面瓦斯浓度异常甚至达到爆炸界限，但生产指挥系统没有采取有效措施，在长达约半个小时的时间里，仍没有及时撤人。

该煤电公司煤矿严重麻痹松懈，安全管理混乱，长期存在严重安全隐患。

（8）建筑行业违反安全操作规程的内容。

1）没有实施"三宝""四口""五临边"安全防护。

"三宝"是建筑工人安全防护的三件宝，即安全帽、安全带、安全网。

"四口"防护即在建工程的预留洞口、电梯井口、通道口、楼梯口的安全防护设施：①所有人员进入施工现场要正确佩戴安全防护用品；②建筑工程外侧挂密目式安全网进行闭环。

"五临边"防护即在建工程的楼面临边、屋面临边、阳台临边、升降口临边、基坑临边的安全防护设施：①临边高处作业防护栏杆应该自上而下用安全立网闭环；②临边防护必须设置 1 米以上的双层围栏或搭设安全网；③基坑、沟、槽开挖临边设置高度不小于 1.2 米防护围栏。

2）使用木、竹手架与铁质脚手架混搭，整体高度超过 3 米时，使用单排脚手架。

3）脚手架基础不平整坚实，没有排水措施，架体没有支搭在底座（托）或通长脚手板上。

4）脚手架施工操作面没有满铺脚手板，离墙面大于 20 厘米，有空隙和探头板，飞跳板；操作面外侧没有设置一道护身栏杆和一道 10 厘米的挡脚板。

5）架体没有用密目式安全网沿外架内侧进行闭环，安全网之间连接不牢固，闭环严密，并未与架体固定。

6）电梯井口、楼梯口要设置防护栏杆，通道口要搭设防护棚，预留洞口根据具体情况采取设防护栏杆，加盖件。

7）不得在高、低压线路下方施工、搭设临时设施或堆放物件、架具、材料及其他杂物。

8）达不到安全距离要求，必须采取防护措施，增设屏障、遮栏、围栏或保护网，并悬挂醒目的警告标志牌。

9）把安全带挂在不牢固的物件上。

10）高处作业不使用工具装。

11）高处作业时，将工具及材料随意上下抛掷。

12）在不坚固的结构上侥幸工作。

13）使用吊栏工作时不使用安全带。

14）高处作业时随意跨越斜拉条。

15）高空作业时，任意掷扔物件。

16）人员要在地面进出吊篮，禁止在空中跨越吊篮。

17）禁止在吊篮上使用梯子、凳子等进行作业。

18）禁止在吊篮上部进行高空抛物。

19）吊栏作业，手扳葫芦下端不卡元宝螺丝。

20）自做卡凳，未采取防滑措施。

21）在开挖的土方斜坡上放置物料。

22）在高处平台上倒退着行走。

案例 5-9 某市电视台演播中心地下 2 层地上 18 层建筑面积 34000 平方米的工程由某大学设计院设计，某市建筑公司施工，某建设监理公司进行监理。工程进行到搭设顶部模板支撑系统阶段，由建筑公司工程师茅某编制了"上部结构施工组织设计方案"，由项目副经理成某和分公司副主任工程师赵某批准。7 月 22 日开始搭设模板支撑系统，没有图样，没有施工方案，没有技术交底。项目副经理成某决定支架立杆、纵横向水平杆的尺寸。施工员丁某指挥现场搭设 15 天后，分公司副主任工程师赵某将"模板工程施工方案"交给丁某。丁某赶紧向成某汇报，成某仍然答复按以前规格搭设，最后再加固。搭设施工队伍是该建筑公司的劳务公司组织进场的朱某的施工队（朱某是标牌厂职工，以个人名义挂靠该建筑公司的劳务公司），17 名民工中，5 人没有特种作业操作证。地上 25～29 米一段由木工工长孙某指挥搭设。整个施工过程没有自检、互检、交接检查和专职检查手续，也没有整体验收。

10 月 25 日 7 点开始浇筑混凝土。10 点 10 分浇筑到主次梁交叉区域时，模板支架立杆失稳，引起支撑系统整体倒塌。屋顶模板上正在浇筑的工人纷纷随支架模板坠落，有的被支架、模板和混凝土掩埋。事故造成 6 人死亡，35 人受伤，其中重伤 11 人。

案例评析（1）无方案施工，立杆数量太少，受荷过大，造成弯曲，在浇筑混凝土的冲击和振动下立杆失稳并随之带动相邻立杆失稳，致整个模板支撑系统垮塌是酿成事故的直接原因和主要原因。

（2）监理公司的工程师没有监理资质，默许无特种作业证的施工人员组成的挂靠施工队在无方案情况下进行模板支撑系统搭设施工。在没有对模板支撑系统进行检查验收的情况下就签发了浇捣令。

（3）安全施工管理混乱有法不依，违章违规，自行其是。

（4）特种用工，无证上岗。违法用工，没有对民工进行三级安全教育培训。

三、违反劳动纪律

1. 违反劳动纪律概述

违反劳动纪律主要是指职工违反生产经营单位有关劳动纪律制度规定，妨害了生产单位的劳动秩序。违反劳动纪律，久而久之，逐步演化为违反劳动纪律规章制度、安全生产责任制，不履行或不完全劳动合同等。这是诱发违章作业的深层根源。

2. 违反劳动纪律表现

1）未经安全教育上岗作业。

2）无安全作业证、未佩戴工作证上岗。

3）上班迟到、早退，无故旷工。

4）嬉皮打闹，打架斗殴。

5）厂区内游动吸烟。

6）酒后进入工作岗位。

7）工作时间内闲聊；长时间占用生产电话聊与工作无关的事。

8）在工作时间脱岗、睡岗、串岗、私自换岗。

9）在工作岗位干与工作无关的事，看与生产无关的书报。

10）无视劳动纪律，随意随性，吊儿郎当。

11）无防护装备作业。

如上难以完全列举的违反纪律的行为习惯带到生产作业中势必违章操作引发事故。生产作业必须认真对待，时刻绷紧安全这根弦。

案例 5-10 某年 3 月 20 日中午，某市供电公司电工班班长、高级电工石某，带领本班电工谢某、曾某、梁某三人，不系安全带，不戴安全帽，来到公司变压器维修车间，准备对因妨碍设备吊装被临时截断的三相四线制供电线路进行线路复接。约 14 时 15 分，石某、曾某、梁某爬上工作点，由于事先认为东面工作点不是电源输入端，因而不可能带电，于是三人均未按操作规程先进行必要的验电接地工作，就匆忙地直接在断点处割线头、剥线皮，准备与西面已接好的线路对接。此时，石某正站在位于事发工作点下方的一条角钢上，一手扶住一条角钢，另一手用胶钳钳住中性线的断点处准备剥线。就在这一刹那，事故发生了，石某突然"啊"地叫了一声，旁边不远的曾某旋即发现石某表情痛苦，立即意识到他触电了，于是大喊"快停电"。与此同时，另一旁的梁某也发现了这一情况，想把石某触电的手拉离电源，可惜未能成功，无奈之下只好将事发电路剪断。这时，石某的双手才开始松脱，但受电击后双脚站立不稳，从距地面约 6 米高的工作点处坠落至水泥地面，后脑出血，昏迷不醒。现场人员立即将石某送往医院抢救，但因伤势过重抢救无效死亡。

案例评析 该事故的主要原因是违章作业，安全意识淡薄。石某身为电工班班长，是有 20 多年工作经验的高级电工，作业前未对电路进行必要的安全验电，而且在从事高处工作时，不系挂安全带、不戴安全帽和绝缘手套、不穿戴绝缘鞋等电工专用防护用品，其本人所使用的电工钳柄绝缘部分已磨损，裸露部分则用黑色绝缘胶布缠绕，事后发现该层绝缘胶布已明显老化，致使其本人在毫无防备的情况下突遭电击。如果石某系挂安全带则不会二次坠落，如果戴好安全帽即使二次坠落或许还能保命，但是 20 多年的经验和技术，没有沉淀根深蒂固的安全意识，反而让他思想麻痹，无视公司的劳动纪律制度和安全规程，相信艺高人胆大，而不相信安规，以致搭上了宝贵的生命。

本案从另一个侧面反映了该公司车间领导以及安全管理部门对作业人员违反劳动纪律和安全规程的行为习以为常，熟视无睹，客观上助长了一些从业人员纪律松懈、作业违规的坏习惯，埋下了事故隐患。我们应引以为戒，树立"违章就是隐患""违章就是事故"的理念。

四、"小三违"的心理分析

员工的情感变化、精神状态、行为方式都是受心理支配的。有健康心理的员工很少发生事故，怀有不健康心理的员工就容易发生安全事故。心理活动又受到客观环境的影响和刺激，因此，严格的劳动纪律、融洽的人际关系、合规的生产场地、浓厚的安全氛围、遵章守纪的领导和安全管理人员、可靠的安全措施，正确的安全作业指导规范等，都会对员工心理带来良好的影响，使员工心情舒畅、聚精会神、认真作业、安全高效。

1. **违章操作的心理状态**

统计资料显示，86%的事故是由作业人员的违章操作引起的，而人的行为是由人的心理状态支配的。所以要分析事故的内因，就必须研究和分析发生事故时操作人员的心理状态。在事故发生之前，操作人员的心理状态有如下几种情况。

（1）侥幸心理。常言道，常在河边走，哪能不湿鞋？这个简单的道理就不为侥幸心理者所理解。现实生产活动中确有一部分人在几次违章没发生事故后，就混淆了数次违章没发生事故的偶然性和经常性违章迟早要发生事故的必然性，慢慢滋生了侥幸心理。有的违章人员不是不懂操作规程，也不是技术水平低，而是明知故犯："违章不一定出事，出事不一定伤人，伤人不一定是我。"这实际上是把事故的偶然性绝对化了。但是切莫忘记，违章作业早晚必然要出事故。为什么呢？

1941 年，美国安全工程师海因里希（Heinrich）在美国统计了 55 万件机械事故，其中死亡、重伤事故 1666 件，轻伤 48334 件，其余则为无伤害事故。从而得出了结论，即在机械事故中，死亡、重伤、轻伤和无伤害事故的比例为 1：29：300，国际上把这一法则叫事故法则，也叫海因里希安全法则，如图 5-1 所示。

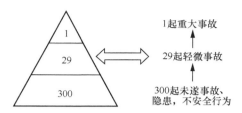

图 5-1 海因里希安全法则

这个法则原本说明，在机械生产过程中，每发生 330 起意外事件，有 300 件未发生人员伤害，29 件造成人员轻伤，1 件导致重伤或死亡。亦即：重伤或死亡/轻伤/违章（隐患）但无伤害=1：29：300。

该法则拓展应用在安全生产管理领域同样意味着：①当一个企业有 300 起隐患或违章行为，可能伴随着发生 29 起轻伤或故障和 1 起重伤或死亡事故。②企业或者个人发生 330 起意外事件，有 300 件未产生人员伤害，29 件造成人员轻伤，一件造成重伤或死亡。③在一件重大事故的背后可能已经发生了 29 件轻伤事故和 300 件无伤害违章作业或潜在的隐患。④安全生产意外事件中造成严重伤害、轻微伤害、没有伤害的事故件数之比为 1：29：300。这说明，受害人在受害之前，其他人已经经历了数百次没有带来伤害的违章事件！其意义在于指导我们：要消除重伤事故，必须从消除大量的无伤害事件着手。

海因里希法则只是一个统计比例，这不是严格数学意义的比例，只是高度的盖然性而已，不能把各行各业的生产经营单位的事故统计伤亡类型比例死板教条地生搬硬套 1：29：300。误认为所有事故类型统计比例都严格符合 1：29：300。更有离谱的理解是，当某企业发生 300 件无伤害违章作业的次日，就一定会发生 29 起轻伤和 1 起重伤或死亡事故。实际情况有可能重伤、轻伤、无伤是随机发生的一群事件。平均情况下，重伤可由最先一事件或一群事件中任何一事件随机产生。事实表明，重伤并不常是一连串事件中的第一个意外事件，也许是最后事件的结果所造成，或许发生在任何中间点。

比例 1：29：300 所依据的事件样本数量有限，且来自于 20 世纪 50 年代机械行业。随着生产经营自动化和智能化的迅猛发展，人身伤害和财产损毁都在不断降低，所以说不是任何行业都能生搬硬套，每发生 330 起意外事件，必然有 300 件未产生人员伤害，29 件造成人员轻伤，1 件导致重伤或死亡。

后来的研究不断证明比例的变化。1985 年美国安全工程师博德（Frank.E.Bird）和日耳曼（German）报告了对来自 297 个合作组织的大约 175 万起事件的研究，其比率为：致残伤害：轻伤：财产损失：无伤害或损坏 ＝1：10：30：600。

泰伊（Tye）和泊桑（Pearson）（HSE，1991）给出了对近 100 万起事件的调查结果：致残伤害：轻伤：急救伤害：财产损失：无伤害或损坏=1：3：50：80：400。

2001 年美国的 Mannan 等人的另一项研究中报告了 1998 年全美 34527 起事件的统计数据。根据这项研究，事件按以下比例分布：死亡人数：重伤：轻伤：违章无伤 = 1：7：44：300。

尽管海因里希法则不能用来精准统计今天各行各业的安全生产事故分类的比例，但它仍然不失为安全生产管理的重要法则，仍然具有深远的意义且对于安全生产管理有重要启发。

1）将图 5-1 的三角形看作是一座冰山，1：29：300 中的 1 部分即重伤或死亡事故仅是冰山的一角。就是说在水面下的（三角形尖尖下面的）大梯形底层中，包含数以千万计人的不安全行为和设备不安全状态。

2）要消除重伤或死亡事故，必须从消除大量的无伤害事件着手。

3）要消除 1 次伤亡事故以及 29 次轻伤事故，需要消除 300 次无伤害事故。防止伤害的关键，不在于防止伤害本身，而在于预防消除那些违章作业行为和设备隐患——从小处着手。安全生产工作必须从基础抓起，如果基础安全工作做不好，中小事故不断，大事故也就在眼前。

4）细节决定成败。安全生产要注重细微，当我们一直放任微小没有伤害的违章行为和蚁穴突隙般的隐患，就会出现溃坝焚室的大祸。

假设某员工幸免了 300 件未遂事件，可能遇到了如下的情况：他走在滑溜的地板上不注意失去平衡几乎跌倒，但因抓到附近一根柱子而幸免；另一次他虽实际跌倒，但倒在软的泡沫塑料堆上也未伤；又一次他被飞来的砂轮碎片打在穿厚棉衣的身上，未受伤害；某一天终于被车床切屑击伤了眼睛，造成了重伤。

重伤及死亡事故虽有偶然性，但不安全因素或动作在事故前已暴露过千百次，曾有过许多监督控制和防止其发生的机会。企业负责人及各级安全管理人员如能尽职尽责，采取可靠的安全预防措施，时刻做好隐患排查消除工作，则许多重大伤亡事故是可以显著减少甚至避免的，则安全生产转化为必然性。

海因里希法则的重要意义还在于强调：事故一旦发生，伤害和损失的后果非主观意志所能预控。因此在安全管理实践中，一定要全力预防各类事故，无论事故大小伤害轻重，包括险肇事故（有惊无险的事故）。海因里希（Heinrich）和博德（Frank.E.Bird）法则，彻底打碎了侥幸者违章作业不出事故的美梦。作业人员应该永远牢记是：安全生产事故的背后一定存在违章行为！

（2）惰性心理。惰性心理也称为"节能心理"或"省能心理"，是指作业人员人们嫌麻烦、图省事，在作业中尽量减少能量支出，企图以较小的代价取得较大的效果，违反安全规程的操作行为。譬如，擅自将几项操作内容合并操作，或不使用安全用具违章操作。如，徒手将跌落开关带电合闸的危险行为。这种行为往往节约了几分钟，耽误了几个月。

（3）逞能心理。自我表现心理或者叫逞能心理。如有的人自以为技术好，经验丰富，满不在乎，明明也预见到有危险，但是轻信能避免，用冒险蛮干表现自己的超人技能，以炫耀自己，满足虚荣自夸的心理需求。也有的新员工年轻好胜，但技术差，经验少，可谓初生牛犊不怕虎，急于表现自己，违规操作，冒险蛮干，好强逞能，最终以自己的或者他人的鲜血、痛苦乃至生命验证了安全规程是不可逾越的遮栏。

（4）逐利心理。企业的领导、安全管理人员和作业人员追求经济利益最大化无可厚非，但是经济效益和安全生产是息息相关的。一次小事故可以将企业效益清零，一次大事故可以毁掉一个企业。如，有的企业特别是私营企业为了经济利益最大化，过度地降低生产成本，造成安全生产投入严重不足，陈旧设备不及时更换，培训教育工作缺失。尤其是在生产任务紧迫的诱因下，抢进度、抢产量、抢效益，强令员工冒险作业或疲劳作业。管理者和作业者的逐利心理为安全事故埋下祸根。

（5）逆反心理。逆反心理，是一种与安全管理和安全操作要求相对抗的心理状态，分为显性对抗和隐性对抗两种。显性对抗，是指意气用事，当面顶撞，不改错误，继续违章。隐性对抗，是指阳奉阴违，口是心非，表面接受，心理反抗。

在团队人际关系紧张的时候，人们常常产生逆反心理。抵触同事的善意安全提醒，对领导的严格要求认为是吹毛求疵、故意找茬。因此团队作业，人们同心同德，关系融洽，心情愉悦，有助于安全。

（6）从众心理。从众心理，是指个人在群体中受到全体行为的影响而产生的不愿意坚守自己的意愿随波逐流的心理状态。这种心态驱使作业人员在认知、判断和行为上与群体中大多数人保持一致。只模仿别人的行为，不思考、不甄别自己的作业行为是否依法合规。如果这种心理在作业团队中像瘟疫般蔓延开来，就会不动脑筋，不辨对错，互不监督，群体违章，形成法不治众的局面。尤其是在安全生产负责人、工作负责人、监护人不严格要求依法合规作业的情况下，就会导致群体性违规操作，安全秩序混乱，严重威胁企业的生产安全。

2. 无意与有意违章操作行为分析

违章从主观方面划分为过于自信的违章、疏忽大意的违章和间接故意违章三种。前二者属于无意违章行为，后者应归有意违章行为。

（1）过于自信的违章行为。没有违章的主观故意，但由于客观环境、自身健康和能力不足等原因最终违章了。

1）新员工三级安全培训不到位，业务技术不熟练，安全知识技能不足，导致认知判断有误，违章操作，而违章者主观上却不认为违章。

2）身体或精神病变，力不从心或不能正确辨认自己行为正确与否，可能造成无意违规引发安全事故。

3）身心疲惫，会导致人的生物节律紊乱，生理功能出现障碍，还自信自己能够坚持，这时候就容易能出现违反操作规程的行为。当然也有领导逼迫坚持加班加点的违章指挥情形。

4）劳动环境差，如毒气粉尘超标，身体受到侵害；女工生理期焦躁体弱眩晕仍然坚持工作。

5）冒领军令状，仅凭借精神力量，一腔热血，争抢超过自己能力的艰巨任务。

（2）疏忽大意的违章行为。指在应当预感到但因疏忽大意而没有预感到违章的心理状态下做出的违章行为。

1）作业不专心，分心走神，做出判断错误，做出违章行为。如维修中看错了扭矩读数，没有拧紧螺丝。

2）疏忽大意，不假思索，随手做出违章行为。如误触自动线按钮启动运行，造成事故。

3）遗忘操作程序步骤，扳动方向错误，误触开关按钮，工作结束忘记拆除临时装置造成交通安全事故。

当然这些疏忽大意的违章行为，有时候也受外界刺激而引发，如天灾人祸、家庭纠纷、经济窘困、晋升提拔等。当人的情绪处于兴奋状态或低迷状态，都可能导致违章操作。

（3）间接故意的违章行为。指在明知自己的作业行为可能发生安全事故而放任事故发生的心理状态下做出的违章行为。

1）不使用安全工器具，如不戴安全帽操作更方便舒适，不系安全带操作比系安全带操作更灵活便捷。

2）不严格按照规程作业也未必一定发生事故。

3）为省事不按规定的步骤检查。违章者为图省事直到最后工序结束前才检查，常常就造成了全部返工，这时候损失就大大超过了违规"节省"的时间，有时甚至造成不可挽回的事故损失。

4）操作无人监护。某些操作没有人监护不一定就出事故。

以上违章行为，作业者明知可能导致安全生产事故但却放任自流。这些违章作业者共同的"理论"基础就是，以较小付出获得较大的效果。这些违章行为可以使得作业灵活舒适方便快捷、节约时间、提高效率。而实际上呢？

（1）风险大小取决于事故严重程度与事故概率的乘积。也就是说，即使该事故概率很小，但事故严重程度可能很高，其风险也照样会巨大。不戴安全帽进现场不一定会被打击受伤，但一旦受到高处落物伤害，或死或伤则是必然的。

（2）作业人员个人操作舒适、效率提高是个人需求，按规程操作来安全完成任务是企业需要。任何个人需求如果与企业的安全需要发生矛盾，必须服从企业安全生产；衡量代价与效果的标准首先是企业安全生产，其次才是个人以较小代价获得较高效益。如果能保证自己、他人和集体的安全，又能获取高效益，无疑值得肯定。

（3）还有的违章操作未必立即显现事故，而是为后来发生安全事故埋下了隐患。如：

设备检修完毕之后，螺钉没有拧紧，就有可能在设备投入运行后发生振动影响系统运行质量，甚至零部件脱落造成机毁人亡的事故。因检修需要移开了孔、洞的安全遮栏，工作结束后没有复位，有可能导致他人误入孔洞坠落伤害。

五、治理"三违"对症下药

1. "三违""五性"治理

"三违"具有习惯性、顽固性、感染性、普遍性和经常性"五性"。

（1）习惯性。"三违"具有明显的习惯性。在第二章第一节中，已论述过员工个人通过听觉视觉、观想冥想、自我暗示等方法植培安全意识，改变"三违"习惯。

企业要充分利用每一个员工接受和吸收途径，对员工在听觉上，通过学习安全法律法规、安全会议、广播等方式，灌输安全法规政策、安全知识等强化安全意识。在视觉上，在适当的地方，设置安全标志、安全标语、口号提醒、橱窗案例等加浓安全氛围。在思想上，积极开展安全生产课题研究，开展班组安全例会，总结经验教训，帮助企业保证安全生产。对于安全规程，要活学活用，首先要背熟记住，且做到举一反三。

（2）顽固性。狠抓安全生产责任制的贯彻执行，发现违章行为绝不姑息，紧盯不放，一直到违章者真正从内心深处认识到违章的危害，坚决摒弃三违习惯。对于违章者的处理，坚持公开公平公正原则，执行"四不放过"毫不动摇，领导要具有公正无私的宽阔襟怀和雷厉风行的工作作风。

（3）感染性。违章的感染性就像疫情，四处蔓延，无孔不入。清根源，堵源头，层层监管，及时掐灭。不管"三违"行为发生在负责人、安监人员还是员工身上，都必须铁面无私，对行为不对人。

（4）普遍性。"三违"不是固定发生在某几个人的身上，而是广泛出现，只是个体概率大小的区别，不要把任何人当作百分之百的安全作业者，要广泛教育培训，有则改正，无则镜鉴。

（5）经常性。对"三违"这一顽症，必须时时抓、天天抓、月月抓、年年抓；必须抓早、抓小、抓实，坚持深入抓、反复抓。安全生产常态管理，不搞形式，不走过场，踏踏实实做好自家的安全生产。不刮风常下雨天天打雷，警钟长鸣，时时警觉。

以上"三违""五性"是违章作业人员的主观原因。

2. 引起"三违"的客观因素

（1）安全管理不足。重视生产效益，忽视安全管理。生产单位领导没有摆正经济效益和安全生产的位置，导致安全氛围淡薄，安全意识缺失。人的行为受人的意识所支配。当管理者没有真正树立"安全第一、预防为主、综合治理"的思想意识时，绝不可能做好安全生产管理。要通过各种形式经常对员工进行教育，使全体员工认识到，安全就是效益，违章必然出事故。

（2）领导与安全负责人安全履职不到位。企业领导不重视国家的安全生产法规政策，致企业安全生产规章制度、操作规程不健全、不完善或滞后于技术进步。安全检查走过场、摆形式，隐患整改不及时、不彻底。反事故措施和活动不落地，对违章行为熟视无睹，不予严厉批评指正。员工自然在内心产生安全生产松懈的心理。

（3）工作枯燥容易心理疲劳。好多重复千百万次的机械枯燥的操作，容易令操作人员产生心理疲劳，作出"三违"行为。其实他们早已熟能生巧了，应采取轮岗作业，让员工不断对工作抱有新鲜感，而且还实现一专多能，有利于人力资源的调配。其次，正因为几十年如一日的机械枯燥的操作，有的员工自恃技术已经炉火纯青。于是，疏于注意，不守安规，习以为常，不做安全检查，也不排除隐患，一旦事故突发，照样惊慌失措、手忙脚乱。

（4）生产安全环境不符合规定。劳动条件差，工作场所坑洼不平，环境脏乱差。毒气、粉尘超标；温度过高过低，肢体活动不灵，影响操作行为正确；车间嘈杂，精力难以集中，以致分心走神；工作机械落后，操作复杂且安全系数低；工作区、通道不分，工件摆放杂乱无章，容易发生磕碰摔倒事故。

六、如何开展反违章活动

1. 植培良好的企业安全文化

植培良好的安全文化氛围，企业上下内外对违章行为的态度，对违章者的思想意识具有很大的影响。虽然违章发生在个人身上，但它不是一个孤立的事件，群体安全文化氛围能够加强和提高全员的安全责任意识和法律意识。这是最根本、最有效的措施，需要长期坚持。这种文化得以延续发扬，就要不断挤压违章的空间，最终使违章行为无处躲藏。企业员工浸润在浓郁的安全生产文化中，全员会逐步强化安全生产和担当安全责任的意识，对违章行为嫉恶如仇，让违章操作没有存活的土壤。

在硬件方面，企业总体布局（如危险车间、办公区域、安全消防等）设计依法合规；生产设备先进，安全可靠，操作方便。在视觉文化方面，安全口号标语、标语标牌、LOG图画等数量充足，位置恰当，应有尽有。

在软件方面，以教育培训和安全活动为主，"安全周""安全月"、安全演讲会、安全知识竞赛、反事故演练等活动常态化进行。

2. 领导重视，全员参与，亲情助阵

坚持"以人为本、从我做起"的理念，领导以身作则，率先垂范。企业领导和安全管理人员对从业人员的不良精神状态要及时了解、掌握，弄清问题所在。促膝谈心，解决困难，邀请鼓励员工亲属们，构筑安全统一战线，让员工的亲人们积极支持生产一线作业人员，让他们宽心放心，以良好的精神状态投入到工作中去。经常苦口婆心嘱咐提醒自己的亲人，为了自己，为了他人，为了家庭和亲人，为了企业和社会，彻底摒弃各种违章行为，

尤其是习惯性违章，做到时时远离事故，天天安全回家。

3. 做好基础工作，抓好安全重点

对违章行为要重点关注看上去不起眼的小错不断的违章行为，因为没有引发大事故而没有引起重视。实际上这是安全工作的重中之重。如：①不信规程信经验，认为违反安全规程也不会造成事故；②口是心非，口头上遵守安规，但无人监护时却随意作业；③沿袭违规的不良作业习惯；④追求效率，违规作业；⑤因事先准备不足，仓促作业而违反安全规程；⑥危险点不清，马马虎虎上阵作业，凭想当然而造成违规行为；⑦不专心工作，因外部环境影响而违反安全规程；⑧专业素质低，不了解安全规程和安全技能，自我保护意识不强，不自觉的违反安全规程等。

生产重点部位和重点环节应抓紧抓好，全方位做好安全管理工作的预控、可控、在控。对于重点部位，例如电力行业中带电作业、刀闸操作、汽轮发电机检修；化工行业中有害有毒气体高压管道与容器的检测与管理；机加工行业中大件复杂件的铸锻、冷加工、热处理等。对于重点环节，运行交接班、工作中断、扩大改变工作内容、工作转移间断等环节。

4. 执行安全生产规章制度和操作规程毫不动摇

《管子·法法》说，"不法法则事毋常，法不法则令不行。"《安全生产法》第五十四条规定，从业人员在作业过程中，应当严格遵守本单位的安全生产规章制度和操作规程，服从管理，正确佩戴和使用劳动防护用品。安全生产规章制度和操作规程是从业人员用鲜血和生命写成的，决不许我们再用鲜血生命来验证它！我们必须遵章守纪，令行禁止！

5. 不断完善安全规章制度，做到有章可循、违章必究

坚持天天班前会和班后会，每月开展一次习惯性违章的自查和互查，严查严惩，同时要恩威并施，刚柔相济。教培为主，教罚结合。严格执行安全生产责任制，严格劳动纪律和规章制度考核奖惩，出现违章层层追究，各负其责，以增强制约机制的刚性，使"三违"习惯者经几次"火炉"教训，逐步抛弃"三违"恶习。

配备安全监察机构，采用先进的技术手段，及时查处习惯性违章，曝光违章者，褒扬安全生产的先进人物，两相对比，增强职工的安全荣辱感。此外，从业人员是生产经营单位的主人公，要主动做好安全生产，在严格执行本单位的安全生产规章制度和操作规程的同时，发挥自己的主观能动性，即像《安全生产法》第五十条规定，"生产经营单位的从业人员有权了解其作业场所和工作岗位存在的危险因素、防范措施及事故应急措施，有权对本单位的安全生产工作提出建议。"

6. 万无一失远远不达安全生产管理的目标

我们平时强调安全生产要做到万无一失，其实万无一失是远远不够的。

一个企业有运输、加工、制造、销售多个环节，小到一台汽车约有 2 万个零件，大到如美国宇航局技术总监布恩说，萨顿 V 号（推动大太空飞船的火箭）有 5600000 个零部件，

按万无一失的可靠率计算，汽车有两个零件不合格，如果是两个重要零件恐怕要趴窝，萨顿 V 号有 560 个零部件不合格（实际上，试验时只有仅仅 2 个不合格就会出现异常）。试问有 560 个零部件不合格的航天器能飞上天去吗？答案显然是否定的。

安全生产管理只做到万无一失，一个企业、一个单位、一个国家还能生存下去吗？答案是否定的！殊不知，在安全生产中，有时候仅仅数千万分之一的差错，就会引起惊天大案，造成无可估量的损失！

案例 5-11 1986 年 1 月 28 日是寒冷的一天，气温是 32 华氏度。这天早晨，在美国佛罗里达的卡那维拉尔角，比天气更让人心寒的是挑战者号航天飞机发生的悲剧。成千上万名参观者聚集到肯尼迪航天中心，等待一睹挑战者号腾飞的壮观景象。上午 11 时 38 分，耸立在发射架上的挑战者号点火升空，直插苍穹，看台上一片欢腾。但航天飞机飞到 73 秒时，空中突然传来一声闷响，只见挑战者号顷刻之间爆裂成一团橘红色火球，碎片拖着火焰和白烟四散飘飞，坠落到大西洋。价值 10 亿美元的挑战者号发生爆炸，全世界为之震惊。尽管在发射前夕生产商塞尔科尔公司的工程师警告不要在低于 53 华氏度的冷天发射，但是由于发射已被推迟了 5 次，所以警告未能引起国家宇航局官员的重视。总统咨询委员会成员费曼指出，低温使得 O 型密封环弹性消减变硬，因而不能密封间隙，致使密封失效所致，并当场给总统咨询委员会成员作了实验。这个密封环位于右侧固体火箭推进器的两个低层部件之间。失效的封环使炽热的气体点燃了外部燃料罐中的燃料导致挑战者号爆炸。飞行档案记录也证明，O 型密封环的最低飞行温度是 53 华氏度。

案例评析 发射环境气温不符合设计规定和运行气温记录，即使推迟一万次发射也是小事。违反规定，意气用事致使挑战者号发生爆炸和七名科学家殒命才是惊天大事。安全生产的规程是由科学规律和实践经验确定的，而不是主观的人为行为。一旦违背规程，安全事故次然发生，剩下的只是时间问题了。

第三节 安 全 规 程

各行各业的安全生产活动只有遵循着本行业的安全生产规律才能有条不紊地进行着，一旦逾越本行业的安全生产规律，就要出事故，遭受人身、财产的损失。这各行各业安全生产的规律就是安全生产规章规程。以下以安全规程为例加以论述。

一、安全规程是各行各业安全生产的指导书

安全规程不是大手笔的妙文章，而是各行各业安全生产管理经验教训的详细总结和梳理。历经一代代行业人的不断实践、积累、总结，不断纠正，不断完善，与时俱进，才会汇集提炼成安全作业的约束规范。这些规范不是企业领导和工程师的作品，他们中有的充

其量只是个执笔者，所有安全事故的第一手资料都是一代代行业人在身体力行的生产实践中获得，是他们共同创造的约束规范。

二、安全规程是由鲜血和生命写成的

与其说安全规程是制定的，倒不如说是用鲜血和生命换来的。各行各业的安全作业规程都是随着一代代行业人的受伤流血甚至付出生命，一步步接受教训积累经验逐步完善的。因此我们说：生命作笔，鲜血为墨，世代修正，用鲜血和生命换来的安全规程，决不许我们再用鲜血生命来验证它！譬如，在改正线路作业地段两端要挂接地为"各工作班工作地段各端和可能反送电的各支线（包括用户）都应接地"之前，有谁知道已经为此项不完善的规范付出了有多少鲜血和生命？

三、安全规程是不可逾越的高压线

安规是企业的安全大法，严格遵守安规是每个员工的义务。

作为生产经营单位的员工，我们必须严格执行安规。只有令行禁止，合规操作，才能摒弃"三违"，安全生产。

我们对安全制度和安全规程要怀着敬畏之心。生命无价，敬畏安全制度和安全规程就是敬畏生命，珍爱健康。

违章就是犯法。《安全生产法》第五十七条规定，"从业人员在作业过程中，应当严格落实岗位安全责任，遵守本单位的安全生产规章制度和操作规程，服从管理，正确佩戴和使用劳动防护用品。"不守安规违章作业，就是违反安全生产法。我们必须遵章守纪，严守安规！在安全生产规章制度和操作规程改版之前，从业人员必须循规蹈矩，不得逾越。

各行各业大量的安全事故血淋淋地警告我们：有事故必有违章！

《安全生产法》第五十七条是对从业人员依规守法的规定。对于一个生产经营单位，从一把手到安全生产管理部门都有一份依规守法的责任。对此《安全生产法》分别有如下规定。

《安全生产法》第二十八条第一款"生产经营单位应当对从业人员进行安全生产教育和培训，保证从业人员具备必要的安全生产知识，熟悉有关的安全生产规章制度和安全操作规程，掌握本岗位的安全操作技能，了解事故应急处理措施，知悉自身在安全生产方面的权利和义务。未经安全生产教育和培训合格的从业人员，不得上岗作业。"

第二十一条第二项"生产经营单位的主要负责人对本单位安全生产工作负有下列职责：（二）组织制定并实施本单位安全生产规章制度和操作规程；"第二十五条第一款第一项"生产经营单位的安全生产管理机构以及安全生产管理人员履行下列职责：（一）组织或者参与拟订本单位安全生产规章制度、操作规程和生产安全事故应急救援预案。"

四、安全规程的刚性和人性化

安全规程和安全技术规章是刚性的，是必须遵守的，不允许讨价还价，不允许打折执行，违反安全规程即使没有发生事故也要受到惩罚。但是安全规程又是人性化的。以《国家电网公司电力安全工作规程（配电部分）》为例，"5.3.6 砍剪树木时，应防止马蜂等昆虫伤人蜇人。5.3.7 上树时，应使用安全带，安全带不得系在待砍剪树枝的端口附近或以上。不得抓攀最弱和枯死的树枝；不得攀登已经锯过或砍过的尾端树枝。"对这些苦口婆心的叮咛难道你没回味到比你儿时爸妈对你爬墙头、爬树、掏鸟窝的叮咛更加充满爱心，更加细致入微吗？不仅细腻而且还有科学道理，岂止仅仅是一句千万要注意啊！而是告诉你注意哪些危险的点、怎么躲避、采取什么措施等。

反反复复学习安规。学习安规是任何生产行业的一项基本制度。天天学、时时学，工作前针对危险点预习，作业中发现违章行为提醒，作业后做安全总结。

随时随地执行安规。定期进行事故演习，每天的针对性安规问答，作业前安全交底，作业中严格执行。

这一切表面严酷而实际人性，都是为了作业人员的生命和健康。

思其所以危，则安矣；思其所以乱，则治矣；思其所以亡，则存矣

——唐·魏征《论时政·第三疏》

第六章　安全生产管理理论

1939 年，法默（Farmer）和查姆勃（Chamber）等人提出了事故频发倾向理论，即生产企业存在少数具有事故频发倾向的工人即事故频发倾向者是安全生产事故发生的原因。事故频发倾向是指个别容易发生事故的个人稳定的内在倾向。后经数十年的实验与研究，很难找出事故频发者定的个人特征。韦勒（Waller）对司机的调查，伯纳基（Bernacki）对铁路调车员的调查，都证实了调离或解雇发生事故多的工人以后，企业没有减少伤亡事故。例如，在某一段时间里发生事故多的人，在以后的时间里由于劳动条件的改善，往往不再发生事故或发生事故次数大为减少，并非某人永远是事故频发倾向者。

1931 年，美国的海因里希（Heinrich）提出了强调管理人的不安全行为的多米诺骨牌理论。1961 年吉布森（Gibson）和哈登（Hargen）与之相对提出了能量意外释放理论，强调要管控能量，管控物的不安全状态。1961 年约翰逊（W.g.jonson）和 1966 年斯奇巴（Skiba）认为，判断到底是不安全行为还是不安全状态，受研究者主观因素的影响，实际上生产操作人员与机械设备两种因素都对事故的发生有影响，于是提出了轨迹交叉理论。自 20 世纪 50～60 年代始，美国研制洲际导弹的过程中，系统安全理论应运而生。这是从整个系统角度研究安全管理的一种理论。该理论囊括并刷新了以前传统的安全生产管理理论。

第一节　多米诺骨牌理论

骨牌游戏（牌九）源于中国北宋钦宗，到南宋高宗时流行广泛。1849 年意大利传教士多米诺把骨牌带回到米兰，始成为欧洲的一种用来游戏或赌博的工具——把骨牌竖立起来排成行，只要轻轻碰倒初始的第一张牌，后边的便会一张碰一张，相继倒下去。谁的骨牌排列得最长最多、图案最复杂，且一发而不可收地倒伏到最后一颗骨牌就是赢家。这就是多米诺骨牌游戏。后来人们把连锁反应称为多米诺骨牌效应。

1931 年美国工程师海因里希（Heinrich）在《工业事故预防》一书中，阐述了工业安全理论。该书的主要内容论述了事故发生的因果连锁理论，后人称其为海因里希因果连锁理论。该理论以多米诺骨牌为模型描述安全生产事故发生的因果关系，故而本节将其演绎为多米诺骨牌理论。

一、多米诺骨牌理论概述

海因里希把工业伤害事故的发生发展过程描述为具有一定因果关系事件的连锁，即人员伤亡的发生是事故的结果，事故的发生原因是人的不安全行为或物的不安全状态，人的不安全行为或物的不安全状态是由人的缺点造成的，人的缺点是由于不良环境诱发或者是由先天的遗传因素造成的。

1. 多米诺骨牌理论内容

海因里希将事故因果连锁过程概括为以下 5 个因素：遗传及社会环境，人的缺点，物的不安全状态，人的不安全行为，事故（伤害）。海因里希用多米诺骨牌形象地描述这种事故的因果连锁关系。在多米诺骨牌系列中，一枚骨牌被碰倒了，则将发生连锁反应，其余几枚骨牌相继被碰倒。如果移去中间的一枚骨牌，则连锁被破坏，事故过程被中止，如图 6-1 所示。

图 6-1　多米诺骨牌

如果下边五块一套的多米诺骨牌摆放正确的话，第 1 块第 2 块骨牌向右倒下去，不抽掉第 3 块的话，第 4 块第 5 块就相继倒下去——也就是发生了事故，或许还伴随着伤亡。理论上讲，发生事故必有伤害，但是对于那些低于轻微等级的、可以忽略的"伤害"，如心理被惊吓，皮肤被剐蹭，肌肉组织被挤压但无损伤的"伤害"，海因里希法则 1∶29∶300 则认为属于 300 范围内的"没有伤害"。其次，海因里希因果链理论是用来研究分析事故连锁因果的，不是研究伤害的。有鉴于此，本书除去了原来海因里希因果链理论中的"伤害"这块骨牌。同时把"人的不安全行为或物的不安全状态"这块骨牌分解为"人的不安全行为"和"物的不安全状态"两块骨牌。因为人的不安全行为主要与自身的心理、生理、素质等因素有关，而物的不安全状态主要与安全管理水平和设备环境状态有关，前后二者的行为主体往往是分离的，非一个主体所为。

遗传与社会环境，遗传是人类基因的延续，社会环境由政治经济文化等诸方面因素综合而成，二者皆不是一组织一个企业的一己之力可以改变的。

人的缺点，自私、慵懒、贪玩、物质、图利、侥幸、投机、省事、捷径、炫耀、逞强……

是人类的共性，只是各个缺点的强弱之分而已。每一个劳动者都不可能完全摒弃这些缺点。

物的不安全状态，是对于特定的生产任务中的特定的作业人员操作的特定场合的生产设备存在缺陷和隐患。安全状态取决于日常设备管理，设备维护管理人员责任就是把设备维护到完好的状态。

但是由于前边三个因素不能消除，人的不安全行为就是完成特定生产任务的作业人员做出的不规范的或者错误的操作行为。当然，劳动者可以也应当遵守特定作业的安全规程，做出安全行为。

因此，为了不让"事故"这块骨牌倒下去，显而易见，控制人的不安全行为这块骨牌是最现实、最可行的。在上述多米诺骨牌系列中，遗传没有改变，社会环境没有变好，人的缺点没有克服，企业安全管理不善，存在物的不安全状态，这是很现实的企业安全生产状况。如果作业人员在此状况下没有做出不安全行为就相当于把第 4 块骨牌提起来，形成一个缺口，砍断事故链，中止连锁倒伏反应，事故骨牌依然站立，即没有发生事故，如图 6-2 所示。

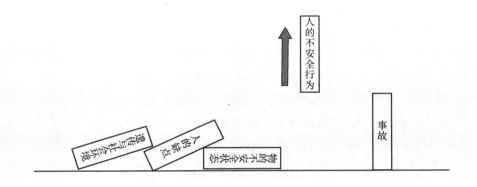

图 6-2　安全多米诺骨牌

所以，海因里希认为，企业安全工作的中心就是防止人的不安全行为，消除机械的或物质的不安全状态，中断事故连锁的进程，从而避免事故的发生。这里应该注意的是，海因里希没有述及人的不安全行为和物的不安全状态的关系，于是重点强调人的不安全行为。应当承认，从单一链条去追踪安全事故发生的过程，分析原因，人的不安全行为的确占有 80%多的比重，但这种思维无疑是淡化甚至忽略了设备不安全状态的原因。

2. 博德（Frank Bird）对多米诺骨牌理论的修正

海因里希多米诺骨牌理论阐明事故伤害五因素链条——社会环境和遗传促成人的缺点表现出来——物的不安全状态和人的不安全行为——导致了事故和伤害。重点强调人的不安全行为和物的不安全状态是事故伤害的原因。

但是，博德（Frank Bird）认为，安全生产以社会环境为背景过于阔大，非一个企业可以改观的。人类的遗传也是自古以来的很久远的沉积演化的结果，无法简单消除不利于安全生产的遗传基因。于是，在此基础上，提出了现代事故因果连锁理论。更接近现实安全生产实践，便于在安全管理中应用。博德事故因果连锁理论认为：多米诺骨牌应由管理缺陷、工作原因、直接原因、事故、损失五块组成。与海因里希的五因素有所不同。

（1）管理缺陷。对于大多数企业来说，设备本质安全是不存在的，随时有发生事故及伤害的可能性。由于各种原因，完全依靠工程技术措施预防事故既不经济也不现实。管理者只能通过全面完善安全管理工作，防止事故的发生。因此说，管理缺陷是造成劳动者不良作业背景的主要原因。

（2）工作原因。也是间接原因，其一是个人原因，包括疏于安全教育培训造成的缺乏安全知识或技能，行为动机不正确，生理或心理状态不良等；其二是工作条件原因，包括安全操作规程不健全，设备隐患、材料不合格，工作场所温度、湿度、粉尘、有害气体、噪声超标、照明不良，工作场地存在害作业因素如洒油地面擦滑、障碍物羁绊、不可靠支撑造成冒顶塌方等。只有发现、分析并控制这些原因，才能有效地防止后续原因的发生——事故的发生直接原因。

（3）事故的直接原因。人的不安全行为或物的不安全状态是事故的直接原因。这种原因是安全管理中必须重点加以追究的原因。但是，直接原因只是一种表面现象，是深层次原因的表征。在实际工作中，不能停留在这种表面现象上，而要追究其背后隐藏的管理上的缺陷原因，并采取有效的控制措施，从根本上杜绝事故的发生。

间接原因包括个人因素及与工作有关的因素。管理上存在的问题或缺陷是导致间接原因存在的原因，间接原因的存在又导致直接原因存在，最终导致事故伤害发生。直接原因与间接原因是紧密关联的。

（4）事故。这里的事故被看作是人体或物体与超过其承受阈值的能量接触，或人体与妨碍正常生理活动的物质的接触。因此，防止事故就是防止承受超阈值的能量，防止非正常物质接触。可以通过对装置、材料、工艺等的改进来防止能量的释放，或者操作者提高识别和回避危险的能力，加强设备防护和佩戴个人防护用具等来防止接触。

（5）伤害。指人员伤害及财物损毁。实际上只要有发生事故就必定有伤害。无非有轻重之分，隐性和显性之分。这里的伤害，包括了海因里希法则 1：29：300 中的 300 范围内的"没有伤害的"伤害。当然更包括工伤、职业病、精神创伤等。在许多情况下，可以采取恰当的措施使事故造成的损失最大限度地减小。例如，对受伤人员进行迅速正确地抢救，对设备及时抢修以减少继续损失。

二、人本原理

海因里希（Heinrich）的多米诺骨牌理论（因果链理论），强调管理人的不安全行为是链条中的关键骨牌，要减少消除事故，重点在管理人的不安全行为。也就是说管理活动中必须把人的因素放在首位。这，就是人本管理原则。

1. 人本原理定义

人本原理就是在管理活动中必须把人的因素放在第一位，体现以人为本的指导思想。"以人为本"，①指一切管理活动均是以人为中心展开的；②在管理活动中，作为管理对象的诸要素和管理过程的诸环节，都是需要人去掌管、运作、推动和实施。

2. 人本原理三原则

（1）能级原则。能级，原子中的电子分别具有一定的能量，并按能量大小分布在相应的轨道上绕原子核运转。这些轨道所对应的能量数值是不连续（像台阶一样）并按大小分级排列的，称为"能级"。 能级原则认为，组织中的单位和个人都具有一定的能量，并且可按能量大小的顺序排列，形成现代管理中的能级。在现代安全管理系统中引入这一概念，建立一套合理的能级序列，即根据各单位和个人能量的大小安排其地位和任务，做到才（能）职（位）相称，才能发挥不同能级的能量，保证结构的稳定性和管理的有效性。人本原理中的能级不是人为假设的，而是客观的存在。在运用能级原则时应该做到三点：①能级的确定必须保证管理系统具有结构稳定性；②人才的配备使用必须与能级对应，人尽其才，各尽所能；③责、权、利与能级对等，在赋予责任的同时授予权利并给予利益，对不同的能级授予不同的权力和责任，给予不同的激励，使其责、权、利与能级相符，才能使其能量得到相应能级的发挥。

（2）动力原则，指管理必须有强大的动力，而且要正确地运用动力，才能使管理运动持续而有效地进行下去，即管理必须有能够激发人的工作能力发挥的动力。基本动力有三类：物质动力、精神动力、信息动力。①物质动力，以适当的物质利益刺激人的行为动机；②精神动力，运用理念、信念、鼓励等精神力量刺激人的行为动机；③信息动力，通过信息的获取与交流产生奋起直追或领先他人的动机。

首先，注意综合协调地运用三种动力，不要仅仅孤立地使用某一种动力，以免单调；其次，培养集体主义意识，正确认识和处理个体动力与集体动力的辨证关系，集体的进步是管理的根本，在此前提下给个体充分发展的自由；第三，积淀安全文化底蕴，处理好暂时动力和持久动力之间的关系；第四，掌握好各种刺激量的阈值，做到适量适当，以免物极必反，起到负面的作用。

（3）激励原则。以科学的手段，就是利用某种外部诱因的刺激调动激发人的内在潜力，使其充分发挥出积极性、主动性和创造性，这就是激励原则。人发挥积极主动创造性的动力来自三个方面：一是内在动力，二是外部压力，三是吸引力。这三种动力相互联系，管理者要善于体察和引导。激励原则的运用要采用符合人的心理活动和行为活动规律的各种有效的激励措施和手段，因人而异、科学合理地采取激励方法和激励强度，从而最大程度地发挥出人的内在潜力。

3. 人本原理的措施目标

安全管理系统各环节都是人掌管、运作、推动和实施的。所以把适合的人放在适合的工作岗位至关重要。安全管理就是为了员工的利益把人的因素放在首位，体现以人为本的指导思想，一切管理活动都围绕人展开，人既是管理的主体，又是管理的客体，每个人都处在一定的管理层面上又在工作岗位上，离开人就无所谓管理。一切管理活动都必须以调动人的积极主动性和创造性为根本，通过有效地激励措施，增强员工物质、精神、信息三大动力，使他们主动地、能动地履行安全职责，实现个体和整体的安全目标。

三、多米诺骨牌理论在各行业的细化延伸应用

多米诺骨牌游戏的连锁反应后来称之为多米诺骨牌效应。这个效应启示我们：一个很小的初始能量，就会导致一系列的连锁反应。而且这一连串的反应，一旦开始如果不加制止，就会一气儿倒伏到底，像流体一样势不可挡直至冲垮整个体系。但人们也从中发现了中止倒伏的方法：在长长的骨牌系列中剔除一块骨牌，其后边未倒下的骨牌就不再倒下去了。如同森林救火，在未燃烧的地带清除一条隔离带，就会中断火势的蔓延。

生产过程的一系列的作业行为类似于一系列的骨牌，如果每个行为都违章，那就像多米诺骨牌倒伏到最后一样，发生安全事故。在这一系列的行为中哪怕只有某一个行为合规操作了，事故链就断开了，就不会发生事故。仿佛多米诺骨牌倒伏到剔除的那一块的位置戛然而止。

海因里希理论经过博德的修正，对于具体的安全生产行业而言，依然笼统概括，不能与具体行业的生产作业对号入座。下面通过对不同行业事故连锁反应来说明，多米诺骨牌理论在各行业的细化延伸应用。如下因果链分析中，设若骨牌站立着（步骤环节）就是合规操作，倒下去就是违章作业。

1. 机械行业

操作切削机床，采用自动进刀切削螺纹，如图 6-3 所示。第一行多米诺骨牌是正确作业的过程：①开车工作前戴好防护镜→②设置好停止进刀位置→③车刀行至螺纹末端自动停止进刀→④车刀与卡盘不会碰撞→⑤车刀尖不会断裂→⑥刀尖不会飞出击中操作者眼睛的事故。可见，只要每一步骤都合规操作是不会发生事故的。

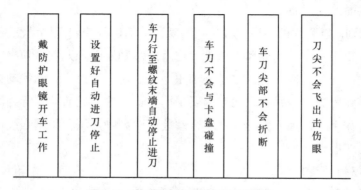

图 6-3 自动进刀切削螺纹正确操作

第二行多米诺骨牌。①开车工作没戴防护眼镜→②忘记设置好停止进刀位置→③车刀行至螺纹末端时没有及时停止进刀→④车刀与卡盘碰撞→⑤刀尖断裂→刀尖飞出击中操作者眼睛重伤。步骤①②③全部违规作业，所以全部骨牌，顺次倒伏下去，酿成断裂刀尖飞出击中操作者眼睛的重伤事故，如图 6-4 所示。在整个事故链中，竟然没有一个步骤是合规操作的！

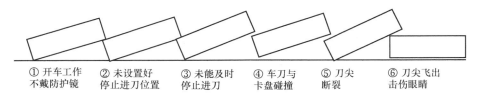

图 6-4　自动进刀切削螺纹全部错误操作

第三行多米诺骨牌的第①②步骤全部违规作业，步骤①②倒下去了。但到了第③步骤，提起了骨牌③形成了缺口，即车刀行至螺纹末端及时手动停止了进刀，砍断了因果链，所以④⑤骨牌依然站立——就是没有发生折断刀尖伤害眼睛的事故，如图 6-5 所示。

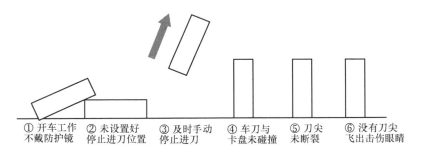

图 6-5　自动进刀切削螺纹中止错误操作

在这个事故链中，即使步骤①②全违规了，如果能提起第③块骨牌，也就是在车刀行至被切削螺纹杆件末端时及时停止进刀，也就不会发生车刀与卡盘碰撞，不会断刀伤害眼睛。

当然，步骤①戴好护目镜即使刀尖断裂也未必伤害眼睛；第②步骤就设置好自动停止进刀位置，即使未注意车刀已经行至螺纹杆件末端也不会发生车刀与卡盘碰撞事故，不会伤害眼睛。可以见出，一系列的违章作业促成事故发生，只要有一个步骤遵守安全作业规程，即可砍断事故链，避免事故发生。

2. 建筑行业

建筑工人脚手架上高处临边作业。①脚手架防坠网是否坚固→②作业系不系安全带→③是否作业不慎失足→④坠落与否→⑤伤亡与否。

第一行多米诺骨牌：物的不安全状态和人的不安全行为皆未发生。①脚手架防坠网坚固→②作业系安全带→③谨慎作业注意脚下→④没有发生坠落→⑤没有伤亡，如图 6-6 所示。

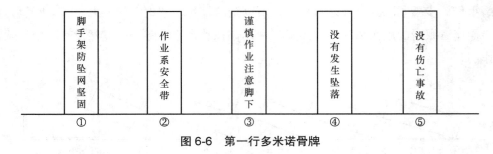

图 6-6　第一行多米诺骨牌

第二行多米诺骨牌：①脚手架防坠网破损→②作业不系安全带→③作业不慎失足→④坠落→⑤伤亡，如图 6-7 所示。

图 6-7　第二行多米诺骨牌

第三行多米诺骨牌：①脚手架防坠网破损→②作业不系安全带　→③谨慎作业没有失足→④没有发生坠落→⑤没有伤亡，如图 6-8 所示。前两个步骤都违章作业，但是只要有一个步骤合规作业，相当于提起第③块骨牌——谨慎作业没有失足，就会中断事故的发生。

在建筑工人高处临边作业中，同样发现，在一系列的违章操作步骤中，只要有一个步骤遵章合规操作就会砍断事故链条，中止事故继续发生。

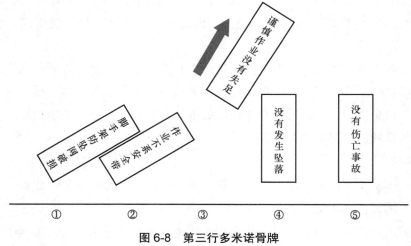

图 6-8　第三行多米诺骨牌

3. 电力行业

以蹬杆作业（清扫或检修）高压电力线路作业为例说明这个原理。假设骨牌站立就是合规操作，骨牌倒下就是违章操作，剔除的一块示意向上提起。

第一行多米诺骨牌是正确的作业过程。清扫高压电力线路作业之前：①开工作票→②做好安全措施→③检查穿戴铁鞋安全带→④有人监护→⑤核对线路名称杆号并检查杆塔是否有缺陷、歪斜→⑥蹬杆→⑦蹬到作业位置（接近安全距离）之前验电→⑧确认没电就位开始作业→⑨不会触电→⑩不会悬挂或坠落二次伤害，如图6-9所示。

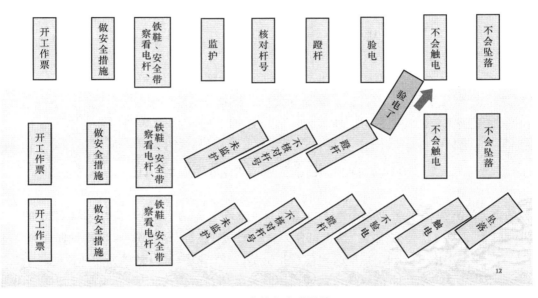

图 6-9　事故多米诺骨牌

在第二行多米诺骨牌中，①开工作票→②做好安全措施→③穿戴好铁鞋安全带前三个步骤全部合规作业。前三块骨牌站立。从④无人监护（未履行监护职责）→⑤没有核对线路名称杆号并检查杆塔是否有缺陷、歪斜→⑥盲目蹬杆，这三个步骤全部违章作业，三块骨牌倒下去了！但是注意，在⑦蹬到作业位置（接近安全距离）之前验电了。发现有电，就乖乖下杆了，没有发生触电，当然也就没有悬挂或坠落事故。验电这一合规动作相当于提起了第⑦块骨牌，砍断了事故因果链！所以第⑧⑨块骨牌依然屹立未倒。这种情况有惊无险：作业过程中间违章了，后来验电操作合规了。

第三行多米诺骨牌中，步骤①开工作票→②做好安全措施→③穿戴铁鞋安全带，均合规作业。从步骤④无人监护（未履行监护职责）→⑤没有核对线路名称杆号→⑥盲目蹬杆→⑦蹬到作业位置（接近安全距离）之前没有验电验电，继续蹬杆→⑧线路带电（误蹬带电杆塔），触电！→⑨坠落伤亡！如图6-9所示。

由上三个行业事故因果链可以发现：①作业中只要有一个环节遵章操作就会切断事故

链条（中止骨牌继续倒伏）。②事故往往不是由一个或几个单独的违章行为引发的，而是由一连串（顺序性）的违章导致的恶果！③凡有事故，必有违章。

4. 因果关系原则

因果关系，即事物之间存在着某一事物是另一事物发生的原因这种关系。多米诺骨牌理论主要强调了单一链条的事故的因果关系——事故是一连串因素互为因果连续发生的最终结果。一个因素是前一因素的结果，而又是后一因素的原因，环环相扣，导致事故的发生。事故的因果关系决定了事故发生的必然性，即事故因素及其因果关系的存在决定了事故或迟或早必然要发生。从事故的因果关系中认识必然性，发现事故发生的规律性，变不安全条件为安全条件，把事故消灭在早期起因阶段。掌握因果关系原则，就是要重视事故的原因，砍断事故因素的因果关系链环，消除事故发生的必然性，从而从根本上防止事故的发生。这就要找出因果链中引发事故的关键环节骨牌，让事故链的反应戛然而止。事故必然性来自于因果关系，深入认识发现事故发生的客观规律，精准确定事故因果关系链的关键骨牌至关重要，既能及时砍断事故链条，又可以节约安全生产管理的资源。

第二节 能量意外释放理论

参照《企业职工伤亡事故分类》（GB 6441-1986），综合考虑起因物、引起事故的诱导性原因、致害物、伤害方式等，伤害可分为 20 类。追根求源这些伤害都为不同形式的能量所致。工业生产中广泛利用热能、电能、机械能或化学能等可以转变为其他形式的能量为人类做功，如通过燃烧可燃烧物可释放出大量为人们利用的热能，燃煤烧锅炉产生蒸汽驱动汽轮发电机发电。但是，一旦背离了人们所希望的渠道和方向，就会发生安全生产事故。但人们不希望可燃物燃烧——火灾会造成人们烧灼、烫伤、中毒窒息。本节将从能量和环境角度论述安全事故发生致人伤害和物损毁的原理和防范措施。

一、能量对人的伤害和物的损毁

上一节述及人的不安全行为是导致事故发生因果链中关键的一颗骨牌。这里从设备装置和环境对作业人员的伤害角度论述安全事故对作业人员伤害和设备损毁的起因和形式——这就是能量以外的释放原理。

1. 能量意外释放概述

能量在人类的生产、生活中是不可缺少的，人类利用各种形式的能量做功以实现预定的目的。

（1）能量。物质能对外做功，即该物质具有能量。能量有动能（$E = \frac{1}{2}mv^2$）、势能（$W = mgh$）、热能（$Q = cm\Delta t$）、电能（$W = IUt$）、化学能（如铁燃烧：$3F_e + 2O_2 =$

$F_{e3}O_4$ + 大量的热能）、生物能（如 1g 糖平均产生热量为 17.4kJ、1g 脂肪平均产生热量为 40kJ、1g 蛋白质平均产生热量为 17.9kJ）、核能（$E = mc^2$）等。一种形式的能可以转化为另一种形式。

（2）能量的释放。一般情况人们让能量按照人的意志释放、转移或流动用来做功，为人们完成要做各种各样的工作。打出飞行的子弹具有动能可以击伤敌人；举起的大锤储备势能，落下后砸碎石头；具有热能的气体可以蒸熟食物供人享用；电网的电能可以驱动电动机旋转带动不同的工作机工作等。

（3）能量意外释放致害。人类在利用能量的时候必须采取措施控制能量，使能量按照人们的意图产生、转换和做功。

如果上述这些能量不以人的意志为转移而出人意料地释放、转移或流动，就会给人和物造成伤害和损毁。如高压气体罐的爆裂，高压气体的冲击波浪会把人体高速摔到其他物体如机械设备、墙壁上，碰撞受伤；高热气体管道爆炸，迅猛释放高压、高热气体热能转移到人体表面进而至体内造成烫伤。山上滚下的大石头砸毁矿山机械。又如触电，高压带电设备的电能通过其部件或外壳流动转移到人体，致人体受到电击和电伤。

以上是外界能量转移到人体、设备上，也有方向相反的例子：外界能量转移到人体和物体。如冻伤，则是人体的热能迅速流转到其他物体（金属设备）或空气。如严寒冬季的早晨，用舌头舔金属的门环，就会把舌头冻结在门环上而受到伤害。

实际上，某些人和物的伤害不是能量意外释放造成的，例如工作环境粉尘超标造成石肺病，有害气体超标造成中毒安全事故现象就很难用能量不按人的意志而转移造成的理论来解释，而是有毒有害环境的伤害。但是，能量意外释放理论还是给大多数安全事故、给人和物的伤害和损毁提供了理论依据和防范措施。

2. 能量意外释放理论的相关因素

（1）能量意外释放理论的提出与完善。如果由于某种原因失去了对能量的控制，就会发生能量违背人的意愿意外释放或逸出，必然造成事故。1961 年，吉布森（Gibson）提出，各种形式的能量不正常或以不希望的形式释放达及人身、设备和环境造成伤害和损毁就是安全生产事故。因此，各种形式的能量是构成伤害的直接原因，应该通过控制能量或控制作为能量达及人体媒介的能量载体来预防伤害事故。能量载体如高速运行的高铁、汽车，举起的大锤、空中的悬挂物，高压气体罐、燃气罐、油罐，盛满钢水的钢包、带电的物体、核反应堆、尖利啸叫的音响设备等。

1966 年，在吉布森研究的基础上，美国交通运输部安全局局长哈登（Harden）完善了能量意外释放理论，提出"人受伤害的原因只能是某种能量的转移"，并提出了能量逆流对人体造成伤害的分类方法。他将伤害分为两类：第一类伤害是由施加了局部或全身性损伤阈值的能量引起的；第二类伤害是由影响了局部或全身性能量交换引起的，主要指窒息和冻伤。

哈登认为，在一定条件下，某种形式的能量能否产生造成人员伤亡事故的伤害取决于能量大小、接触能量时间长短和频率，以及力的集中程度。根据能量意外释放论，可以利用各种屏蔽来防止意外的能量转移，从而防止事故的发生。

（2）伤害事故原因：①接触了超过机体组织（或结构）抵抗能力的某种形式的过量的能量；②有机体与周围环境的正常能量交换受到了干扰（如窒息、淹溺等）。因而，各种形式的能量是构成伤害的直接原因。同时，也常常通过控制能源，或控制达及人体媒介的能量载体来预防伤害事故。

（3）常见能量伤害：机械能、电能、热能、化学能、电离能及非电离辐射、声能和生物能等形式的能量，都可导致人员伤害。其中前四种形式的能量引起的伤害最为常见。

1）机械能：意外释放的机械能是造成工业伤害事故的主要能量形式。处于高处的人员或物体具有势能，当具有势能的人意外释放势能时，即发生坠落或跌落事故；当物体具有的势能意外释放时，将发生物体打击等事故。除了势能外，动能是另一种形式的机械能，各种运输车辆和各种机械设备的运动部分都具有较大的动能，工作人员一旦与之接触，将发生车辆伤害或机械伤害事故。

2）电能：现代化工业生产中广泛利用电能，当人们意外地接近或接触带电体时，可能发生触电事故（电击或电伤）而受到伤害。

3）热能：生产中利用的电能、机械能或化学能可以转变为热能，人体在热能的作用下，可能遭受烧灼或发生烫伤。

4）化学能：有毒有害的化学物质使人员中毒，是化学能引起的典型伤害事故。

3. 决定伤害和损毁程度的因素

（1）能量大小。能量越大，对人的伤害和物的损毁越大，反之越小，如瞬间（0.1秒）触及了电压 10000 伏特、电流 1 毫安的带电设备，因为其能量 $W = IUt = 0.001 \times 10000 \times 0.1 = 1$（焦耳），不会对人体造成什么伤害。假设在真空中，一粒尘埃（百分之一克）从 5000 米高空落到你的头上也不会造成什么伤害，因为落到你头顶时转化动能为：$W = mgh = 0.00001 \times 9.8 \times 5000 = 0.49$（焦耳）。

（2）作用时间。对于热能、电能，当能量一定时，作用时间越长，伤害和损毁就越大，反之越小。如妖怪的蒸锅气体压力和高温保持不变，猪八戒在锅里待的时间越长，烫伤越大。对于电功率 $P = IU$（$U > 36$ 伏特）一定时，作用时间越长，伤害越大（$W = IUt$）。对工频而言，男女致命电流分别为 50 毫安和 30 毫安，能够承受的电击能量分别为 50 毫安·秒和 30 毫安·秒。当然也取决于电流、电压和人体电阻大小。

对于机械能，当能量一定时，作用时间越短，伤害越大。如"动能（$E = \frac{1}{2}mv^2$）"和"动量（$I = mv$）"都是描述物体做机械运动时运动量的大小的量。前者描述物体运动状态变化做功的能力，是个标量。后者从机械运动力学角度描述运动量的大小和方向，是个矢量。

但是二者的"量"成正比例，即动能大动量也大。而动量的变化又等于冲量（$F \cdot \Delta t$）。当运动的物体作用到人体或设备上，动量的变化由 mv 减小到零。也就是说，动量的变化为 mv。根据动量原理，物体动量的增量等于所受到的冲量 $mv = F \cdot \Delta t$，$F = mv/\Delta t$。可以看出，作用时间 Δt 越小，作用力 F 越大，伤害也就越大。这就是一个人从高楼上掉落在硬质地面比掉落在棉花堆上伤害大的道理，因为前者作用时间短、作用力大，后者作用时间长、作用力小。当然还与压强有关，同样大的作用力，一块大平板作用在人体和一个尖锥作用在人体伤害结果也将不一样。这也是日常增大作用面积减小压强，从而减小伤害的道理。

（3）运动物体的质量。其他条件不变，运动物体质量越大，伤害和损毁就越大，反之越小。

（4）作用速度。其他条件不变，运动物体作用到人体和设备的速度越大，伤害和损毁就越大，反之越小。

（5）作用力度。其他条件不变，运动物体作用到人体和设备的作用力越大，伤害和损毁就越大，反之越小。

（6）频率。频率越大，伤害和毁损越大，反之越小。

二、预防原理

1. 预防原理概念

安全管理工作应当以预防为主，即通过有效的管理和技术手段，防止人的不安全行为和物的不安全状态出现，从而使事故发生的概率减到最小，这就是预防原理。

预防，其本质是采取事前的措施，防止伤害的发生。预防与善后是安全管理的两种工作方法。善后是针对事故发生以后所采取的措施和处理工作，是被动的；预防，是事前的、主动的、积极的，是安全管理应该采取的主要方法。安全管理以预防为主，基于生产事故是可防可控的观点。事先在可能发生人身伤害、设备损毁的环节和过程中，查找隐患，消除隐患，防止事故发生。

2. 运用预防原理的原则

（1）因果关系原则。事故与原因是必然的关系。某一现象作为另一现象发生的根据，即为因果关系。起因是事物之间的联系，事故是联系相互作用的结果。因果关系有多样性和多重性。事故形成直接伤害的原因（或物体）比较容易发现，因其后果显见。然而，找出原因的原因，甚至原因的原因以及具体有哪些这样的因果链造成的结果实属不易。因此，在制定预防措施之时，应顺藤摸瓜，由直接到间接的各条因果链深入探索剖析，除患务尽。

（2）偶然损失原则。事故与损失是偶然的关系，即事故损失的偶然性：事故所产生的后果（人员伤亡、健康损害、物质损失等），以及后果的大小如何，都是随机的，是难以预测的。即使反复发生同类事故，并不一定产生相同的后果。所谓损失，包括人的死亡、受伤、健康受损、精神痛苦等。除此以外，还包括原材料、产品的烧毁或者污损，设备破坏，生产减退，赔偿金的支付及市场的丧失等物质损失。这些由于事故而产生的人和物的损失都具有偶然性。就是说，哪怕是反复同类的事故，结果也是不一样的。譬如人的伤害事故，原因可能是：①受害人自身的动作引起：绊倒、坠落、人和物相撞等。②由于物的运动引起：人受飞来物体打击、重物压迫、旋转物扭转、车辆压撞等。③由于接触或吸收化学、辐射等能量引起：接触带电设施触电，受到放射线辐射，接触高温或低温物体，吸入或接触有害物质等。但其伤害程度结果却是不确定的：人体的骨折、脱臼、创伤、电击伤害、放射性伤害、烧伤，冻伤、化学伤害、中毒、窒息，甚至死亡。前已述及，海因里希（Heinrich）综合统计各类事故得出法则：无伤害 300 次，轻伤 29 次，重伤 1 次，即 1：29：300。实际上不仅是数学比率的含义，也意味着事故的伤害程度如何存在着偶然性。

对于设备、材料的损毁也具有偶然性。一场火灾，一次瓦斯爆炸破坏地点、空间和设备种类数量程度都具有偶然性，是无法预料的。一个事故产生的损失大小、种类由偶然性决定。即使反复发生的同样事故也并不一定产生相同的损失。这个偶然损失原则的意义在于防止损失发生。

（3）3E 原则。根据造成人的不安全行为和物的不安全状态的主要原因：技术、教育、身体和态度、管理。在安全管理上应该采取三种防治对策，即工程技术（Engineering）对策、教育培训（Education and training）对策、法制（Enforcement）对策，这就是 3E 原则。

1）工程技术（Engineering）对策。当设计机械装置或工程以及建设工厂时，要认真地研究、讨论潜在危险之所在，预测发生某种危险的可能性，从技术上制定防止并解决这些危险的对策，工程一开始就把它编入蓝图。按此蓝图实施了安全设计后，还要制定相应的检查和保养技术措施，以确保原计划的实现。为此，必须掌握所有有关的物质和材料的知识，弄清机械装置、设施构造，及其危险性质和控制的具体方法。因此，不仅有必要归纳整理各种已知的资料，而且还要预测要测定有关性质未知的危险物质的各种危险状况数据资料及其他有关资料，并进行实验验证。比如机械零件加工装卡定位的防呆法、机械部件运动行程的限位、各行业机械的安全闭锁装置和各行业生产线自动安全系统等。

2）教育培训（Education and training）对策。狭义上是指各行各业对员工实施法律法规、安全心理、业务技术技能、安全作业规程等方面进行教育培训。从社会基础原因出发，安全教育应当尽可能从幼年时期就开始，从小就灌输对安全的良好认知并养成安全习惯，还应该在中学及高等学校中，通过实验、运动竞赛、远足旅行、骑自行车、驾驶汽车等实行具体活动进行安全教育和训练。

3）法制（Enforcement）对策。除国家法律法规和国家标准以外，还有各行各业的安全规程和标准，公司、工厂内部的安全作业规范和作业标准等。这些法制性质的规范，就是指导员工安全作业的"法律"和指导书。欲使法制对策落到实处，就要采用强制原则。强制，就是在讲明白道理的基础上的服从，不以被管理对象的意志为转移。即采取强制管理的手段控制人的意愿和行动，使个人的活动、行为等受到安全管理要求的约束，从而实现有效的安全管理，这就是强制原理。安全管理基于以下原因采用强制原理：①事故损失的偶然性；②人的"冒险（捷径）"心理；③事故损失的不可挽回性；④安全管理的目的性。

实际上不仅安全管理，任何性质的管理过程中都不可避免地对被管理者施加带有强制性的作用和影响，将被管理者调动到符合整体管理利益和目标的轨道上来，并要求被管理者服从其意志，满足其要求，完成其规定的任务。但并不排斥民主管理，更不是长官意志的独裁。

（4）本质安全化原则。所谓本质安全化，是指设备、设施或技术工艺含有内在的、能够从根本上防止发生事故的功能。该原则的含义是指从一开始和在本质上实现了安全化，就从根本上消除事故发生的可能性，从而达到预防事故发生的目的。具体地讲，包含三方面的内容：①失误—安全（Fool-Proof）防呆功能；②故障—安全（Fail-Safe）自愈功能；③上述两种安全功能应该是设备、设施在规划设计阶段就被纳入其中，而不是事后补偿的。

但是必须说明的是，本质化安全是人类生产追求的目标，现实中是很难做到的，包括上天的卫星和飞船也有上不去的时候。因此预防事故发生永远伴随着人类的生产活动。

案例 6-1　一天，某个体机械加工厂，车工郑某和钻工张某两人在一个仅 9 平方米的车间内作业，他们两台机床的间距仅 0.6 米，当郑某在加工一件长度为 1.85 米的六角钢棒时，因为该棒伸出车床长度较大，在高速旋转下，该钢棒被甩弯，打在了正在旁边作业的张某的头上，等郑某发现立即停车后，张某的头部已被连击数次，头骨碎裂，当场死亡。

案例评析　车削细长件仅仅依靠卡盘和尾座顶针是不行的。一是车削精度不够，出现鼓型或竹节型，其二是在高速旋转下细长杆件会脱离尾座顶针的装卡造成杆件变形。本案作业环境狭小，进行特殊工件加工时，车工郑某没有专门的零件装卡设备，在卡盘和尾座之间加装三爪支架以防止在高速旋转情况下细长杆件变形，并突然旋转甩打（意外释放机械能量）造成附近钻工张某颅骨被连击数次死亡。

三、预防能量意外释放的措施

机械能、电能、热能、化学能、电离及非电离辐射、声能和生物能等能量达及人体和设备，并且能量的作用超过了人体和设备承受能力，就会造成伤害和损毁。对于人体伤害而言，分为两类：第一类伤害是由于施加了超过局部或者全身性伤害阈值的能量引起的；第二类伤害是由影响了局部或者全身性能量交换引起的，如指窒息和冻伤。对于设备而言，会产生撞击损毁、烧毁、腐蚀等。根据能量意外释放理论，预防伤害事故就是防止过量的能量或危险物质意外释放转移到人体和设备。预防的安全措施可用屏蔽防护装置来约束限制能量，屏蔽各种意外释放能量，从而防止事故的发生。按能量大小建立单一屏蔽或多重的冗余屏蔽。另一方面，在工程系统设备本体和生产流程设计应以本质安全为目标，消除能量意外释放的源头。能量意外释放理论揭示了事故发生的物理本质，指出安全生产管理应重视物的不安全状态。提醒人们树立本质安全思想，抓好源头安全管理。提高设备本体设计的安全系数和生产系统安全检测自动化水平和工艺流程的安全性。这就把各行各业工程安全设计提到了安全生产的最前位。以下列举在工业生产中安全工程设计、生产流程制定和防止能量意外释放的屏蔽措施。

（1）用安全的能源代替不安全的能源。例如，在易发生触电的作业场所，用压缩空气动力代替电力，用内燃机代替电动机，以防触电；采用水力采煤代替火药爆破等。

（2）限制能量。限制能量的速度和大小，规定极限量。例如，使用低压测量仪表减小测量危险；使用低压电器设备防止电击；限制设备运转速度、减小动能以防止机械伤害，限制露天爆破装药量以防个别飞石伤人等。

（3）防止能量蓄积。能量的大量蓄积会导致能量突然释放。如控制爆炸性气体、粉尘浓度，抽放煤矿瓦斯、防止瓦斯蓄积爆炸等，设备接地消除静电蓄积，利用避雷针放电保护建筑物和其他设施等。

（4）控制约束能量释放。例如加固加高河坝，防止洪水肆虐溃坝，建立水闸墙防止高势能地下水突然涌出，增加高压、高温气体罐、管的设计壁厚，采用保护性容器（如耐压氧气罐、盛装放射性同位素的专用容器）等。

（5）延缓释放能量。缓慢地释放能量可以降低单位时间内释放的能量，减轻能量对人体和设备的损伤。例如，采用安全阀、逸出阀控制高压气体；用各种减振装置吸收冲击能量，防止减轻损伤。把危险源置于远离操作人员和设备处，即使意外释放也有缓冲的时空缓解损伤的程度。

（6）开辟释放能量的渠道。增加并联备用的能量释放渠道。遇到能量意外释放时，能量流过并联备用渠道，避开达及操作人员的渠道。例如，用电设备保护接地、接保护中性线。一旦设备漏电，泄漏的电能量就流入大地和中性线，因为人体电阻远大于大地电阻和中性线电阻，所以流过人体的电流微乎其微，可起到防止人身触电的作用。

（7）设置屏蔽设施。屏蔽设施是一些防止人员与能量接触的物理实体，防止人员接触危险能量。例如，安装在机械转动部分外面的防护罩，设置的安全围栏等。重要设备的安全锁或者联锁装置，如打开变电站的隔离开关需要开锁，断路器和开关操动机构之间应装有可靠的联锁装置；危险间隔的安全门，打开高压配电盘的后门都要开锁。又如防冲击波的消波室、除尘空气滤清器、消声器以及辐射防护屏等。

（8）在人、物与能量之间设置屏蔽，在时间或空间上把能量与人和物隔离。例如，建筑物的防火分区、防烟分区、安全出口、防烟楼梯、避难走道和避难层（间）等，酒店的防火门、防火密闭等。电力行业的间距、屏护和隔离。煤矿为预防采掘过程中突然涌水而造成波及全矿的淹井事故，在巷道一定位置设置防水闸门和防水墙以堵截矿井突水，为防止火灾态势扩大而进行的火区闭环。

作业人员佩戴的安全帽、安全手套、防护口罩和穿的安全靴等个体防护用具用品，可被看作是设置在人员身上的屏蔽设施。

（9）提高防护标准。如建筑物防火可以提高耐火等级，由难燃性材料改为不燃性材料。又如采用双重绝缘工具防止高压电能触电事故。设备和作业人员防护用具使用耐高温、高寒、高强度材料。在人员选用方面，要求专业素质高、业务能力强的人员值守安全检测岗位。

（10）改变工艺流程。例如传统的硝化反应工艺是一个典型的放热反应，具有危险性。特别是工业化的硝化反应，因反应釜体积大，风险会明显加大。改为微通道反应器微化工技术工艺后，从安全性方面讲，因持液量低，反应停留时间短，加之自动化程度高，精准控制温度、压力、硝化剂流量等参数，爆炸性混合物产生的概率也大幅度降低，安全性大大提高。还有用无毒少毒物质代替剧毒有害物质等的工艺流程改变方式。

（11）修复或急救。治疗、矫正以减轻伤害程度或恢复原有功能，搞好紧急救护，进行自救教育，限制灾害范围，防止事态扩大等。

案例 6-2　某煤矿某采区回风巷通风设备数量不足且常常出故障。某天通风设备故障导致停风，经三次处理仍未解决问题，致使采区无法送风，瓦斯浓度超限。

上述情况该采区换班时有关人员未向下一班作好情况交接说明，没有向有关领导汇报，也未及时采取排放瓦斯和处理漏电问题。下一班人上岗后，因负责处理通风设备故障的电工是未经专业考核培训的原采掘工转岗的，在处理电缆接地时，装煤机防爆接线盒未合盖，操作线裸露，铜线搭接时形成产生火花，引起瓦斯燃烧爆炸，扬起煤尘，后又发生煤尘传导爆炸。

案例评析　经查该矿安全技措工程只完成了计划的 4%，到货的 16 台瓦斯自动检测报警断电仪和 28 台电扇遥控装置因种种原因长期没有安装使用，4 台瓦斯遥测仪只安装了 1 台，且没有投入使用。采掘机电设备管理也较差，完好率只有 5%，这些因素都成为导致事故发生的原因。该矿安全生产投入严重不足，安全欠账太多、安全设备和生产设备都有严重缺陷和不足。严重违反《安全生产法》第二十条"生产经营单位应当具备本法和有关法律、行政法规和国家标准或者行业标准规定的安全生产条件；不具备安全生产条件的，不得从事生产经营活动"之规定。应根据《安全生产法》第二十三条和九十三条进行处理。

《安全生产法》第二十三条规定，"生产经营单位应当具备的安全生产条件所必需的资金投入，由生产经营单位的决策机构、主要负责人或者个人经营的投资人予以保证，并对由于安全生产所必需的资金投入不足导致的后果承担责任。"第九十三条规定，"生产经营单位的决策机构、主要负责人或者个人经营的投资人不依照本法规定保证安全生产所必需的资金投入，致使生产经营单位不具备安全生产条件的，责令限期改正，提供必需的资金；逾期未改正的，责令生产经营单位停产停业整顿。

有前款违法行为导致发生生产安全事故的，对生产经营单位的主要负责人给予撤职处分，对个人经营的投资人处二万元以上二十万元以下的罚款；构成犯罪的，依照刑法有关规定追究刑事责任。"

四、最典型最可怕的能量意外释放——火灾与爆炸

或爆炸引发火灾，或火灾引起爆炸，变换相互作用。这两种灾难性的事故是最典型、最可怕的能量意外释放事故。

1. 火灾与防治

（1）燃烧与火灾。燃烧是物质（可燃物）与氧化剂（助燃物）发生的一种发光发热的氧化反应。燃烧必须同时同空间具备可燃物、助燃物和点火源三个基本要素。缺少三个要素中的任何一个，燃烧便不会发生。

1）可燃物。一般来说，凡是能与助燃物发生氧化反应而燃烧的物质，就称为可燃物。根据物理状态可分为气体可燃物、液体可燃物和固体可燃物，按其组成分为无机可燃物和有机可燃物。可燃物中有机可燃物占比例更大。无机可燃物如钠、铝、碳、磷、一氧化碳、二硫化碳等，有机可燃物种类很多，大部分含有碳、氢、氧元素，也有的含有磷、硫等元素。

2）助燃物。凡能与可燃物发生氧化反应并引起燃烧的物质称为助燃物。氧气是一种常见的助燃物，而同一种物质对有些可燃物来说是助燃物，而对有的可燃物则不是，如钠可以在氯气中燃烧，则氯气就是钠的助燃物。除氧气外，其他常见的助燃物有氟、氯、溴、碘、硝酸盐、氯酸盐、重铬酸盐、高锰酸盐及过氧化物等。

3）点火源。点火源是指供给可燃物与助燃物发生燃烧反应的能量来源。热能、化学能、电能、机械能都能够提供能量。

（2）与燃烧相关的参数。

1）闪点：在规定条件下，物体被加热到释放出的气体瞬间着火燃烧的最低温度。

2）燃点：在规定条件下，用标准火焰使物体引燃并继续燃烧一段时间所需的最低温度。

3）自燃点：在规定条件下，不用任何辅助引燃能源而达到引燃的最低温度。

4）闪燃：可燃物表面或上方在很短时间内重复出现火焰一闪即灭的现象。

5）阴燃：没有火焰和可见光的燃烧。

6）爆燃：伴随爆炸的燃烧。

7）自燃：由于自加热引起的自发引燃。自加热可以是内部发热反应引起的温度升高，也可以是由于通电发热而产生的温度升高。

（3）火灾的破坏性。火灾是在时间上或空间上失去控制而形成灾害的燃烧现象。火灾的产物会造成各方面的破坏。

1）火焰：可以烧毁财物，烧伤皮肤，严重的烧伤不仅损伤皮肤，还可深达肌肉、骨骼。人体被烧伤后，由于多种免疫功能低下，最容易引发严重感染。当人体被大面积烧伤时，由皮肤和黏膜共同构成机体的第一道防线被破坏，皮肤的屏障作用丧失，一些病原体会乘虚而入，免疫功能也会明显降低或损伤，导致严重感染。

2）热量：随着火灾的发展，所产生的热量也会不断增加，那么火灾环境中的温度必然会不断升高，如果温度在逃生人员未逃离火灾现场之前就达到或超过了逃生人员所能承受的温度时，就会威胁人的生命。温度如果超过建筑构件和其他物体所承受的温度时，会毁掉建筑结构和其他物体。

3）烟气：火灾过程燃烧产生的包括完全燃烧物和不完全燃烧产物，会造成人员烟气窒息。不少新型合成材料在燃烧后会产生毒性很大的烟气，有的甚至含有剧毒成分，近几年烟气中毒成为火灾致死的主要原因，超过烟气窒息。因为火灾会产生有毒有害气体，损伤人的呼吸系统和神经系统。

4）缺氧：燃烧消耗氧气的要远远多于人呼吸的氧气，如果是在通风不通畅的情况下，随着燃烧的进行，燃烧产物不断增加，氧气浓度会急剧减少。如果氧气的浓度低于逃生人员所需要的极限浓度时，会使人员的呼吸困难，甚至发生窒息，从而威胁生命。

（4）防火原理与防治措施。

防火原理：燃烧的三要素即可燃物、氧化剂和点火源三者同时空存在，并且相互作用。因此只要采取措施避免或消除燃烧三要素中的任何一个要素，就可以避免发生火灾事故。根据该原理推出如下火灾防治措施。

1）消除着火源。可燃物（作为能源和原材料）以及氧化剂（空气）广泛存在于生产和生活中，因此，消除着火源是防火措施中最基本的措施。消除着火源的措施很多，如安装防爆灯具和电器、禁止烟火、接地避雷、静电防护、隔离和控温、电气设备的安装符合消防要求，避免插座、电器设备过负荷等。

2）控制可燃物。控制可燃物的措施主要有：以难燃或不燃材料代替可燃材料，如用水泥代替木材建筑房屋。降低可燃物质（可燃气体、蒸气和粉尘）在空气中的浓度，如在矿井、车间或库房采取全面通风或局部排风，使可燃物不易积聚，从而不会超过最低允许浓度。防止可燃物的跑、冒、滴、漏，对那些相互作用能产生可燃气体的物品加以隔离、分开存放等。保持工作场地整洁，避免积聚杂物、垃圾。易燃物的存放量和地点须符合规程和标准，并要远离火源。

3）隔绝、控制助燃物。在必要时可以使生产置于真空条件下进行，或在设备容器中充装惰性介质保护。如在检修焊补（动火）燃料容器前，用惰性介质置换；隔绝空气储存，如钠存于煤油中，磷存于水中，二硫化碳用水封存放等。

4）防止形成新的燃烧条件。设置阻火装置，如在乙炔发生器上设置水封回火防止器，一旦发生回火，可阻止火焰进入乙炔罐内，或阻止火焰在管道里的蔓延。在车间或仓库里筑防火墙或防火门，或建筑物之间留防火间距，一旦发生火灾，不便形成新的燃烧条件，从而防止火灾范围扩大。

消除燃烧三要素之一均能防止火灾的发生。如果消除燃烧条件中的两要素甚至三要素，则更具安全可靠性，但要提高安全成本。

案例6-3 2021年12月31日上午，辽宁省大连市新长兴市场地下二层，吴某在4个冷库的一间内进行焊接，因为焊接的货架距离包装着易燃聚氨酯保温材料的墙面只有几厘米的间隙，焊接的热量和飞溅的火花引燃墙面聚氨酯保温材料。吴某随即熄灭火苗，并继续电焊。后来吴某闻到呛人的烟味很浓，抬头一看，上方的聚氨酯保温材料也在燃烧，并且火势逐渐蔓延扩大，随即跟另一名作业人员逃离现场。

由于地下建筑结构复杂，存在通风采光排烟差、人员疏散和火灾扑救难度大等特点，火势和有毒有害的浓烟迅速扩散蔓延整个地下二层空间。

消防员到场后分成多路进入地下二层控制火势，并搜寻营救火场被困人员。经过3个多小时的紧张灭火和搜寻营救，大火被扑灭。消防员陆续从地下二层搜救出27名被困人员，其中8人不幸遇难，5人受伤，另有1名消防员在搜救被困人员过程中不幸牺牲。

案例评析 事故调查得知，吴某及其工友无证上岗，且违章作业——不办理动火作业工作票，没有采取遮挡易燃保温层墙面的隔离防护措施，作业现场没有配备灭火器材。再加上缺乏安全素质和技能，火灾初期慌忙逃离，不施救不报警，逃离时不关防火门，任火势蔓延扩大，致使地下二层毗邻的4个冷库过火面积约1009平方米。

其次，冷库内的装修材料大多为聚氨酯泡沫材料，仿佛是固体汽油，引燃后会迅速蔓延，短时间内形成大面积燃烧，并且产生大量有毒烟气迅速扩散。遗憾的是，事发时，消防控制室操作人员在确认火情后，未在第一时间将系统运行调至自动，致使自动消防设施未及时启动。

再次，处在地下二层的工作人员发现火情后没有采取有效的灭火措施，缺乏逃生安全知识，慌乱中盲目乱闯，也没有及时通知人员疏散。当地下二层的人员发现火情危险时，已经被浓烟堵了逃生之路，只能在浓烟中摸索前行，最终因吸入大量有毒气体导致死亡。

2. 爆炸与防控

（1）爆炸的概念。广义地讲，爆炸是物质系统的一种极为迅速的、物理的或化学的能量释放或转化过程，是系统蕴藏的或瞬间形成的大量能量在有限的体积和极短的时间内，骤然释放或转化的现象。在这种释放和转化的过程中，系统的能量将转化为机械功以及光和热的辐射等。

爆炸可以由不同的原因引起，但不管是何种原因引起的爆炸，归根结底必须有一定的能源。在自然界中存在各种爆炸现象。按照能量的来源，爆炸可分为物理爆炸、化学爆炸和核爆炸。

1）物理爆炸。物理爆炸是由系统释放物理能引起的爆炸。例如，当高压蒸汽锅炉过热蒸汽压力超过锅炉能承受的程度时，锅炉破裂，高压蒸汽骤然释放出来，形成爆炸。陨石落地对目标的撞击等物体高速碰撞时，物体高速运动产生的动能，在碰撞点的局部区域内迅速转化为热能，使受碰撞部位的压力和温度急剧升高，碰撞部位材料发生急剧变形，伴随巨大响声，形成爆炸现象。

2）化学爆炸。化学爆炸是由于物质在瞬间的化学变化引起的爆炸，如炸药爆炸，可燃气体（甲烷、乙炔等）爆炸。悬浮于空气中的粉尘（煤粉、面粉等）以一定的比例与空气混合时，在一定的条件下所产生的爆炸也属于化学爆炸。化学爆炸是通过化学反应，将物质内潜在的化学能在极短的时间内释放出来，使其化学反应产物处于高温、高压状态的结果。一般气体爆炸和粉尘爆炸的压力可以达到 2×10^6 帕，高能炸药爆炸时的爆轰压可达 2×10^{10} 帕以上，二者爆炸时产物的温度均可达到 $3\times10^3\sim5\times10^3$ 开尔文，使爆炸产物急剧向周围膨胀，产生强冲击波，造成对周围介质的破坏。化学爆炸时，参与爆炸的物质在瞬间发生分解或化合，变成新的爆炸产物。

3）核爆炸。核爆炸是核裂变（如原子弹是用铀 235、钚 239 裂变）、核聚变（如氢弹是用氘、氚或锂核聚变）反应所释放出的巨大核能引起的。核爆炸反应释放的能量比炸药爆炸时放出的化学能大得多，核爆炸中心温度可达 10^7 开尔文数量级以上，压力可达 10^{15} 帕以上，同时产生极强的冲击波、光辐射和粒子的贯穿辐射等，比炸药爆炸具有更大的破坏力。化学爆炸和核爆炸反应都是在微秒量级的时间内完成的。

由上可见，爆炸过程表现为两个阶段：在第一阶段中，物质的（或系统的）潜在能以一定的方式转化为强烈的压缩能；第二阶段，压缩急剧膨胀，对外做功，从而引起周围介质的变形、移动和破坏。不管由何种能源引起的爆炸，它们都同时具备两个特征，即能源具有极大的能量密度和极大的能量释放速度。

（2）爆炸极限。当可燃气体、蒸气或可燃粉尘与空气（或氧气）在一定浓度范围均匀混合，遇到火源发生爆炸的浓度范围称为爆炸浓度极限，简称爆炸极限。如在空气中甲烷、乙炔和氢的爆炸极限分别是 4.9～15、2.55～80 和 4～75。

爆炸极限是一个浓度范围，包括爆炸下限和爆炸上限。

爆炸下限是指可燃气体、蒸气或粉尘与空气组成的混合物，能使火焰传播的最低浓度。因为浓度低于爆炸下限时，过量空气的冷却作用和可燃物浓度不足使得系统得热小于失热，反应不能延续下去。

爆炸上限是指可燃气体、蒸气或粉尘与空气组成的混合物，能使火焰传播的最高浓度。当可燃气体、蒸气或粉尘浓度大于上限时，因过量的可燃物不仅因缺氧不能反应，放出热量，反而起到冷却作用阻止燃烧蔓。当然也有例外的，如环氧乙烷、硝化甘油分解时自身供氧。

工矿企业粉尘爆炸多在伴有铝粉、锌粉、铝材加工研磨粉、各种塑料粉末、有机合成药品的中间体、小麦粉、糖、木屑、染料、胶木灰、奶粉、茶叶粉末、烟草粉末、煤尘、植物纤维尘等产生的生产加工场所。

粉尘爆炸产生的条件：①可燃性粉尘以适当的浓度在空气中悬浮，形成人们常说的粉尘云；②有充足的空气和氧化剂；③有火源或者强烈振动与摩擦。

（3）爆炸的危害。爆炸一般发生时间在瞬间极短，所造成的破坏也在极短时间内完成，因此往往是很难防范的。爆炸通常伴随发热、发光、压力上升、冲击波和电离等现象，具有很大的破坏作用。主要破坏形式有直接的破坏、冲击波的破坏造成火灾等。

1）打击碰撞破坏。机械设备、装置、容器等爆炸后产生许多碎片，飞出后会在相当大的范围内造成危害。

2）冲击波的破坏。爆炸产生的强大冲击波在传播过程中，可以摧毁周围环境中的机械设备、建筑物并使人员伤亡，或者使建筑物和其他设施冲击因震荡而松垮破坏。

3）造成火灾或二次爆炸。爆炸时产生的高温高压、喷溅出的火苗、着火物、碎片，可能把其他易燃物点燃引起火灾或造成二次爆炸。

4）能产生有毒有害气体。爆炸引发火灾会产生有毒有害气体，损伤人的呼吸系统和神经系统。

（4）火灾与爆炸的相互转换。

1）火灾向爆炸的转化。当发生火灾时有可燃物和助燃物发生混合的现象，或火灾的高温将压力容器、管道加热，使得其中的压力升高，引起爆炸。

2）爆炸向火灾的转换。爆炸时产生的高温，会把附近的可燃物、可燃气体或液体的蒸汽点燃引起火灾；爆炸炸飞的燃烧物或灼热的碎片也可能引发火灾。

（5）防爆原理与防控措施。引发爆炸的条件是：爆炸品（包括还原剂和氧化剂）或可燃物（可燃气、蒸气或粉尘）与空气混合物和起爆能量同时空存在、相互作用。因此只要采取措施避免或消除爆炸品或爆炸混合物与起爆能量中的任何一条件，就不会发生爆炸。防控措施如下。

1）以爆炸危险性小的物质代替危险性大的物质。如果所用的材料都是难燃烧、不燃烧物质或不容易爆炸的，则爆炸危险性也会大大减小。

2）加强通风排气。对于可能产生爆炸混合物的场所，良好的通风可以降低可燃气体（蒸气）或粉尘的浓度；对于易燃易爆固体，储存或加工场所应配置良好的通风设施，使起爆能量不易积累；对于易燃易爆液体，除降低其蒸气和空气的混合物的浓度外，也可使起爆能量不易积累。

3）隔离存放。对能相互作用而发生燃烧或爆炸的物品应采取分开存放、隔离等措施，相互之间离开一定的安全距离，或采用特定的隔离材料将它们隔离开来。

4）采用密闭措施。对易燃易爆物质进行密闭存放，可以防止这些物质与氧气的接触，并且还可以起到防止泄漏的作用。

5）充装惰性介质保护。对闪点较低或一旦燃烧或爆炸会出现严重后果的物质在生产或维修中应采取充装惰性介质的措施来保护，惰性介质可以起到冲淡混合浓度、隔绝空气的作用。

6）隔绝空气。对于接触到空气就会发生燃烧或爆炸的物质，则必须采取措施，使之隔绝空气，可以放进与其不会发生反应的物质中，如储存于水、油等物质之中。

7）安装监测报警装置。在易燃易爆的场所安装相应的监测装置，一旦出现异常就立即通过报警器报警或将信息传递到监测人员的监控器上，以便操作人员及时采取防范措施。

（6）生产中常用民用爆破器材预防燃烧爆炸事故应采取的主要措施。

1）民用爆破器材的生产工艺技术应是成熟、可靠或经过技术鉴定的。

2）凡从事民用爆破器材生产、储存的企业，应制定指导生产作业的工艺技术规程和安全操作规程。

3）可能引起燃烧事故的机械化作业，应根据危险程度设置自动报警、自动停机、自动卸爆、应急等安全措施。

4）所有与危险品接触的设备、器具、仪表应相容。

5）有危及生产安全的专用设备应按有关规定进行安全鉴定。

6）预防火炸药生产中混入杂质。

7）在生产、储存、运输时，不允许使用明火，不得接触明火或表面高温物。特殊情况要使用时，在工艺资料中应做出明确说明，并应限制在一定的安全范围内，且遵守用火细则。

8）在生产、储存、运输等过程中，要防止摩擦和撞击。

9）要有防止静电产生和积累的措施。

10）火炸药生产厂房内的所有电气设备都应采用防爆电气设备，所有设施都应满足防爆要求。

11）生产、储存工房均应设置避雷设施，所有建筑物都必须在避雷针的保护范围内。

12）在火炸药的生产中，避免空气受到绝热压缩。

13）要及时预防机械和设备故障。

14）生产用设备在停工检修时，要彻底清理残存的火炸药；需要电焊时，除采用相应的安全措施外，还要采取消除杂散电流的措施。

案例 6-4　2016 年 2 月 23 日 11 时 30 分，LC 实业有限责任公司采煤六工区中班人员开完班前会后，开始下井接班；12 时 30 分在井下 16108 工作面进行现场交接班，进入工作面后，进行正常检查和维修。放炮员放炮处理大块矸石，第一炮没处理好且扬起了煤尘，接着放第二炮，放炮火焰引爆了扬起的煤尘造成煤尘爆炸事故。这一起特大煤尘爆炸事故，当场造成 15 人死亡，12 人受伤（其中 3 人在医院经抢救无效 3 日后死亡），共死亡 18 人。直接经济损失 459.4 万元。

案例评析　该矿煤尘堆积具有爆炸危险性，且 16108 采煤工作面没有采取洒水防尘措施。放炮员在处理 16108 工作面上面断层带底板岩石时，违章放炮（放糊炮）扬尘和因断层裂隙增多造成乳化炸药爆炸过程中产生的滞后火焰，引爆工作面扬起的煤尘，导致煤尘爆炸。如果本案及时清除或者封闭堆积的煤尘或者遵章操作不放糊炮、明炮就不会发生煤尘爆炸。煤矿防范煤尘爆炸应采取以下措施：

（1）切实加强矿井综合防尘工作，严格执行湿式打眼、放炮前后洒水等综合防尘措施，保证防尘设施的正常使用。

（2）矿井必须加强放炮管理工作，严格执行"一炮三检""三人联锁放炮"等各项放炮管理制度。

（3）严禁放明炮、糊炮等违章放炮行为，加强火工品管理。

（4）要进一步落实和完善极薄煤层采煤工作面安全技术措施，强化通风、瓦斯和煤尘浓度监测监控，积极推广应用极薄煤层防尘、防爆新工艺、新技术。

（5）提高薄煤层采煤机械化、自动化水平。

第三节　事故轨迹交叉理论

多米诺骨牌理论强调了人的不安全行为是导致安全事故发生的主要原因，意外能量释放理论则重点论述能量违背人的意愿而意外释放或逸出发生事故，导致人员伤害或财产损失。在安全生产中，很少有单一的事故链条发生。有时候人的不安全行为引发了能量的意外释放，也有时候能量的意外释放导致人的不安全行为发生。即人的不安全行为和物的不安全状态及其相互作用的结果，这就是本节的事故轨迹交叉理论。

一、能量意外释放理论的启示

能量的意外释放首先要有危险源的存在。这里把危险源分为两类：第一类危险源是系统中可能发生意外释放的各种能量或危险物质，如飞速转动的机械部件、高压高热的汽包和剧毒气罐等。第二类危险源是导致约束、限制能量措施失效或破坏的各种不安全因素，如转动部件的刹车失灵、汽包气罐的阀门开关状态错误或损毁等。第一类危险源的存在是事故发生的前提；第二类危险源是第一类危险源导致事故的必要条件。两类危险源共同决定危险源的危险性。第一类危险源释放出的能量，是导致人员伤害或财物损坏的能量主体，决定事故后果的严重程度；第二类危险决定事故发生的可能性的大小。

危险源的分类，使事故预防和控制的对象更加清晰。正是由于系统中两类危险源的发展变化和相互作用，才使能量发生了意外释放。能量意外释放或者会再次引发约束限制能量的措施失效，如此恶性循环。在具体的安全工程中，事故控制的重点是在客观上已经存在并且在设计、建造时已经采取了必要的控制措施的第一类危险源，其数量和状态通常难以改变。剩下的事故预防工作的重点就是对第二类危险源的安全管理。

二、轨迹交叉理论

随着生产技术的进步，人们对生产装置、生产条件不安全状态越来越重视，同时对人的因素研究的深入，也逐渐能够正确地区分人的不安全行为和物的不安全状态。于是，约翰逊（W.G.Jonson）认为，许多人由于缺乏有关失误方面的知识，把由于人失误造成的不安全状态看作是不安全行为。一起伤亡事故的发生，除了人的不安全行为之外，一定存在着某种物的不安全状态，并且不安全状态对事故发生作用更大些。斯奇巴（Skiba）也提出，生产操作人员与机械设备两种因素都对事故的发生有影响，并且机械设备的危险状态对事故的发生作用更大些，只有当两种因素同时出现交汇叠加，才能发生事故。

上述理论被称为轨迹交叉理论，其主要观点是，在事故发展进程中，人的因素运动轨迹与物的因素运动轨迹的交点就是事故发生的时间和空间，即人的不安全行为和物的不安全状态交汇叠加于同一时间、同一空间就发生事故。通俗而言，在物的不安全状态环节作业人员有施加了不安全行为，引发了能量的意外释放。

简而言之，人的不安全行为和物的不安全状态循着各自发展轨迹，在同一时间、空间发生了接触（交叉），能量意外释放转移于人体和设备，就会发生事故，如图 6-10所示。

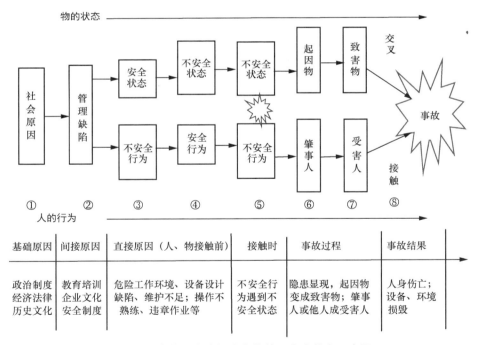

图 6-10　人的不安全行为和物的不安全状态示意图

图 6-10 中，社会原因①是事故的基础原因，也是安全生产的深层次原因。这方面原因非一人一企业能够在短时期改变的，应由执政党和政府在政治制度上摒弃颂歌谎言文化，把实事求是的精神落到安全生产上，增强全民深远的忧患意识，少些目光短浅的行为。法律等方面，真正做到有法可依、有法必依、违法必究，法律面前人人平等。间接原因②是

企业管理缺陷所致，取决于企业安全生产的软件，包括安全生产的规章制度与贯彻执行，员工安全生产业务技能和执行安全生产规程的教育培训；安全管理人员应该能够预测及发现这些因管理欠缺造成的直接原因，采取恰当的改善措施；领导和安全管理人员是否将带领企业人员植培安全文化和增强安全意识作为长期常态的活动和工作抓紧抓好。直接原因③～④—征兆。不安全行为和不安全状态是事故的直接原因，这是最重要、必须加以追究的原因。但是直接原因不像间接原因那样是深层原因，而是一种表面现象。在实际工作中，如果只抓住了作为表面现象的直接原因，而不追究其背后隐藏的深层原因，就永远不能从根本上杜绝事故的发生。直接原因就是设备不安全状态和人的不安全行为交替出现的阶段，只要还没有交叉接触，就没有事故。所以这个阶段是隐患蠢蠢欲动的危险阶段。设备不安全状态和人的不安全行为⑤不是交替出现而是交汇接触了。⑥～⑦事故就显现了开始了，起因物（能量）变成了致害物，能量意外释放，肇事人或其他人变成了受害人。⑧事故伤害结果，人的伤害、环境设备的损毁。

图6-10告诉我们，人的行为因素运动轨迹、物的状态因素运动轨迹看上去是分开的两条轨迹，其实不然，许多情况下人与物又互为因果。即排除机械设备或处理危险物质过程中的隐患，会减少或避免人的不安全行为，同样消除了人为失误和不安全行为，会减少或避免物的不安全状态。这样不安全行为和不安全状态③～④交替出现的时空不会出现事故。即两事件链中的任一条连锁中断，则两系列运动轨迹就不能相交，隐患就不会显现，即可避免事故发生。轨迹交叉理论强调人的因素和物的因素在事故致因中占有同样重要的地位，更突出强调的是砍断物的状态因素运动轨迹连锁。

三、轨迹交叉理论的细化和拓展应用

在轨迹交叉理论中，人的不安全行为和物的不安全状态，抽象二者概括为人的因素运动轨迹和物的因素运动轨迹。

（1）人的因素运动轨迹。人的不安全行为基于生理、心理、环境、行为几个方面而产生：①生理、先天身心缺陷；②社会环境、企业管理上的缺陷；③后天的心理缺陷；④视、听、嗅、味、触等感官能量分配上的差异；⑤行为失误。

（2）物的因素运动轨迹。在物的因素运动轨迹中，在生产过程各阶段都可能产生不安全状态：①设计上的缺陷，如用材不当，强度计算错误、结构完整性差、生产工艺流程不正确，如采矿方法不适应矿床围岩性质；②制造、工艺流程上的缺陷；③维修保养上的缺陷等，降低了可靠性；④使用上的缺陷；⑤作业场所环境上的缺陷。但在生产实践中，应该贴近生产实际，运用理论加以分析。以下从不同行业看轨迹交叉理论在分析事故起因发生发展的细化和拓展应用。从中可以发现，轨迹交叉理论告诉我们预防事故的切入点和方向。

1. 机械维修车间

案例 6-5 张某在距离稀料水桶不远处焊接机架焊接火花四溅，天车司机王师傅吊完变速器后，没有及时收起吊钩，在车间自东向西运行时碰翻了稀料桶。张某迅速用挡板挡住了四溅的焊接火花。然后调转身位向相反方向继续焊接，远处清洗零部件的李某见状跑去扶稀料桶不慎碰倒了张某遮挡焊接火花的挡板。火花迅速引燃了地上的稀料水，这时候张某、李某等车间工作人员迅速投入救火。因为稀料水流到了车间墙根又引燃了聚氨酯胶，火越来越大，产生了大量高温烟尘和 CO，致使多名工人中毒倒地。在消防队员赶到现场之前引爆了汽油桶，火焰、金属碎片致更多人员伤亡。

案例评析 该案从不及时收起吊钩碰翻了稀料水桶稀料水流向可燃物聚氨酯胶和焊接地点，人的不安全行为转化成了物的不安全状态。不安全行为也并非同一人所为，受害人也是无法特定的，如图 6-11 所示。这里从②管理缺陷项分析起。安全制度和教育培训不足，一开始张某如在稀料水不远处焊接不加遮挡；稀料水不及时入库；天车行走不收起吊钩等。③稀料水洒地之前处于物的安全状态，但不加遮挡焊接属于不安全行为。④天车司机王某碰翻了稀料桶的违章行为转化成了物的不安全状态；张某遮挡焊接火花行为属于安全行为。李某不慎碰倒张某挡板这一不安全行为在此时与洒满地稀料水的不安全状态交叉汇合，引燃稀料水。事故发展到了第⑤环节，原来的致因物——稀料水变成了致害物，蔓延扩展到聚氨酯胶——汽油，⑥～⑦造成了严重的火灾事故——人身伤亡和财产损失⑧。

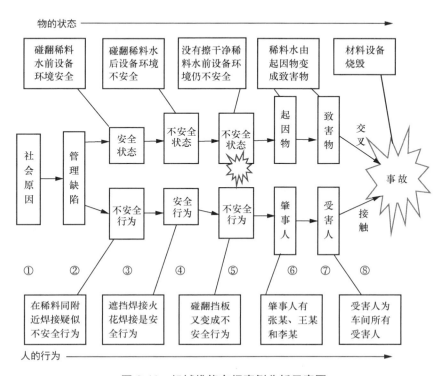

图 6-11 机械维修车间案例分析示意图

本案只是从事故链物的状态和人的行为开始分析的。如果回溯以下管理和社会原因：安全管理不善（稀料水桶乱放车间）——车间主任没有把安全管理放在第一位，而是把搞好关系升官发财放在第一位（企业干部选拔机制使然），更高层领导更是只管台上形式上宣贯安全的法规政策完成任务而已，台下就是开拓关系巩固关系以求官位更上一层楼（文化与体制的原因）。

2. 冶炼车间

案例6-6 某省某特殊钢有限公司发生钢水包滑落事故，装有30吨钢水的钢包在吊运下落至就位处2~3米时，突然滑落，钢包撞击浇注台车后落地倾覆，钢水洒出冲进被错误选定为班前会地点的工具间。该工具间距离倾覆钢包只有5米远，造成在屋内正在交接班的32人全部死亡，2名操作工重伤。

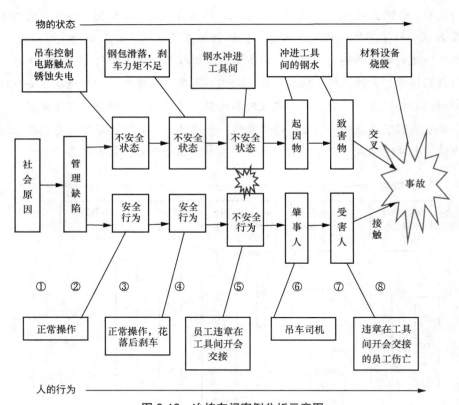

图6-12 冶炼车间案例分析示意图

案例评析 本案最惨重的损失是32人全部死亡，2名操作工重伤。从这里出发从第②环节管理缺陷分析：①未按要求选用冶金铸造专用起重机；②违规在真空炉平台下方修建工具间；③起重机安全管理混乱；④应急预案缺乏操作性；⑤车间作业现场混乱，厂房内设备和材料放置杂乱、作业空间狭窄、人员安全通道不符合要求；⑥违章设置班前会地点，该车间长期在距钢水铸锭点仅5米的真空炉下方小屋内开班前会，钢水包倾覆时仍在此开会交接，故造成人员伤亡惨重。

本案的主要原因是设备的不安全状态，吊车的电路触点锈蚀、自动刹车缺失、刹车力矩不足，究其原因仍然是人的原因，设计选用机械错误、维护维修管理不善。但是如果班组人员不违章，在工具间开会交接，本案的损失只是工具间和钢水的冶炼成本，不会发生交接班员工和倾覆洒出的钢水交汇接触，不会造成32人全部死亡，2名操作工重伤的惨重损失。

3. 电力行业

案例 6-7　某供电公司按照 8 月检修计划，经区调和那曲地调批准后进行 1 号主变压器 531 断路器大修工作。

大修开始后，在现场督导工作的生产副经理巴桑某某和工作负责人杜某某商量后，错误地认为 35 千伏 I 段母线电压互感器与 531 断路器同在 35 千伏 I 段母线上，为减少非计划停电，决定扩大工作范围和任务对 35 千伏段母线电压互感器本体进行维护喷漆工作。

根据副经理和工作负责人的决定，张某某去主控室后并未向地调申请，而是直接命令值长缪某某："5125 隔离开关改检修，切换 35 千伏二次电压到 I 段，拉开电压互感器的电压，二次空开"，值长问："是否需要汇报调度?"，张某某回答："不需要，直接停，I 段断路器在大修"，值长就在没有得到调度许可的情况下，直接令值班员拉开了 35 千伏 I 段电压互感器隔离开关 5125，对电压互感器侧进行了验电，合上了 51250 接地开关。

张某某回到现场见其他人员都在工作，于是叫仓库保管员一起抬梯子到 35 千伏 I 段 5125 电压互感器隔离开关处。10 时 38 分左右，张某某独自带了两块纱布上了 5125 电压互感器隔离开关架构，（5125 隔离开关仅电压互感器侧接地，母线侧带电）在右手接触母线侧隔离开关触头后导致张某某直接触电，跌落悬挂在了隔离开关基座上。

案例评析　从第③至④环节开始，在没有改变停电方式之前，工作对象设备和环境是安全的，但是在这期间，副经理和工作负责人违章扩大工作范围，不办理工作票，不改变安全措施，不履行监护责任，都在设备上工作等一系列的不安全行为，由于设备和环境安全而没有发生事故。到了第⑤环节张副主任根据副经理和工作负责人扩大工作范围的决定，不请示调度武断地改变停电方式，却不明白 5125 隔离开关仅电压互感器侧接地，母线侧仍带电，造成了设备的不安全状态，张副主任在工作负责人未安排具体工作的情况下，违章攀爬到带电设备上工作。在设备带电和违章行为交叉接触的时空点，电能量则意外地对其释放，逆流到张副主任身体，触电致伤。

当然通过本案显而易见该供电公司的第⑤环节——管理缺陷。大修作业自始至终违章行为连环迭出：在不清楚变电站接线结构的情况下，随意扩大工作范围，不办理工作票，不请示调度随意改变停电方式，未经许可随意攀登设备工作，人人都在工作，生产现场失去了监督，哪有不出事故之理？！

本案由于不请示调度随意改变停电方式这一违章行为，又造成了设备的不安全状态——隔离开关母线侧带电，在这种情况下张副主任又未经工作负责人许可随意攀登到带电设备上工作，致使设备不安全状态与不安全行为交汇碰撞发生了事故。

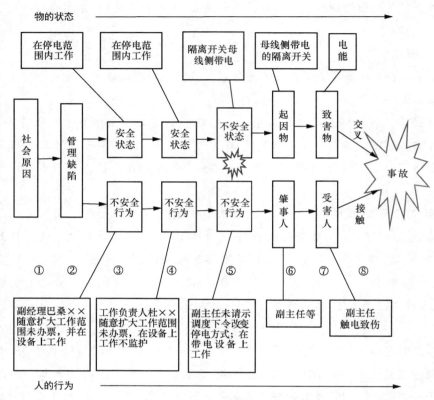

图 6-13　电力行业案例分析示意图

四、事故预防原理与措施

从上述各行业案例分析可以见出，只有物的不安全状态，不会发生事故；只有人的不安全行为也不会发生事故；只有人的不安全行为和物不安全状态在同一时间和同一空间交汇接触才会发生事故，即各行业案例的第⑤环节，如图 6-10～图 6-13 所示。

由此可见，根据轨迹交叉理论，要预防事故的发生，在多米诺理论管人的基础上，避免人的不安全行为的同时还要避免设备和环境的不安全状态。在此基础上，避免人与物两条因素运动轨迹交叉，即避免人的不安全行为和物的不安全状态同时间、同空间交叉接触。也就是说运用轨迹交叉理论，应该将运用多米诺骨牌理论的人本原理和运用能量释放理论的预防原理并用。

值得注意的是，人与物两因素又互为因果，如有时是设备的不安全状态导致人的不安全行为。而人的不安全行为又会促成设备出现不安全状态。例如，人接近机器无防护罩的转动部位进行作业（物的不安全状态），有被机器夹住的危险，在这种状态下作业就属于人的不安全行为；在冲压作业中，如果拆除安全装置（不安全行为），那么设备就要处于不安全状态，有压断手指的危险可能性。在电力行业拆除闭锁是不安全行为，这个不安全行为又造成了不安全状态，即形成了没有闭锁的带电间隔的不安全状态，进入没有闭锁的带电间隔是导致事故的不安全行为。二者互相促成，互相转化，互为因果。

因此这两条因素发展链条的管理始终要紧密相连，全部消除物的不安全状态和人的不安全行为是难以做到的，要寻求最可靠、最简单、最经济的安全管理措施。

1. 预防人的不安全行为措施

（1）生产人员不安全行为原因：①社会环境、企业管理上的缺陷，安全生产制度不健全，劳动纪律松弛以及安全管理人员玩忽职守、官僚主义；②先天和后天的生理、心理缺陷；③身体状况不佳；④行为失误，对安全生产认识不足，工作态度不正确；缺乏安全生产的技术知识，没受过安全技术训练或者不努力学习。

（2）预防不安全行为措施：①加强安全生产法律法规和安全生产知识的普及和宣贯，增强全社会的安全意识；②生产企业系统性、有针对性地对各类人员进行安全法律法规规章、安全知识技能和安全文化教育培训；③引导员工从监督安全向自主安全转变；④把合适的人员安排到合适的工作岗位；⑤不断深化安全生产文化建设。

2. 控制物的不安全状态措施

（1）物的不安全状态原因：①设计上的缺陷，如用材不当，强度计算错误、结构完整性差等；②制造、工艺流程上的缺陷；③维修保养上的缺陷，降低了可靠性；④使用上的缺陷；⑤作业场所环境上的缺陷。

（2）防控物的不安全状态措施：①阻挡：围板、栅栏、护罩；②隔离：距离隔离、偏向装置、闭环；③遥控；④自动化；⑤安全装置；⑥紧急停止；⑦夹具；⑧非手动装置；⑨双手操作；⑩断路；⑪绝缘；⑫接地；⑬增加强度；⑭遮光；⑮改造；⑯加固；⑰变更；⑱个体防护：劳保装备；⑲安全标志；⑳环境：换气、照明等。

3. 防止人、物两条链因素链条同时空交叉的措施

对具有行动自由的人，确保百分之百的安全行为零事故是不实际的，偶然因素难以避免，全靠物的安全状态来砍断事故发展的链条同样也做不到。因此应纵观人和物两链条的发展，把控调节避免出现两条轨迹相交的时空。

（1）预防人的不安全行为。生产事故中人的行为失误和违章占主导地位，纵然伤亡事故是由机械设备或其他物体致害的，但机械或其他物体都是由人设计维护或管控的，所以要发挥人的主动性。消除造成事故的管理原因和基础原因，以避免它们发展成为不安全行为。

实施 Education（教育）：利用各种形式的教育和训练，使员工树立"安全第一"的思想，掌握安全生产所必需的知识和技术。作为教育的对策，不仅在产业部门，而且在教育领域的各种学校，同样有必要实施安全教育和训练。

适用 Enforcement（强制）：借助于规章制度、法规等必要的行政乃至法律的手段约束人们的行为。除了国家法律规定的以外，还有安全规程和标准，公司、工厂内部的工作标准等。其中，强制执行的叫作指令性标准，劝告性的非强制的标准叫作推荐标准。

（2）预防物的不安全状态。防患未然，做好基础性的安全工作，及时发现和处理事故隐患，消灭潜在的事故危险，以避免造成事故。采用 Engineering（工程技术）：运用工程技术手段消除不安全因素，实现生产工艺、机械设备等生产条件的安全。设计机械装置或工程以及建设工厂时，要认真地研究、讨论潜在危险之所在，预测发生某种危险的可能性，从技术上解决防止这些危险的对策，采用安全设计后，还要制定相应的检查和保养技术措施，以确实保障安全。

（3）控制人的不安全行为和物的不安全状态在时间上错位。在出现人的不安全行为时，不存在物的不安全状态，存在物的不安全状态时，不发生人的不安全行为。即使两者在时间上不重合。

例如，车工戴手套车削光滑零件时被车间主任制止纠正，在车削毛刺零件时摘下了手套，故而没有发生被缠绞的事故。因为车工的不安全行为在先，零件的不安全状态在后，时间上错位。电力线路运维工没有认真核对线路编号误登杆塔时恰巧线路停电，行为违章了但线路处于安全状态。

（4）控制人的不安全行为和物的不安全状态在空间上错位。在出现人的不安全行为的空间里不存在物的不安全状态，在存在物的不安全状态的空间里不发生人的不安全行为，即两者在空间上不交汇。

例如，挂钩错位吊物不牢靠，悬在空中失去控制，这时候设立安全围栏，阻止人员通过吊物区。施工炸断了高压线路，电线落地，看护好电线落地点，阻止人畜走进危险的跨步电压区。转移粉尘爆炸空间和瓦斯爆炸空间的员工到安全的区域等。目的都是控制人的不安全行为和物的不安全状态在空间上的错位，即将物的不安全状态和人的不安全行为，或者即将做出的不安全行为分隔在不同的空间，预防事故的发生。

由上可见，只有物的不安全状态不会发生事故，只有人的不安全行为也不会发生事故，只有物的不安全状态与人的不安全行为同时间同空间交汇接触才会发生事故。

第四节　系统安全理论

前述的多米诺骨牌理论强调人的不安全行为是事故的主要原因，能量意外释放理论则论述物的不安全状态引发事故的原理，轨迹交叉理论则阐述了人、物两条轨迹交汇接触发生事故的理论。实际上在安全生产中大至一个企业、小至一条生产线都是一个复杂的系统，任何一个事故的全部原因很难用上述单一的理论完整全面的解析。要解决这种纷繁复杂的因果关系，本节介绍系统安全理论。

一、系统安全理论原理和基本原则

系统安全理论特别强调"管理"，认为产生事故的间接原因是安全管理不到位，它是产生事故直接原因的原因，安全管理缺陷，是根本性的事故隐患。只要安全管理到位了，人的不安全行为可以克服，物的不安全状态可以消除，环境的不安全因素也可以改变。

系统安全理论包括很多区别于传统安全理论的创新概念：①改变了人们只注重操作人员的不安全行为，不注重设备硬件状态在事故致因中的作用观念，而且开始考虑如何站在生产全局的高度，秉持动态发展的观念，通过提高系统可靠性来保证复杂系统的安全性，从而避免事故。②绝对安全的事物是不存在的，任何事物中都潜伏着危险因素。通常所说的安全或危险只不过是一种主观的判断。人们限于知识和经验的不足，这种主观判断是不可靠的。③不可能根除一切危险源，但可以预防减少来自危险源的危险性。④随着生产技术的发展，新技术、新工艺、新材料和新能源的出现，囿于人的认识能力，不能完全认识新危险源及其风险，即使认识了，又会产生更新的危险源。

1. 系统原理

（1）系统：是在一定环境中由若干相互作用又相互依赖的部分组合而成，是具有特定功能的有机整体。

可见，①系统是由两个或两个以上的要素（或部分、子系统）组成。②要素与要素之间存在着一定的有机联系，从而在系统的内部和外部形成了一定的结构或秩序。任何一个系统又是它所属的一个更大系统的组成部分。③任何系统都有特定的功能，这是整体不同于各个组成要素的新功能，这种新功能也是由系统内部的有机联系和结构所决定的。

（2）系统原理：指人们在从事管理工作时，运用系统的观点、理论和方法对管理活动进行充分的分析，以达到管理的优化目标。

（3）系统分析内容：系统界定、系统要素、系统结构、系统功能、系统联系、系统目标、系统改进。

（4）管理系统的特性：目的性、整体性、层次性。

2. 运用系统原理的基本原则

（1）动态相关性原则：构成企业管理系统的各个要素是运动和发展的，又是相互联系、相互制约的。动态相关性是管理系统向前发展的根本原因。所以，提高管理的效果，必须掌握各管理对象要素之间的动态相关特征，充分利用相关因素的作用。对于安全生产系统而言，如果各组成部分都是静止不动的，也就不会发生事故了。

（2）整分合原则：现代高效率的管理必须在整体规划下明确分工，在分工基础上进行有效的综合，这就是整分合原则。该原则的基本要求是充分发挥各要素的潜力，提高企业的整体功能。首先从整体功能和整体目标出发，对管理对象有一个全面的了解和谋划；其次，在整体规划下实行明确的、必要的分工和分解；最后，在分工或分解的基础上，建立内部横向联系或协作，使系统协调配合、综合平衡地运行。其中，分工或分解是关键，协作或综合是保证。可见，整分合原则在系统安全管理中的意义：①整，就是企业领导在制定整体目标、进行宏观决策时，必须把安全纳入，作为整体规划的一项重要内容加以考虑；②分，就是安全管理必须做到明确分工，层层落实，要建立健全安全组织体系和安全生产责任制度，使每个人员都明确目标和责任；③合，就是要强化安全管理部门的职能，树立其权威，以保证强有力的协调控制，实现有效综合。

（3）反馈原则：反馈是控制过程中对控制机构的反作用。成功的高效的管理，离不开灵敏、准确、迅速的反馈。现代企业管理是一项复杂的系统工程，其内部条件和外部环境都在不断变化，所以，管理系统要实现目标，必须根据反馈及时了解这些变化，从而调整系统的状态，保证目标的实现。管理反馈是以信息流动为基础的，及时、准确的反馈依靠的是完善的管理信息系统。如，建立员工安全生产报告系统，及时发现安全隐患；建立安全检查、安全评价系统等，获取安全管理信息。

（4）闭环原则：在任何一个管理系统内部，管理手段、管理过程等必须构成一个连续闭环的回路，才能形成有效的管理活动，这就是闭环原则。该原则告诉我们企业系统内各种管理机构之间，各种管理制度和措施之间，必须具有相互紧密的关系，形成互相制约的回路，管理才能有效。

闭环原则包括：①组织机构闭环，决策指挥中心、执行机构、监督机构和反馈机构，各司其职，相互制约。②规章制度闭环，针对决策指挥、执行、监督、反馈等各环节制定管理制度，构成一个闭环的法规制度网。③各类人员闭环，形成一级管一级、一级对一级负责的机制，构成回路才能发挥全员职工的作用。重要的是下级对上级的制约。据此原则，企业安全管理责任"横向如圆半径扫描 360 度""纵向圆桶上下贯通"，形成立体的、完满的闭环回路。最后根据动态相关原则，伴随企业发展变化不断调整改进闭合回路。

二、系统安全理论的细化和拓展应用

安全管理系统是企业管理系统的子系统，包括各级安全管理人员和作业人员、生产设备设施和安全防护设备与设施、安全管理规章制度、安全生产操作规范和规程以及安全生产信息网络等。每一次安全事故都牵一发而动全身，各个组成部分都难脱干系。系统内，部分与部分之间的关系，部分中人与人之间、人与设备之间、人与作业环境之间、安全信息与使用者之间等的动态相关性等层层关系都要掌握。

要系统地分析一次事故。首先，界定所分析的系统；其次，分析与安全有关的要素；第三，分清安全管理的层次结构，明确各层的管理职责和权利；第四，对企业安全隐患进行定性定量的辨识、分析和评价，确定安全工作的管理重点，制定管理的总目标和各层次、环节的局部目标；第五，明确各级安全管理的职能和任务，选择最优的工作方案，以保证安全管理目标的实现。始终掌握与安全生产的动态和各个部分各因素之间的相关性。从组织制度上保证能够随时随地掌握企业安全生产的动态情况，要有良好的信息反馈手段。充分考虑各种事物的相互联系，如员工违章作业发生事故，事关现场和设备的不安全状态、人员分工安排、教育培训等问题，甚至相关员工的家庭和社会生活的影响。系统安全理论图如图 6-14 所示。

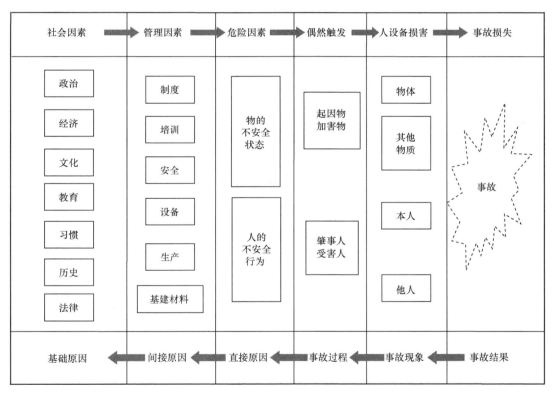

图 6-14　系统安全理论

1. 社会因素（基础原因）

这是最深层次、最广泛的原因。政治方面主要是政治制度、集权制度，层层对上负责，而安全生产事故大多发生在生产一线，作业人员的安全容易被忽视。法律层面上，我国法制健全，但在部分情形下法治方面差距很大，在安全生产方面有法不依、执法不严、权力寻租放纵违法的情形仍然存在。

2. 管理因素（间接原因）

这是生产单位的安全管理层在人、机、料、法、环五方面安全生产管理缺失或者不到位的原因。最重要的是对人的管理，如孕育植培企业安全文化，进行安全理念、理论方法教育，培训安全法律法规、规章规程、方法技能提高安全素质，建立健全安全生产管理制度，约束规范员工的工作和操作行为，处罚违法行为，褒扬安全行为，给予员工精神激励等；其次设备管理，建立健全设备管理制度，勤于设备管理，及时消除设备隐患和不安全状态，使设备处于常态安全运行中；生产用物料尽量采用无毒无害的，无法替代的则做好防范措施；生产加工工艺科学合理安全，制定契合实际的安全操作规程和标准化安全作业手册；生产车间、施工环境符合《工作场所职业卫生管理规定》的要求。

3. 危险因素（直接原因）

因素1、2的积累结果就是生产单位处于物的不安全状态和人（不特定的人）的不安全行为，也就是设备隐患重重，人员违章频频。这时候事故只等待某台设备病态大发作或者某个违章操作者那一根燃起的火柴棒、一个数据的误读、一个不经意的触碰。

4. 偶然触发（事故过程）

危险因素积累到了3的状态，设备病态发作了，如工厂高压容器管道爆炸了、化工厂剧毒气罐泄漏了、发电厂煤堆自燃了、汽轮机飞车了、建筑工地脚手架倒塌了、吊车倾覆了、高压电线断落了、高压设备漏电了、机床高速旋转零件飞出了……设备不安全状态任其存在，有时候无需违章操作者的触发就会造成事故。

肇事人就是事故触发者，爆竹的点燃者。有时候物的不安全状态只有在违章操作者那错误的一触，便会发生安全事故。旋转工件的毛刺绞住了车工违章散开的衣袖、撒在车间地上的汽油遇到了一个燃烧的烟蒂、在爆炸极限范围内的可燃气体遇到了金属扳手操作产生的那个小火花、没有防护网的脚手架上建筑工人扔下的材料砸中了地上的行人、没有锁好的带电间隔走入了一个没有核对设备编号的电工等。

加害物或肇事人，点燃（触发）了由于基础因素、管理因素积累的物的不安全状态和人（泛指的）的不安全的行为。

5. 人的伤亡与设备损毁（事故现象）

安全事故发生后显见的直接损失就是人身伤害和设备损毁或者环境破坏。

6. 事故损失（事故结果）

事故损失的结果不仅仅是上述5个罗列的人身、设备和环境方面的、显见的、直接的人身与物质损失，而是综合损失，包括那些间接的经济损失、刻骨铭心的精神损失、广泛的社会损失、隐形的久远的社会损失。如华中大停电，严重地影响了湖南、湖北、河南、江西四省企事业单位和居民的生产工作和生活。前苏联的切尔诺贝利核电站爆炸案，附近大片土地成为无人区，将持续数百上千年核辐射才能衰减到安全值。

安全事故案例千差万别，系统因果关系千丝万缕。下面基于一个事故案例倒推不完全说明系统安全理论和应用。

案例6-8　某年4月某炼钢厂在试验冶炼T91特种钢。7日7时，炼钢厂换了经过改进未经试验检验的钢包接钢水。经过好一会儿工夫，作业人员未发现钢包壁透红、漏钢等现象，钢包被顶升到位并下降至加合金位置时，操作室内的精炼处理工陈师傅在监控显示屏上发现现场有火光，立即到现场确认，发现钢包穿漏。钢水泄漏烧毁了炼钢2号RH真空处理装置，想操作液压顶升装置让钢包下降，欲将钢包台车开出，但发现液压顶升装置不动作。台车驱动也烧毁失灵，漏出的钢水很快熔化了钢包台车上的托架，由于钢包依然处于顶升状态，在静压的作用下，钢水大量涌出，冲击在附近液压站的墙面上，熔化了墙面上的钢结构立柱，钢水进入液压室，再熔化高压液压管道，造成高压液压油喷涌而出，引起火灾，大火烧穿了液压站屋顶并迅速蔓延扩大。

事故造成2号RH部分液压和电气系统烧损，现场作业人员常某某在操作室内窒息身亡，周师傅严重烧伤，经医院全力抢救无效死亡。

案例评析　本案如果墙体耐火材料符合防火等级，钢水也不会进入液压室内。如果液压室顶棚符合耐火等级，也不会被烧穿而致火灾蔓延扩大。如果操作人员受过应急培训演练，掌握并熟练应用这些应急技能，事故发生后：①保证安全的前提下及时用熔剂或砂土挡住已流出的金属液体，防止熔融金属大面积流淌或流入积水；②当熔融金属引起可燃物着火时，使用干燥沙子或其他耐火材料扑救（不得使用水或二氧化碳灭火器、水剂灭火器灭火），事故就会到钢包漏钢为止，不会烧穿墙体进入液压室，更不会烧穿液压室顶棚蔓延大火。又如果在高温辐射及熔融金属喷溅的危险岗位的周某配备阻燃服及其他专业防护用品，也许或保住他宝贵的生命。

本案中这诸多的"如果"，都是安全生产管理中诸多的缺失，这诸多的缺失造成了令人悔恨惋惜的巨大损失！

在系统安全理论中，物的不安全状态和人的不安全行为在同时空交汇接触，依然是事故发生的主干线。但是与此同时，其他关联看似无关的基础而间接的辅线同样起着很重要的，甚至相对于事故后果而言更重要的作用。

注意案例6-8的事故因果倒推，见图6-15。我们会发现与该事故相关的各个系统、各个层次的因素有着纵横交错、千丝万缕的联系。这些因素既有实时的也有历史的，既有直接的也有间接的，既有基础的也有专业的，既有近的也有远的，既有肤浅的也有深层次的。各层次、各系统的事故因素都是相互关联的，不是孤立存在的。

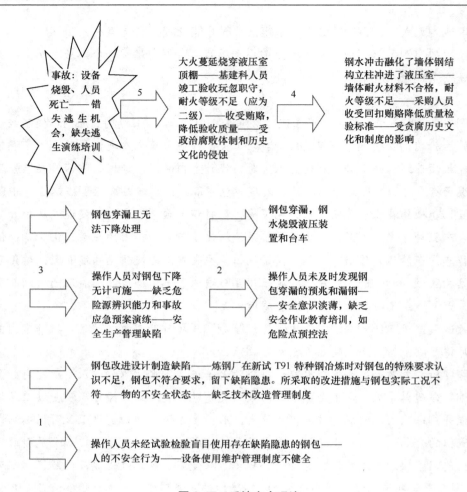

图 6-15　系统安全理论

工欲善其事，必先利其器

——《论语·卫灵公》

第七章 安全生产管理方法

根据前述的安全理论，在生产实践中积累和创造许多安全生产的经验和管理方法。本章将从组织制度、技术进步、危险点分析预控、安全评价等方面介绍安全生产管理方法，同时简介外国安全生产管理理念和经验方法。

第一节 组织管理与制度管理

组织是制度的制定者又是执行者，制度是组织进行安全管理的规范性文件和准绳，生产单位内的人员必须一体遵行。除此之外，充分调动外部的一切有利于安全生产的因素，如本节提及的安全亲情网更有助于安全工作。

一、组织管理

组织管理首先要有个组织机构，来贯彻执行安全制度、组织实施管理措施。安全管理组织措施由安全管理组织依据安全法律法规、规章规程牵头制定。

1. 安全组织概述

（1）安全组织。本节所述的安全组织是广义的、自上而下的各层级、各部门以一把手为安全第一责任人的、以成员为实体的安全网络机构，如图 7-1 所示。

狭义的安全管理组织就是安全网络的核心部门，由安全管理人员组成的指挥中枢机构，依法制定单位安全生产规章制度和措施，并统领生产单位自上而下贯彻执行，如安全委员会或者安全质量部就是狭义的安全组织。

《安全生产法》第二十一条规定，矿山、金属冶炼、建筑施工、道路运输单位和危险物品的生产、经营、储存单位，应当设置安全生产管理机构或者配备专职安全生产管理人员。前款规定以外的其他生产经营单位，从业人员超过一百人的，应当设置安全生产管理机构或者配备专职安全生产管理人员；从业人员在一百人以下的，应当配备专职或者兼职的安全生产管理人员。

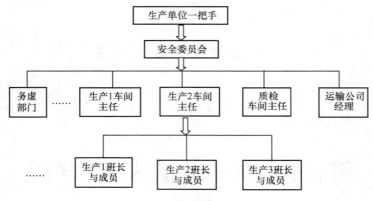

图 7-1　安全组织结构

这里的安全生产管理机构就是指狭义的安全组织。

（2）安全组织的职责。安全生产监督管理机构是企业安全生产工作的综合管理部门，对其他职能部门的安全生产管理工作进行综合协调和监督。监督执行安全生产法律法规、规章和标准，参与本单位安全生产决策；督促和指导本单位其他机构、人员履行安全生产职责；组织实施安全生产检查，督促整改事故隐患；参与本单位生产安全事故应急预案的制定及演练，承担本单位应急管理工作；参与审查有关承包、承租单位的安全生产条件和相关资质；定期召开安全监督会议，部署安全生产监督工作。

安全生产管理机构以及安全生产管理人员是安全生产单位在主要负责人领导下，主抓安全生产工作的机构和人员，其安全生产责任范围大于其他生产作业人员，而且具有检查监督权力。

《安全生产法》第二十二条规定，生产经营单位的安全生产管理机构以及安全生产管理人员履行下列职责：

1）组织或者参与拟订本单位安全生产规章制度、操作规程和生产安全事故应急救援预案；

2）组织或者参与本单位安全生产教育和培训，如实记录安全生产教育和培训情况；

3）督促落实本单位重大危险源的安全管理措施；

4）组织或者参与本单位应急救援演练；

5）检查本单位的安全生产状况，及时排查生产安全事故隐患，提出改进安全生产管理的建议；

6）制止和纠正违章指挥、强令冒险作业、违反操作规程的行为；

7）督促落实本单位安全生产整改措施。

安全生产管理机构以及安全生产管理人员在制定生产经营单位的安全生产计划和技术措施方案等安全管理工作中，应当为生产经营单位和主要负责人出谋划策、献计支招。正确的安全生产建议，单位应当采纳。

《安全生产法》第二十三条规定，生产经营单位的安全生产管理机构以及安全生产管理人员应当恪尽职守，依法履行职责。生产经营单位作出涉及安全生产的经营决策，应当听取安全生产管理机构以及安全生产管理人员的意见。生产经营单位不得因安全生产管理人员依法履行职责而降低其工资、福利等待遇或者解除与其订立的劳动合同。

《安全生产法》第二十四条规定，生产经营单位的主要负责人和安全生产管理人员必须具备与本单位所从事的生产经营活动相应的安全生产知识和管理能力。危险物品的生产、经营、储存单位以及矿山、金属冶炼、建筑施工、道路运输单位的主要负责人和安全生产管理人员，应当由主管的负有安全生产监督管理职责的部门对其安全生产知识和管理能力考核合格。考核不得收费。

案例 7-1　某建筑工程公司因效益不好，公司领导决定进行改革，撤销安全部，部门 8 人中，4 人下岗，4 人转岗，原安全部承担的工作转由工会的 2 人负责。这致使该公司上下对安全生产工作普遍不重视，安全生产管理混乱，经常发生人员伤亡事故。

案例评析　本案做法严重违反了《安全生产法》第二十一条的规定，给生产经营单位形成一种误导，即安全生产不重要，安全生产管理是可有可无的，其后果必然是事故增多。正所谓"人员减下来，事故升上去"。建筑施工单位本来就是事故多发、危险性较大、生产安全问题比较突出，更应当将安全生产放在首要位置来抓，否则难免出现安全问题甚至发生事故。

《安全生产法》第九十四条规定，"生产经营单位有下列行为之一的，责令限期改正，可以处五万元以下的罚款；逾期未改正的，责令停产停业整顿，并处五万元以上十万元以下的罚款，对其直接负责的主管人员和其他直接责任人员处一万元以上二万元以下的罚款：（一）未按照规定设置安全生产管理机构或者配备安全生产管理人员的。"

（3）安全组织的管理人员的检查权和报告义务。《安全生产法》第四十三条规定，生产经营单位的安全生产管理人员应当根据本单位的生产经营特点，对安全生产状况进行经常性检查；对检查中发现的安全问题，应当立即处理；不能处理的，应当及时报告本单位有关负责人，有关负责人应当及时处理。检查及处理情况应当如实记录在案。

生产经营单位的安全生产管理人员在检查中发现重大事故隐患，依照前款规定向本单位有关负责人报告，有关负责人不及时处理的，安全生产管理人员可以向主管的负有安全生产监督管理职责的部门报告，接到报告的部门应当依法及时处理。

当然搞好安全生产要调动一切有利于安全的因素，除了组织管理，还有非组织管理——安全亲情网，对安全生产的影响也是深刻而广泛的。亲情网是血缘亲情和亲朋好友结成的看似松散、无组织、无纪律的，但却是藕断丝连亲密的，看似柔性的、无形的，却内部紧密连接刚劲的安全网。妻子的叮咛和祝福，父母的倚门翘首企盼，孩子渴望的等待，远近朋友的牵挂祝福，或许比法律法规、安全制度更能唤醒作业者内心沉睡的安全意识和警觉，更能够增强生产人员对家庭、亲人和朋友的责任感。

在严肃的、规范的组织管理之外，多走访有问题的生产人员家庭，了解并解决他们的生活困难，解开他们思想上的疙瘩，让他们心情舒畅、身体健康、精神饱满、体力充足，方可保证安全生产无事故。生产单位要多开一些类似安全生产贤内助表彰大会，奖赏激励生产作业人员的亲属，一如既往地在背后牵住那根安全作业的"木偶线"。也要举办一些类似一家亲、少年儿童安全活动。幼年的孩子们对一线作业的爸爸妈妈的殷切的注目和无助的依赖的眼神，就是对爸爸妈妈最好的安全期盼。这力量是隐深柔长缠绵坚韧的。

2．组织管理措施

这里的组织管理措施不是指安全管理部门通常履行的制定安全规范、进行安全检查、处理安全事故和组织安全培训的日常安全管理工作职责，而是仅仅从业务技术角度保证安全生产的狭义的组织措施。

（1）组织措施。某行业作业团队完成某一类工作任务，为了保证安全生产而采取的一套规范的、全体遵行的组织协调监督检查的制度。

如，在建筑行业的高空交叉与立体作业有"三宝""四口""五临边"防护措施。"三宝"，即安全帽、安全带和安全网；"四口"即楼梯口、电梯口、预留洞口、通道口（吊笼口和井口）；"五临边"即沟坑槽和深基临边、楼层周边、楼梯侧边、平台和阳台边、屋面周边。

又如，化工行业的"六严"安全生产组织措施：①严格执行交接班制；②严格进行巡回检查；③严格控制工艺指标；④严格执行操作法（票）；⑤严格遵守劳动纪律；⑥严格执行安全规定。

（2）电力工业安全生产组织措施。在各行各业的组织措施中，由于电力生产输送具有同时性、实时性、迅捷性、不可储存性、高度危险性和电力设施设备的物理垄断性，所以电力行业的安全组织措施的成熟性、规范性和典型性颇具代表性。故在此简述电力行业安全生产组织措施，以资其他行业借鉴。

电力行业保证安全的组织措施，典型的就是"两票三制"。这里的"两票"是指工作票和操作票。

1）工作票，是批准在电力设施上工作的一种书面依据，包括明确安全责任、现场交底、工作许可和工作终结手续、实施技术措施、安全措施等内容。杜绝图省事缺少审批、许可手续，甚至不开工作票，不要运行人员做安全措施的严重违章作业现象。

2）操作票，是指在电力系统中进行电气操作的书面依据。为防止运行人员电气误操作（误拉、误合、带负荷拉闸、合隔离开关、带地线合闸等）而预先编制好的一整套操作步骤记录票。操作前对操作票进行仔细审核，操作内容必须明确、具体，操作中分清监护人与操作人的职责，让操作熟练的人员依据操作票按顺序进行，并做好监护。

3）"三制"，即交接班制度、巡检规章制度、设备定期轮换试验及检修制度。

a．交接班制度，上下两班工作人员交接规定。接班人员应达到掌握设备运行状态后方可接班，这就要求接班人员重视设备巡检，认真查阅各种记录以及详细掌握休班期间发生的各类事件的原因、过程及防范措施。同时交接班时的签字、交接仪式是使接班人员思想上立即投入到工作状态的有效过程，要认真严肃，杜绝走形式。

b．设备巡回检查制度，工作人员在上班期间按规定对运行设备进行巡视，掌握设备缺陷运行情况的不可或缺的工作，如抄表、监视画面、巡检设备。运行人员对参数变化要有分析对比，对设备运行状态要心中有数，及时发现隐患，预防事故发生。

c．设备定期轮换试验及检修制度，运行人员定期检验运行及备用设备是否处于良好状态的规定。及时处理缺陷，使它处于良好的备用状态。包括对备用设备应视同运行设备，应及时联系处理缺陷，使之处于良好的备用状态，否则一旦运行设备发生故障，在无备用或少备用设备的情况下，就意味着缺少一种运行方式，安全运行就失去了一道保障，运行人员处理事故时调节余地小，往往会导致事故扩大。实际上电力生产输送各个环节安全组织措施是不同的。

4）电力生产输送不同环节的安全组织措施。

a．变电所部分的组织措施，包括：①现场勘察制度；②工作票制度；③工作许可制度；④工作监护制度；⑤工作间断、转移和终结制度。

b．电力线路部分的组织措施，包括：①现场勘察制度；②工作票制度；③工作许可制度；④工作监护制度；⑤工作间断制度；⑥终结和恢复送电制度。

c．水电厂动力部分在水力机械设备和水工建筑物上工作，保证安全的组织措施，包括：①现场勘察制度；②工作票制度；③工作许可制度；④工作监护制度；⑤工作间断、试运和终结制度；⑥动火工作票制度；⑦操作票制度。

二、制度管理（安全生产责任制）

安全生产规章制度，是企业全员一体遵守的各项有关安全生产规章制度的总和。广义上安全生产规章制度包括基本安全生产管理制度、专业专项安全制度和安全操作规程等。企业的安全生产管理制度必须有红头文件和传阅记录，项目的安全生产管理制度必须有经过上级部门审批和项目发放记录。

各个行业的生产单位关于安全生产都有一大堆制度，管理的、教育的、技术的一应俱全。譬如，全员安全产生责任制、安全例会制度、安全生产教育培训制度、安全技术交底制度、特种作业人员管理制度、安全检查制度、安全生产事故报告及处理制度、班组安全活动制度、安全生产档案管理制度等。还有一些其他有关安全的制度不完全列举如下：

（1）安全交底制度（企业和项目均须制定）。

（2）安全技术交底制度（企业和项目均须制定）。

（3）专业性强、危险性大的专项（施工用电、大型机械、特殊类脚手架、防暑降温等）施工方案审批制度。

（4）设备（含紧急救援器材）安装、拆除验收制度（含检测、操作规程、定期保养、维修、改造报废、特种设备管理内容）。

（5）分包单位安全管理制度（针对专业类、劳务类等分包单位安全职责、权限、考核、奖罚考核）。

（6）安全教育培训制度（企业和项目均须制定）。

（7）班组安全活动制度（企业和项目均须制定）。

（8）安全检查制度（企业和项目均须制定）。

（9）安全隐患整改责任制度（企业和项目均须制定）。

（10）安全生产奖罚制度（企业和项目均须制定）。

（11）工伤事故报告制度（企业和项目均须制定）。

（12）施工现场安全纪律制度（项目制定）。

（13）消防管理制度（企业和项目均须制定）。

（14）保卫值班制度（企业和项目均须制定）。

（15）现场文明施工管理制度（项目制定）。

（16）事故紧急救援制度（企业和项目均须制定）。

（17）各工种安全操作规程。

以下只讨论重要的制度——全员安全产生责任制。

1. 全员安全产生责任制

《安全生产法》第四条，生产经营单位必须遵守本法和其他有关安全生产的法律、法规，加强安全生产管理，建立、健全安全生产责任制和安全生产规章制度，改善安全生产条件，推进安全生产标准化建设，提高安全生产水平，确保安全生产。对于企业而言，安全生产责任制是根据安全生产法律法规制定的，各类生产经营负责人与管理人员、工程技术人员及岗位操作人员，在劳动过程中层层安全负责的制度。是单位每个岗位的安全职责和应承担的责任规定，既是指引和约束员工安全生产行为准则，又是发生关安全事故后承担责任的军令状。是企业最基本的一项安全管理制度，也是企业安全生产、劳动保护制度的核心。安全生产责任制广义的责任人有多种身份：各级政府、政府部门、生产经营单位、行业组织等。与此相对应的有，各级人民政府安全生产监督管理制度、各类事业单位组织安全生产责任制度、生产经营单位安全生产责任制度。由于职责不同，职权不同，责任也就不同。对于企业安全生产责任制，就是企业主要负责人应对本单位的安全生产工作全面负责，其他各级管理人员、职能部门、技术人员和各岗位操作人员，应当根据各自的工作任务、岗位特点，确定其各自在安全生产方面应做的工作和应负的责任，并与奖惩制度挂钩。生产经营单位的安全生产责任制包括以下内容：

（1）总则，包括制度宗旨、适用范围、实施原则等。

（2）公司全员安全职责：①经理安全职责；②分管生产（安全）的副经理安全职责；③总工程师安全职责；④工会的安全责任制；⑤安全质量部安全责任制；⑥其他部室安全责任制；⑦工区、车间安全责任制；⑧班组安全责任制；⑨生产岗位的人员安全职责；⑩技术岗位人员安全职责；⑪其他岗位工作人员安全职责等。

（3）尽职的奖励和未尽的惩罚细则与监督执行。《安全生产法》第十九条规定，"生产经营单位的安全生产责任制应当明确各岗位的责任人员、责任范围和考核标准等内容。生产经营单位应当建立相应的机制，加强对安全生产责任制落实情况的监督考核，保证安全生产责任制的落实。"

2. 具体到部门和岗位的责任内容

以下不完全列举部门和岗位责任供参考。

（1）生产经营单位的主要负责人的责任：①贯彻执行国家安全生产的方针、政策和法规，掌握公司安全生产动态，每年组织一次董事会研究安全生产工作，决策并制定公司安全生产方针和目标；②建立健全公司安全生产保证体系，领导公司安全生产委员会；③领导本公司安全生产工作，对公司安全生产管理负全面领导责任；④组织制定并实施本单位安全生产教育和培训计划；⑤建立健全并落实本单位全员安全生产责任制，加强安全生产标准化建设；⑥组织制定并实施本单位安全生产规章制度和操作规程；⑦组织制定并实施本单位安全生产教育和培训计划；⑧保证本单位安全生产投入的有效实施；⑨组织建立并落实安全风险分级管控和隐患排查治理双重预防工作机制，督促、检查本单位的安全生产工作，及时消除生产安全事故隐患；⑩组织制定并实施本单位的生产安全事故应急救援预案；⑪及时、如实报告生产安全事故。

（2）生产经营单位的安全生产管理机构的责任：①组织或者参与拟订本单位安全生产规章制度、操作规程和生产安全事故应急救援预案；制定安全生产工作计划和方针目标，并负责贯彻实施。②组织或者参与本单位安全生产教育和培训，如实记录安全生产教育和培训情况；③督促落实本单位重大危险源的安全管理措施；④组织或者参与本单位应急救援演练；⑥检查本单位的安全生产状况，及时排查生产安全事故隐患，提出改进安全生产管理的建议；研究安全动态，组织安全生产调查研究活动，编制研究报告，修改安全生产管理制度，审查修改安全操作规程，并对执行情况进行监督检查；⑥制止和纠正违章指挥、强令冒险作业、违反操作规程的行为；⑦督促落实本单位安全生产整改措施；⑧参加施工组织设计（或施工方案）的会审，对其中的安全技术措施签署意见，由编制人负责修改，并对安全技术措施的执行情况监督检查；⑨参加生产例会，掌握施工生产信息，预防、预测事故发生的可能性，提出防范建议，参加新建、改建、扩建工程项目的设计、审查和竣工验收；⑩参加伤亡事故的调查，进行事故统计、分析，按规定及时上报，对伤亡事故和未遂事故的责任者提出处理意见。

（3）班组长安全生产责任：①班组长是班组安全生产第一责任人；②做好班组安全生产业务技能教育培训工作，经常组织班组人员学习安全操作规程，督促班组人员遵章守纪，戒除违章指挥，违章操作，违反劳动纪律的"三违"恶习；③坚持每天班前会进行作业安全注意事项说明和落实安全技术交底；④作业过程中要进行安全巡逻，发现违章或不安全现象立即纠正，并且班后进行安全讲评和总结，并做好每日的安全记录；⑤经常检查班组作业现场安全生产状况，发现问题及时解决并上报有关领导。

（4）安全员安全生产责任：①宣传安全生产法规，提高全体施工生产人员的安全生产意识；②生产和施工检查中，遇有发现重大事故隐患或违章指挥、违章作业时，应制止违章，停止施工作业，或责令违章人员撤出施工区域。遇有重大险情时，指挥危险区域内的人员撤离现场，并及时向上级报告；③进入施工现场的单位或个人进行监督检查，发现不符合安全管理的规定应立即予以纠正；④参加生产例会，掌握施工生产信息，预防、预测事故发生的可能性，提出防范措施。⑤及时为项目经理、技术负责人、安全生产管理人员改进施工工艺和操作方法提供资料信息，协助解决工程安全问题；⑥参加伤亡事故的调查，进行事故统计和分析，按规定及时上报，对伤亡事故和未遂事故的责任者提出处理意见；⑦遇有特殊紧急的不安全情况时，先行停止生产并且立即报告领导研究处理。

（5）现场施工负责人安全生产责任：①严格遵守安全生产规章制度和安全操作规程，对所负责承担的施工项目的安全生产负直接责任，不违章指挥，制止冒险、违章、违规作业；②对施工现场环境安全和一切安全防护设施的完整、齐全、有效负直接责任；③组织并督促技术人员做好书面安全技术交底，并做好记录和签字工作，遇有生产与安全发生矛盾时，生产必须服从安全；④领导所属班组搞好安全生产，组织班组学习安全操作规程，并检查执行情况。教育工人力戒违章作业和冒险蛮干，正确使用防护用品；⑤经常进行安全检查，及时纠正工人违章作业，认真消除事故隐患；⑥发生伤亡事故要保护现场并立即上报，拒绝不合规、不安全的生产指令；⑦做好施工现场的安全生产日常检查和记录工作。

（6）机械管理员安全生产责任：①严格执行规章制度，生产机械设备，必须配备齐全、有效、可靠的安全防护保险装置。起吊作业落实"十不吊"安全措施，确保安全施工；②要加强对机械操作人员的管理，组织定期或不定期安全技术培训。学习机械电气安全技术操作规程，达到应知应会。经考核合格，持证上岗；③经常对电机设备进行检查，维修保养，保持外部洁净，功能完好，提高机械使用率。不得带病运行作业；④建立验收交接使用制度，在组装、拆除塔吊、井架等机械施工设备时，制作安全作业指导书，进行安全技术交底，并跟班监督检查指导，随时消除不安全因素。组装完毕，组织有关保同验收，试行空转空运，达到良好，相互签证，方交付使用；⑤定人定机使用机电设备，定员、定责，上岗前对各个部位检查，事先排除故障或隐患，并不准他人动用，用毕后切断电源，锁好闸箱。

以电力企业为例，安全生产规章制度国标主要是有《电力安全工作规程（电力线路部分）》（GB 26859-2011）、《电力安全工作规程（发电厂和变电所电器部分）》（GB 26860-2011）《电力安全工作规程（高压试验室部分）》（GB 26861-2011）；行业标准如《电力系统安全稳定导则》（DL/T 755-2001）、《电网运行规则》（DL/T 1040-2007）等。企业安全生产制度如《安全生产危险点分析预控制度》《安全生产风险防控制度》等。

安全生产责任制度是安全生产法规规章制度的延伸、分类和细化，是生产经营单位的安全工作，层层分解到每一个工作岗位，谁失职谁就要承担相应责任，共同做好安全生产工作的一种管理制度，既约束事故的发生，又是事故处理的契约依据。

案例7-2　某年8月4日，某市供电公司对89军医院线路进行停电改造，并按照两票三制办理了停电。下午，线路工区人员开始工作，最先登上杆位欲更换绝缘子的宫某还没有来得及挂好安全带的后背绳，突然大叫一声从杆上坠落下来。此时公司安全员和线路工区安全员都在树荫下纳凉。

不是停电了吗？电话联系调度人员询问89军医院线路确实已经停电。经查，作为医疗单位，89军医院在没有双回路保证供电的情形下，投资了自发电设备。网上停电后，医院就启动了自发电设备。由于多年来一直没有给89军医院停过电，对这家一类负荷客户的自发电情况已经淡漠遗忘。因此当供电公司给其停电后，军医院便启动了自发电。由于启动前没有检查两套系统的切换互锁装置是否正常，以致自发电系统给已经停电的线路倒送电，致使线路工宫某触电坠亡。

案例评析　本案的两级安全员在生产现场，严重不负责任，施工期间在树下纳凉，不做安全检查，不做安全布置，也不做安全监督。首先，作为安全员，特别是供电公司安全员，对于一类客户的供电网络结构应该了如指掌，对军医院的自发电设备，事前应做好检查和交代。其次，如果严格按照规程验电和工作段两端挂接地线的要求操作，也不会发生事故。

两级安全员的不作为行为严重违反了《安全生产法》第二十二条之规定，"生产经营单位的安全生产管理机构以及安全生产管理人员履行下列职责：（五）检查本单位的安全生产状况，及时排查生产安全事故隐患，提出改进安全生产管理的建议；（六）制止和纠正违章指挥、强令冒险作业、违反操作规程的行为"。

第二节　技术管理措施

随着科学技术的发展，安全生产技术措施发展分为三个阶段：防呆法、自动化和人工智能。这三大类措施都在不断发展中，防呆法和自动化也依然应用广泛，作用显著，并未停下发展的脚步，人工智能安全措施则刚刚上路。

一、防呆法（fool proof）

触碰火炉会被烫伤，突入高压电源的安全距离会被电击，手伸过机械的限位会被绞伤，踏空脚手架会坠落摔伤……前者说的就是火炉原理，手被烫吸取教训，保持距离，对于没有教训的人则强行地让他保持距离——刚性结构阻挡危险源，这就是防呆法（fool proof），意思是预防傻瓜行为——偏执地拥抱显而易见的危险源，似与傻瓜无异。该类措施也是基于能量意外释放理论制定的，防止有害过量的能量释放到生产作业者的身体。

防呆法分为限止类和警示、提醒类。

1. 限止类

采取刚性阻挡，限制违章作业者进一步动作，以阻止事故的发生。最基本要求是：有洞必有盖，有台必有栏，有轮必有罩，有轴必有套。

（1）发电厂0米以上平台的孔洞盖板和刚性围栏，防止坠落；机械喂料入口的安全限位挡板防止绞手；化工行业的重要阀门加锁防止误开等；电网企业带电设备的遮栏、作业围栏，防止触碰带电设备或误入带电间隔；电力开关的闭锁阻止运行人员误操作等。

（2）矿业井巷掘进空间之后，为防止冒顶片帮、边坡滑坡等危险伤害要进行临时或永久支护。方式主要有以下几种：

1）锚杆支护。锚杆支护是单独采用锚杆的支护，掘进后即向巷道围岩钻孔，然后向孔中安装锚杆，必要时也可安装锚索。如在大断面巷道或硐室支护时，目的是使锚杆和锚索与围岩共同作用进行巷道支护。锚杆支护的作用机理有多种：悬吊作用、组合梁作用及挤压连接、加固拱作用和松动圈支护理论等。

2）锚喷支护。锚喷支护又称喷锚支护，是联合使用锚杆和喷射混凝土或喷浆的支护。从广义上讲，可以将除锚杆支护以外的其他与锚杆联合的支护形式都纳入此范围。如喷浆支护、喷混凝土支护、锚网支护、锚喷网支护、锚梁网（喷）支护以及锚索支护等。

3）混凝土及钢筋混凝土支护。混凝土支护是用预制混凝土块或浇筑混凝土砌筑的支架所进行的支护。钢筋混凝土支护是用预制的钢筋混凝土构件或浇筑的钢筋混凝土砌筑的支架所进行的支护。这两种支护是立井井筒、运输大巷及井底车场所采用的主要支护方式。

4）棚状支架。棚状支架根据材质不同可以分为木支架和金属支架。

（3）建筑施工现场。"四口"——楼梯口、电梯口、预留洞口、通道口（吊笼口和井口）与"五临边"——沟坑槽和身基临边、楼层周边、楼梯侧边、平台和阳台边、屋面周边的防护措施。

1）施工现场四周用硬质材料进行围挡封闭，在市区内其高度不得低于1.8米。场内的地坪应当做硬化处理，道路应当坚实畅通。各种设施和材料的存放应当符合安全规定和施工总平面图的要求。

2）施工现场的孔、洞、口、沟、坎、井以及建筑物临边，应当设置围挡、盖板和警示标志，夜间应当设置警示灯。

3）施工现场的各类脚手架（包括操作平台及模板支撑）应当按照标准进行设计，采取符合规定的工具和器具，按专项安全施工组织设计搭设，并用绿色密目式安全网全封闭。

4）施工现场的用电线路、用电设施的安装和使用应当符合临时用电规范和安全操作规程，并按照施工组织设计进行架设，严禁任意拉线接电。

5）施工单位应当采取措施控制污染，做好施工现场的环境保护工作。

6）施工现场应当设置必要的生活设施，并符合国家卫生有关规定要求，应当做到生活区和施工区分开。

（4）设备自动限制，机械与自动化结合。当作业人员操作机器不正确时，设备不启动或者停止工作，以免发生事故。如冲床操作者的手还没有离开工件的安装位置，机器不冲压。当汽车进入可能发生追尾的距离范围，汽车自动减速，突遇障碍自动刹车；当车工的工件安装不正确不牢固、操作不正确、车床不启动不工作等。

2. 警示、提醒类

用可视的警示装置警示、提醒作业人员的在哪工作、应当去哪儿、禁止去哪、沿着什么路线行走、到哪为止、禁止做什么等，如悬挂标牌与安全标志。

（1）电力施工。"高压危险，止步""在此工作（不要去别的位置）""不要跨越铁路""不要翻越围栏""禁止合闸，线路有人工作"等。

（2）建筑施工现场。施工现场的入口处应当设置"一图五牌"，即工程总平面布置图和工程概况牌、管理人员及监督电话牌、安全生产规定牌、消防保卫牌、文明施工管理制度牌，给予提醒。在施工场区有高处坠落、触电、物体打击等危险区域悬挂安全警示牌。

（3）工厂车间。

1）标线。如车间地标线，标明人行通道、毛坯存放区、成品存放区，以免行走、放置错误造成危险。

2）看板。在操作者目力所及方便观看处设置利用图文、数字、符号和形状画好的看板，提醒工作人员作业注意事项。

3）颜色。交通信号灯的红绿黄三色提醒驾驶人员停止、暂停、通行以保住安全；电力线路的黄绿红三色表示交流电的 U、V、W 三相，以免弄乱了相序；不同颜色表示不同的生产事项，如进度、产量、质量等。

4）亮闪光和蜂鸣。出现误操作、设备或生产线出现故障时，亮闪光或者蜂鸣报警，提醒停止生产或纠正错误。

二、自动化和智能化

1. 自动化

（1）自动化概念。不需要人直接参与操作，而由机械设备、仪表和自动化装置来完成产品的全部或部分加工的生产过程。

程度上有部件自动化、单台机器自动化和多机，根据工艺流程连续作业的自动化生产线直到整个工厂（车间）全部工序自动化生产的全盘自动化——半自动化和全自动化。应用范围包括加工过程自动化、物料存储和输送自动化、产品检验自动化、装配自动化和产品设计及生产管理信息处理的自动化等。

生产自动化的目的：①提高效益降低成本，提高产品质量；②减少操作人员的数量，减轻劳动强度，改善劳动环境；③改变劳动方式，提高设备使用功效。还有一个重要的目的是：防止事故发生与扩大，保障安全生产。

（2）自动化与安全生产。不管是部分自动化还是半、全自动化，在生产过程中都减少了或者完全不用人工上料、下料、包装、运输等人工操作。这就减少或杜绝了这些作业行为因为人的违章造成的事故伤害。

如机械加工的自动装夹功能，减少了装夹造成的伤害；机床自动进刀返回，杜绝了机床进刀到末端，操作者疏于停止进刀造成的机器损毁及人身伤害；电力线路的自动重合闸功能，减少了人工合闸操作失误造成的电击电伤；汽轮发电机的自动调速设备预防发电机超速运转，造成飞车毁机伤人事故；机器自动喂料功能，杜绝了人工喂料手臂超过限位的绞手事故；有毒有害和瓦斯气体自动抽放系统，保持有毒有害气体的浓度在安全范围，减少了作业人员的职业病危害，减少了瓦斯超标造成的爆炸事故；等等。

在以上工作过程中，不需要人直接参加操作，只是间接地监督机器工作。人机分离，人身就避开了意外能量释放造成的伤害，自动化生产方法控制安全生产的效能显而易见。

2. 智能化

（1）智能化生产：以完好先进的设施设备为基础，以人工智能技术为手段，实现信息化、自动化、互动化贯穿和覆盖整个生产过程和作业场所。

（2）对安全生产的作用：①时间上，对安全生产监管、产品质量检测和工艺流程的全程监控；②空间上全覆盖，不仅监控到主要生产装置及要害部位，而且实现对任何生产区域设备异常和违章作业行为进行实时监控；③不仅对施工作业现场的监护人、票证审核人、作业申请人以及承包商派驻的施工人员进行智能识别、身份验证的监控管理，同时也可监控作业区域内是否存在人员交叉危险行为、是否有未授权人或物的越界等不规范行为的发生；④通过对海量图像的分析，能够对设备设施（速度、温度、声音等）的不安全状态和作业人员的不安全行为（人体形态、表情、异常行为等）作出精准的识别和实时的预警。

3. 智能化与自动化的区别

（1）智能化是在网络、大数据、物联网和人工智能等技术的支持下，所具有的能动地满足人们生产过程的各种需求的属性。具有全程全面、动态实时、精准细腻、自愈自纠的特征。

（2）自动化只是智能化的一个重要特征之一。自动化是机器设备、系统生产过程在没有人或较少人的直接参与下，按照人的要求，经过自动检测、信息处理、分析判断、操纵控制，实现预期的安全生产目标的过程。功能、范围具有局限性，如视角狭窄、信息单一、准确度差。

三、本质安全

1. 本质安全概念

设备、设施或生产技术工艺含有的、内在的能够从根本上防止事故发生的功能。操作人员在使用或操作电气装置或机械设备时，这类装置或设备，无论在结构方面，还是在性能和强度等方面均不存在危险，即利用设备、设施本身构造和运行的安全性，防止事故的发生。广义的本质安全包含三个方面：①把安全扩展到公司员工、产品和顾客、社会三个领域；②把职业卫生、产品安全、机械设计、工厂布置、防火等纳入安全范围；③把工作中的安全扩展到非工作领域。

2. 本质安全的核心功能

（1）失误——安全。操作者即使操纵失误也不会发生事故和伤害，或者说设备、设施具有自动防止人的不安全行为的功能。

（2）故障——安全。设备、设施发生故障或损坏时还能暂时维持正常工作或自动转变为安全状态（自愈）。

上述两种安全功能是设备、设施固有的，即在他们的规划设计阶段就被纳入其中，而不是事后补偿的。

3. 本质安全六大原则

（1）消除（最小化原则）（Minimization）：减少危险物质库存量或能量，不使用或使用最少量的危险物质或能量；另一方面，具有危险的设备或管道（如高速、高温、高压等）在满足功能的条件下，设计时尽量减小其危险参数。

（2）替代（低危害）（Substitution）：用安全的或危险性小的原料、设备或工艺替代或置换危险的物质或工艺。该措施可以减少附加的安全防护装置，减少设备的复杂性和成本。如使用危险性较低的化学反应代替，采用危险性低的化学替代品。

（3）减缓原则（降后果）（Attenuation）：作业中通过改变过程条件降低温度、压力或流动性来减少操作的危险性。主要指采用相对安全的过程操作条件，以降低危险物质的危险性，如稀释、冷冻、减少极端工况、改变物理性质等。

（4）简化（减少故障）（Simplification）：指消除不必要的复杂性，以减少故障和误操作的几率。一方面设备结构简单零部件就少，故障概率就低；另一方面，设备简单操作失误的故障就少。即简单设备相对于复杂设备的本质安全性更高，所以要求设计更简单和更友好型设备单元以减少设备故障和误操作的机会。优化设计去除多余的操作步骤或指令，让繁琐的操作简单化，降低操作的难度。针对一些高风险的作业，采取机械化换人、自动化减人的措施。

（5）容错（防人错）（Error Tolerance）：设计中充分考虑人的因素，如疲劳失误和意外操作的可能性，从根本上防止人员犯错误或即使操作错误系统也具备一定的容错能力，即误操作也不会受到伤害，进而降低事故风险。如误操作设备拒动。

（6）保护（Pprotect）（多屏障）：采取物理的、机械的措施遮挡隔离作业人员与危险场所部位接触。如机械行业的轴套、轮罩、人的活动限位，施工现场的屏障、遮拦、围栏，电力行业的闭锁装置等。

以上原则综合应用，而非单一应用。

4. 系统的本质安全

以上本质安全主要从设备的本质安全论述，要做到生产过程的本质安全就要保证整个生产系统本质安全。系统本质安全管理包括：管理缺陷、人的不安全行为、物的不安全状态和环境的不安全状态。

这里只简介系统本质安全和人的本质安全。管理缺陷、物的不安全状态和环境的不安全状态分别见于"大三违"和轨迹交叉理论部分。

（1）系统本质安全的概念。

1）本质安全系统一般是针对某一系统（或设施）而言，表明该系统的安全技术与安全管理水平已经达到了本部门当代的基本要求，系统可以较为安全可靠的运行。

2）本质安全型系统是指系统的内在结构上具有不易发生事故，且能承受人为操作失误、部件失效的影响，在事故发生后具有自我保护功能的系统。实现如上功能的主要措施有：①防止危险产生条件的形成。②降低危险的危害程度。③防止已存在危险的释放。④改变危险源中危险释放的速率或空间分布。⑤将危险源和需保护的对象从时间上或空间上隔开。⑥在危险源与被保护对象之间设置物质屏障。⑦改变危险物的相关基本特性。⑧增加被保护对象对危险的耐受能力。⑨稳定、修护和复原被破坏的物体。

3）实现系统的本质安全≠系统绝对不会发生事故。本质安全化的程度是相对的，不同的经济技术条件有不同的本质安全化水平，当代本质安全化并不是绝对的本质安全化。再者，生产是一个动态的变化的过程，许多情况难以预料。

（2）人的本质安全。

我们知道生产系统、工作设备和生产环境都是有人设计建造和管理的，因此，在系统的本质安全中，人是有主观能动性的最积极的因素。前已述及由人的不安全行为导致的安全事故占全部事故类型的63.1%，故而在此提出人的本质安全的概念。

1）如何理解一个人的本质安全？一个人的内在品质好，外在行为好，行为结果就好，这就是一个本质好的人。同理，如果一个人本质安全，则其内在的安全素质高，外在行为安全，不发生安全事故，提醒他人不发生安全事故。

2）本质安全的人应具备的素质素养。①正确的安全理念，良好的安全习惯，浓厚的安全意识；②熟悉并自觉遵守安全法律法规、安全管理制度、安全操作规程与劳动纪律；③丰富的专业及安全方面的知识与精湛的作业技能。

3）如何植培人的本质安全素养。在浓厚的安全文化（硬件与软件）氛围中，通过长期不间断的教育培训和生产实践总结经验吸取教训改进提高，持续循环植培提升作业人员的安全素养。

第三节　安全生产预控管理

生产实践证明，开展危险源辨识与控制，生产经营单位对危险源检查辨识评估，严格监控管理是企业防控事故隐患，保证安全生产的有效措施，也是企业主动进行安全危险管控的重要开端，既是正确的安全管理理念，也是最强有力的管理措施。

一、重大危险源安全管理

重大危险源就是足够 TNT 当量的不定时大炸弹或者分布在一片区域的一片小炸弹，如 2015 年天津 8·12 大爆炸总能量为 450 吨 TNT 当量，令滨海开发区坑壑纵横、残垣断壁、面目全非，仿佛战场似的。重大危险源一旦爆发事故，损失巨大。天津 8·12 大爆炸造成 165 人遇难，798 人受伤，直接损经济损失 68.66 亿元。

1. 重大危险源

长期的或临时的生产、加工、搬运使用或储存，且危险物质数量等于或超过量的单元。单元是指一个（套）生产装置、设施或场所，或同一个工厂的且边缘距离 500 米的几个（套）生产装置、设施或场所。构成重大危险源必须是危险物品的数量等于或超过临界量。如《危险化学品重大危险源辨识》（GB 18218—2018）中，对各种危险化学的临界量做了明确的规定。据此即可辨识危险化学品集中的场合是否构成重大危险源。

2. 重大危险源控制系统的组成

重大危险源控制系统有：①重大危险源辨识；②重大危险源评价；③重大危险源管理；④重大危险源的安全报告；⑤事故应急救援；⑥工厂选址和土地使用规划；⑦重大危险源监察。

3. 重大危险源辨识

防止重大工业事故发生的第一步是辨识或确认高危险性的工业设施（危险源）。一般由政府安全生产监督管理部门或者权威机构在物质毒性、燃烧、爆炸特性基础上，确定危险物质及其临界量标准（即重大危险源）。

4. 重大危险源管理

《安全生产法》第四十条规定，"生产经营单位对重大危险源应当登记建档，进行定期检测、评估、监控，并制定应急预案，告知从业人员和相关人员在紧急情况下应当采取的应急措施。

"生产经营单位应当按照国家有关规定将本单位重大危险源及有关安全措施、应急措施报有关地方人民政府应急管理部门和有关部门备案。有关地方人民政府应急管理部门和有关部门应当通过相关信息系统实现信息共享。"

（1）重大危险源建档立案。对有重大危险源的生产单位经过辨识确定的重大危险源登记在档：①辨识分级特征；②危险品安全技术说明资料；③危险品分布图；④管理规章制度和安全操作规程；⑤监控系统及其记录；⑥应急预案与演练记录；⑦安全评估或评价报告；⑧管理人员安全生产责任制；⑨档案记录应连续完整。

（2）连续监控定期测评。《安全生产法》三十六条第三款规定，"生产经营单位不得关闭、破坏直接关系生产安全的监控、报警、防护、救生设备、设施，或者篡改、隐瞒、销毁其相关数据、信息。"监控应连续不断实时监控，发现问题及时解决。定期跟踪检测评估危险源的指标参量，进行分析评估，始终掌握重大危险源的基本情况和危险程度，发现隐患及时排除。检测评估报告应当符合相关技术标准要求，并有详细的记录和有关人员签字对报告负责。

（3）制定并演练应急预案。制定重大危险源应急预案，建立应急组织机构和人员，配备应急救援物资，定期演练并进行评估改进。

（4）告知应急措施。生产经营单位应当告知从业人员和相关人员在发生危险的紧急情况下应当采取的应急措施。这里的相关人员不仅是生产单位从业人员还包括生产单位周围的居民。

5. 重大危险源辨识与管控

诸多行业的生产企业存在重大危险源。譬如，矿山企业的民爆器材，如果生产场所起爆器材达到了 0.1 吨，工业炸药达到了 5 吨；发电厂蒸汽锅炉额定压力大于 2.5 兆帕，且额定蒸发量大于等于 10 吨/小时；热水锅炉额定出水温度大于等于 120 摄氏度，且额定功率大于等于 14 兆瓦；石化行业超过 20 吨汽油的库区，等等。

（1）管理制度。企业应建立健全（重大）危险源安全管理制度和危险化学品管理制度，制定（重大）危险源安全管理技术措施，建立危险、有害因素辨识和风险预控管理制度，对危险点、危险源进行分级、分类管理，做好统计、分析和登记造册，并及时更新。

企业基层单位应根据岗位特点和工作内容，制定企业危险点分析和控制管理办法，全面分析工作中的危险点和危险源。

（2）危险因素（源）辨识。企业应组织对生产系统和作业活动中的各种危险、有害因素进行辨识，并对可能产生的风险进行评估。企业应对使用新材料、新工艺、新设备以及设备、系统技术改造可能产生的风险及后果进行危害辨识。企业应依据有关标准每两年对本单位的危险设施或场所进行危险、有害因素辨识和风险评估，重大危险源按规定进行安全评价。

（3）登记建档及备案。对辨识出的危险源进行监测，建立预测、预警机制。对辨识出的危险源进行风险分析和评估，根据风险评估结果制定并落实相应的控制措施。采用技术手段和管理方式消除和降低风险。

对确认的重大危险源及时登记建档，并报地方政府应急管理部门和有关部门备案。地方政府应急管理部门和有关部门应当通过相关信息系统实现信息共享。

（4）定期检测评估监控。检测评估监控是为了准确地掌握重大危险源的变化情况，及时发现隐患，施以适合的措施防止事故发生。生产经营单位应将检测评估监控定期进行。对从事这项工作的人员资质要严格把控，检测评估监控应当符合有关技术标准，出具报告并签字负责。

各行业生产单位依据国家有关标准，在对本单位重大危险源进行安全普查、评估和分级的基础上，设置明显的安全警示标志。

根据有关规定对重大危险源进行定期检测，制定、落实相应的安全管理措施和技术措施。企业应健全重大危险源报告制度，并向本单位从业人员和相关单位告知重大危险源信息。如电力行业的《防止电力生产重大事故的二十五项重点要求》中对防止锅炉爆炸方面的管理要求。

（5）重大危险源监控管理。依据国家有关标准（如 GB 18218-2018《危险化学品重大危险源辨识》），在对本单位重大危险源进行安全普查、评估和分级的基础上，设置明显的安全警示标志。

根据有关规定对重大危险源进行定期检测，制定、落实相应的安全管理措施和技术措施。

企业应健全重大危险源报告制度，并向本单位从业人员和相关单位告知重大危险源信息。

（6）重大危险源安全措施和应急措施备案。为了便于应急管理部门和有关部门及时全面掌握生产经营单位重大危险源的分布和危害程度以及所采取的安全措施和应急措施，以便于应急管理部门和有关部门在发生事故时，及时组织抢救，调查事故原因，《安全生产法》第四十条第二款做出了备案规定"重大危险源重新辨识和评定级别后，生产经营单位应向当地政府应急管理部门重新备案。"

下面以《防止电力生产重大事故的二十五项重点要求》中对防止锅炉爆炸方面的管理要求为例，说明重大危险源监控管理，以资借鉴。

1）防止大容量锅炉承压部件爆漏事故。为防止大容量锅炉承压部件爆漏事故的发生，应严格执行《锅炉压力容器安全监察暂行条例》《蒸汽锅炉安全技术监督规程》《压力容器安全技术监察规程》《电力工业锅炉压力容器监察规程》（DL612-1996）《电力工业锅炉压力容器检验规程》（DL 647-1998）《火力发电厂金属技术监督规程》（DL 438-1991）以及其他有关规定，把防止锅炉承压部件爆破泄漏事故的各项措施落实到设计、制造、安装、运行、检修和检验的全过程管理工作中，并重点要求如下：

①新建锅炉在安装阶段应进行安全性能检查。新建锅炉投运 1 年后要结合检查性大修进行安全性能检查。在役锅炉结合每次大修开展锅炉安全性能检验。锅炉检验项目和程序按有关规定进行。

②严防锅炉缺水和超温超压运行，严禁在水位表数量不足（指能正确指示水位的水位表数量）、安全阀解列的状况下运行。

③参加电网调峰的锅炉，运行规程中应制定相应的技术措施。按调峰设计的锅炉，其调峰性能应与汽轮机性能相匹配；非调峰设计的锅炉，其调峰负荷的下限应由水动力计算、试验及燃烧稳定性试验确定，并制定相应的反事故措施。

④对直流锅炉的蒸发段、分离器、过热器、再热器出口导气管等应有完整的管壁温度测点，以便监视各导气管间的温度偏差，防止超温爆管。

⑤锅炉超压水压试验和安全阀整定应严格按规程进行。①大容量锅炉超压水压试验和热态安全阀校验工作应制定专项安全技术措施，防止升压速度过快或压力、气温失控造成超压超温现象。②锅炉在超压水压试验和热态安全阀整定时，严禁非试验人员进入试验现场。

2）防止锅炉炉膛爆炸事故。为防止锅炉炉膛爆炸事故发生，应严格执行《大型锅炉燃烧管理的若干规定》《火电厂煤粉锅炉燃烧室防爆规程》（DL 435—1991）以及其他有关规定，并重点要求如下：

① 防止锅炉灭火。根据《火电厂煤粉锅炉燃烧室防爆规程》（DL435—1991）中有关防止炉膛灭火放炮的规定以及设备的状况，制定防止锅炉灭火放炮的措施，应包括煤质监督、混配煤、燃烧调整、低负荷运行等内容，并严格执行。加强燃煤的监督管理，完善混煤设施。加强配煤管理和煤质分析，并及时将煤质情况通知司炉，做好调整燃烧的应变措施，防止发生锅炉灭火。新炉投产、锅炉改进性大修后，或当实用燃料与设计燃料有较大差异时，应进行燃烧调整，以确定一、二次风量、风速、合理的过剩空气量、风煤比、煤粉细度、燃烧器倾角或旋流强度及不投油最低稳燃负荷等。当炉膛已经灭火或已局部灭火并濒临全部灭火时，严禁投助燃油枪。当锅炉灭火后，要立即停止燃料（含煤、油、燃气、制粉乏气风）供给，严禁用爆燃法恢复燃烧。重新点火前必须对锅炉进行充分通风吹扫，以排除炉膛和烟道内的可燃物质。100 兆瓦及以上等级机组的锅炉应装设锅炉灭火保护装置。加强锅炉灭火保护装置的维护与管理，防止火焰探头烧毁、污染失灵、炉膛负压管堵塞等问题的发生。严禁随意退出火焰探头或联锁装置，因设备缺陷需退出时，应经总工程师批准，并事先做好安全措施。热工仪表、保护、给粉控制电源应可靠，防止因瞬间失电造成锅炉灭火。加强设备检修管理，重点解决炉膛严重漏风、给粉机下粉不均匀和煤粉自流、一次风管不畅、送风不正常脉动、堵煤（特别是单元式制粉系统堵粉）、直吹式磨煤机断煤和热控设备失灵等缺陷。加强点火油系统的维护管理，

消除泄漏，防止燃油漏入炉膛发生爆燃。对燃油速断阀要定期试验，确保动作正确、关闭严密。

② 防止严重结焦。采用与锅炉相匹配的煤种，是防止炉膛结焦的重要措施；运行人员应经常从看火孔监视炉膛结焦情况，一旦发现结焦，应及时处理；大容量锅炉吹灰器系统应正常投入运行，防止炉膛沾污结渣造成超温；受热面及炉底等部位严重结渣，影响锅炉安全运行时，应立即停炉处理。

下面讨论实践中如何开展危险源辨识工作。首先，开展危险辨识工作不是靠一个安全部门或者几个部门就能完成的，而是要靠下至每个岗位员工、上至每个领导和全体部门的参与，共同协作，才能完成的。岗位员工每天在现场作业与设备打交道，最清楚现场的不安全因素在哪里，安全专业人员只要与岗位工人密切配合，就能辨识出危险源，制定出有针对性的预防措施，从而达到有效控制事故发生的目的。其次，科学的方法技术要保证投入必要的人力、物力和资金。以安全管理部门为主，由人力资源部门、设备管理部门、生产部门、技术部门等部门协作，广大员工参与，安全管理专业人员指导，这需要投入大量的人力。再次，危险源辨识工作事关重大、人命关天。要以科学严谨的态度、扎实细致的工作，践行"安全第一，预防为主"方针，同时危险源辨识工作是企业安全工作的重要内容，是安全生产的可靠保证。最后，警钟长鸣，动态管理，危险源辨识目的是减少和防止事故发生。危险源处在不断发展变化之中，随着时间的推移危险源会出现新情况，应针对新情况及时制定出新的防范措施。

二、隐患排查与分级管控

"迨天之未阴雨，彻彼桑土，绸缪牖户。"《诗经·国风·豳风·鸱鸮》说，趁着天还没有下雨，扯下桑根，缠绕绑扎好鸟窝的进出口。这是一母鸟在悲愤地控诉谴责猫头鹰抓其雏鸟后，决心要保卫家园、修整鸟巢、防患于未然的行动计划。

"曲突徙薪无恩泽，焦头烂额为上客"出自《汉书·霍光传》：臣闻客有过主人者，见其灶直突，傍有积薪。客谓主人："更为曲突，远徙其薪；不者，且有火患。"主人嘿然不应。俄而家果失火，邻里共救之，幸而得息。于是杀牛置酒，谢其邻人，灼烂者在于上行，余各以功次坐，而不录言曲突者。人谓主人曰："乡使听客之言，不费牛酒，终亡火患。今论功而请宾，曲突徙薪亡恩泽，焦头烂额为上客耶？"主人乃悟而请之。这个故事说的是，客人提醒主人，要把灶台的烟囱改建成弯曲状的，把灶台边上的柴草搬运到远离灶台的地方，否则将会发生火灾。主人沉默以对，不久家里果然失火了，幸亏邻里一齐上阵，同心协力，扑灭火患。于是主人杀牛备酒摆宴感谢邻人，论功大小依次就坐，但不邀请奉劝改灶移薪的人。有人对主人说，当初听那位客人的话，不用破费设宴始终不会有祸患的。现在论功请客为什么建议改灶移薪的客人没有受到您的恩泽，被烧伤的人反成了上客呢？主人终于醒悟了去邀请那位客人。

1. 隐患排查治理

"未雨绸缪"和"曲突徙薪"比喻预先采取预防措施，才能防患于未然。先祖们预先安全防御、排查事故隐患的理念和方法论让我们一直受益迄今。《安全生产法》第四十一条第一、二款规定，"生产经营单位应当建立安全风险分级管控制度，按照安全风险分级采取相应的管控措施。生产经营单位应当建立健全并落实生产安全事故隐患排查治理制度，采取技术、管理措施，及时发现并消除事故隐患。"本条规定生产经营单位的两个制度建设——应当建立两个相互关联、相互衔接的制度——逻辑上应该先生产安全事故隐患排查治理制度、后安全风险分级管控制度——先排查出隐患、再风险分级管控，然后施以治理措施。

《安全生产法》有关安全事故隐患规定的条文多达 15 条，同一条文提及"隐患"二字多达三至五处的有三条，如四十一条、第六十五条和第七十条。由此可见，对隐患排查治理的重视可谓无以复加。如《安全生产法》第四十一条第二、三款规定，"事故隐患排查治理情况应当如实记录，并通过职工大会或者职工代表大会、信息公示栏等方式向从业人员通报。其中，重大事故隐患排查治理情况应当及时向负有安全生产监督管理职责的部门和职工大会或者职工代表大会报告。县级以上地方各级人民政府负有安全生产监督管理职责的部门应当将重大事故隐患纳入相关信息系统，建立健全重大事故隐患治理督办制度，督促生产经营单位消除重大事故隐患。"

《安全生产法》四十一条有四处提及了"事故隐患"。

事故隐患是指在生产经营活动中存在隐蔽的、躲在现象后边的可能导致事故发生的物的危险状态、人的不安全行为和管理上的缺陷。事故隐患分为一般事故隐患、重大事故隐患和特别重大事故隐患。

以电力行业为例，《电力安全隐患监督管理暂行规定》（电监安全〔2013〕5 号）第三条规定，本规定所称隐患是指电力生产和建设施工过程中产生的可能造成人身伤害，或影响电力（热力）正常供应，或对电力系统安全稳定运行构成威胁的设备设施不安全状态、不良工作环境以及安全管理方面的缺失。这里的隐患包括安全管理方面的缺失：安全围栏设置不正确、接地线数量不足、缺失监护人不核对设备编号盲目攀登电力设备、随便取用钥匙开启带电间隔、带负荷合闸等；设备设施和作业环境不安全状态，如汽轮机轴承润滑表计显示正常但实际供油不足、变电站开关跳闸机构不灵、隔离开关打不开、继电保护装置连接虚接；不良工作环境，如露天石墨开采矿附近的变电站、大型施工工程旁边的高压线路、电力设施检修现场沟壑纵横等，人的不安全行为，如违纪违章指挥和违章作业行为。

事故隐患排查要形成常态运行的制度。生产经营单位要紧紧依靠安全生产管理人员、技术人员和岗位员工，调动职工群众的积极性，发挥他们对安全生产的知情权、参与权和监督权，组织职工全面细致地查找各种事故隐患，积极主动地参与隐患治理。事故隐患排查的渠道有多种：①各部门全面自查；②由上而下逐级检查；③单位专项检查；④单位全面检查。电力企业排查治理事故隐患的程序步骤：查找—评估—报告—治理（管控）—验收—销号。

2. 风险分级管控

安全生产分级管控就是通过识别生产经营活动中存在的危险、有害因素，并运用定性或定量的统计分析方法确定风险的严重程度，进行风险分级，确定风险控制的优先顺序和控制措施，以达到改善安全生产环境，减少或杜绝安全生产事故的目的而采取的措施和规定。

（1）风险级别的评估。风险评估是在事故隐患风险识别的基础上，通过定性和定量等技术手段估计和评价风险发生的可能性和危害程度，确定风险指标值，通过与风险标准进行比较，确定风险等级，确定风险是否可以接受以及风险控制措施。

定性风险评估可以通过经验总结或分析历史资料数据中各种风险次数，估计风险发生的概率。风险事件后果的估计包括风险损失的性质、范围大小和风险损失的时间分布等。

定量风险评估可以通过对企业生产全过程的全部风险与影响进行量化评价分级，根据评价分级结果有针对性地进行风险与影响控制。

定性评估用文字表述，定量评估用数字量化。

1）LEC 法计算风险值 D 确定风险等级。

首先由公式：

$$D=L \times E \times C$$

式中　D——计算所得的风险值；

　　　L——发生事故或风险事件的可能性（根据可能性大小赋分），见表 7-1；

　　　E——风险事件出现的频率程度（根据频率大小赋分），如果是同类作业的话，其风险事件出现的频率程度 E 都是相同的，E 可取值为 1，这样三维度就变成了两维度，见表 7-2；

　　　C——发生风险事件产生的后果（根据后果严重性赋分），见表 7-3。

计算了风险值后，再根据风险值的大小确定风险等级（一～五级，等级越来越低），见风险值 D 与风险等级关系表，见表 7-4。

表 7-1　　　　　　　　　发生事故或风险事件的可能性 L 分数值表

L 分数值	10	6	3	1	0.5	0.2	0.1
发生事故或风险事件的可能性	很大	比较大	可能但不经常	可能性小，完全意外	基本不可能，但可以设想	极不可能	实际不可能

表 7-2　　　　　　　　　事故或风险事件出现的频率程度 E 分数值

E 分数值	10	6	3	2	1	0.5
事故或风险事件出现的频率程度	连续	每天工作时间	每周一次	每月一次	每年几次	非常罕见

注　E 值表示人体暴露于危险环境的频繁程度。

以上 L、E 的值不同行业不同专业应根据自身的作业特点、经验教训、案例库数据和标准化作业范本来确定。

表 7-3   发生事故或风险事件产生的后果 C 分数值表

C 分数值	100	40	15	7	3	1	0.5
发生事故或风险事件产生的后果	大灾难,无法承受损失(10 人以上)	灾难,几乎无法承受损失(3-9 人)	非常严重,非常重大损失(1-2 人)	重大损失(重伤)	较大损失(致残)	一般损失(救护)	轻微损失(轻伤)

表 7-4   风险值 D 与风险等级关系表

D 风险值	≥320	160≤D＜320	70≤D＜160	20≤D＜70	＜20
风险程度	风险极大,应采取措施降低风险等级,否则不能继续作业	高度风险,要制定专项施工安全方案和控制措施,作业前要严格检查,作业过程中要严格监护	显著风险,制定专项控制措施,作业前要严格检查,作业过程中要有专人监护	一般风险,需要注意	稍有风险,但可能接受
风险等级	一	二	三	四	五

风险等级的定级基本原则:①作业风险评估定级一般由作业施工负责人、安全负责人、工作票签发人或工作负责人根据作业计划组织开展现场勘察,识别作业过程风险因素和可能存在作业过程中的系统、设备、人身风险,涉及多专业、多单位共同参与的大型复杂作业,应由作业项目主管部门、单位组织开展,按照专业会商、领导审批的流程确定风险等级。②作业风险根据不同类型工作可预见安全风险的可能性、后果严重程度,从高到低分为一到五级。③作业风险定级应以每日作业计划为单元进行,同一作业计划(日)内包含多个工序、不同等级风险工作时,按就高原则确定。④因现场作业条件变化引起风险等级调整的,应重新履行识别、评估、定级和管控措施制定审核等工作程序。

以电力行业举例。如在架线施工类作业中,风险事件出现的频率程度 E 分数值相同取值为 1,对于挂绝缘子及放线滑车作业 $L=3$,$C=15$,$D=L \cdot E \cdot C=3 \times 1 \times 15=45$。由风险值 D 与风险等级关系表可知为该作业风险等级为四级。

2)表图法风险等级评估法。通过对影响风险等级的因素列表并赋值,然后做出图像来分析确定等级的方法。风险值(大小、级别)一般取决于三个方面的因素:①发生事故可能性大小(赋予权重分值);②暴露于危险环境频度(经验或统计频率);③发生事故可能的后果(用经济损失来表示,人民币元)。见风险预测评估表和风险影响评估表见表 7-5 和表 7-6。

表 7-5   风险预测评估表

定量法一	评分	1	2	3	4	5
定量法二	一定时期发生概率	10%	10%～30%	30%～70%	70%～90%	90%以上
定性法	文字描述一	极低	低	中等	高	极高
	文字描述二	一般不发生	极少发生	某些情况发生	较多情况发生	经常发生
	文字描述三	10 年一次	6～10 年一次	2～5 年一次	1 年内可能发生 1 次	一年内至少发生 1 次

表 7-6		风险影响评估表					
定量法一		评分	1	2	3	4	5
定量法二		财物损失占税前利润百分比	1%	1%～5%	6%～10%	11%～20%	20%以上
定性法		文字描述一	极轻微	轻微	中等	重大	灾难性
		文字描述二	极低	低	中等	高	极高
	文字描述三	企业日常运行	不受影响	轻度影响	中度影响	严重影响	重大影响
		财物损失	轻微	较低	中等	重大	极大
		企业信誉负面消息	内部流转	当地流转	区域流转	全国流转	国外流转

为简便起见，把表 7-1 风险预测评估表的因素简化合并为一个定量化因素：风险发生概率；表 7-2 风险影响评估表的诸多因素综合为一个定量化因素：风险发生损失（千万元）。把多个风险定位在二维表上就可以确定其风险等级了。

案例 7-3 某公司对 9 项风险进行了两个维度的评估：发生概率和风险损失，请根据评估数据对如下 9 项风险进行分级。

其中：①15%、0.6；②78%、1.4；③50%、2.4；④27%、2.3；⑤55%、1.3；⑥95%、3.4；⑦25%、4.4；⑧75%、4.6；⑨13%、3.6。以下数字代表风险序号，其所在位置代表其分析二维坐标。定位后 A 级风险（蓝色，低）①；B 级风险（绿色，中等）②、③、④、⑤、⑨；C 级风险（黄色，高）⑦；D 级风险（红色，极高）⑥、⑧，如图 7-2 所示。

案例评析 由二维表格风险评估分级方法可见，① 风险区大致以平行于风险边际图的左上右下对角线划分区域的；② 风险的大小等级从二维图的原点开始沿着风险边际图左下右上对角线向右上方向越来越大——大小等级直观明晰一目了然。

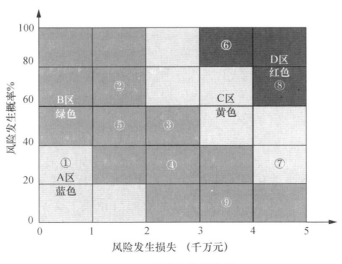

图 7-2 风险评估量化图

（2）风险分级管控。根据以上案例的风险分级，分别施以不同的管控治理措施。通常情况下，对风险的应对，一是采取措施防患于未然，尽可能地消除或降低风险发生的概率，将风险的发生控制在一定的概率下；二是通过适当的措施，减轻风险事件发生后的损失和影响程度。

对于风险的化解通常有四大类管控措施。

1）风险规避：取消风险量很大且目前没有有效措施降低风险量的事件，以避免风险的出现。但有无法实施的情形，如在供电营销中，供电方有强制缔约义务。即便知道政府招商的用电量超大的用户资信很差，也无法取消。只能在签订合同时严格审查并采取担保措施；然后监督履行，及时采取救济的措施。

2）风险抑制：对风险无法回避、放弃和转移的事件，通常采用风险抑制，但需考虑所采取措施的成本。通过加强风险管理，降低风险事件发生的概率，减少风险事件造成的损失。

3）风险转移：通过某种方式，将某些风险的后果连同应对风险的权利和发生风险的责任一并转移给他人，自己不再直接面对风险。如企业的工程项目遇到安全事故伤害风险，可以通过工程保险，由保险公司承担。

4）风险自留：对于低等级的风险不便采取其他控制方式的，或者风险后收益可以容纳或者后果能够承受的，本企业采取风险自留。实际上企业多是自留风险，只是企业采取管控的急缓程度和措施不同。如案例中，A区风险不急于再增加控制措施；B区风险适当时间实施控制风险；C区风险抓紧时间施行适当措施；D区风险立即实施管控措施。

分级管控的第二重意思是不同等级的风险管控的部门级别不同。原则上风险等级越高，管控的部门级别就越高。高层管红区、中层管绿黄区、底层管蓝区。还有一个原则是，上一级管控的下一级都要管控并逐级落实具体措施。

对安全生产事故隐患排查治理和风险分级管控是安全生产法的重中之重，多条文规定，多方面强调。譬如，《安全生产法》第二十一条规定，"生产经营单位的主要负责人对本单位安全生产工作负有下列职责：……（五）组织建立并落实安全风险分级管控和隐患排查治理双重预防工作机制，督促、检查本单位的安全生产工作，及时消除生产安全事故隐患。"

第四十一条规定，"……事故隐患排查治理情况应当如实记录，并通过职工大会或者职工代表大会、信息公示栏等方式向从业人员通报。其中，重大事故隐患排查治理情况应当及时向负有安全生产监督管理职责的部门和职工大会或者职工代表大会报告。县级以上地方各级人民政府负有安全生产监督管理职责的部门应当将重大事故隐患纳入相关信息系统，建立健全重大事故隐患治理督办制度，督促生产经营单位消除重大事故隐患。"

第一百零一条规定，"生产经营单位有下列行为之一的，责令限期改正，处十万元以下的罚款；逾期未改正的，责令停产停业整顿，并处十万元以上二十万元以下的罚款，对其直接负责的主管人员和其他直接责任人员处二万元以上五万元以下的罚款；构成犯罪的，依照刑法有关规定追究刑事责任；……（四）未建立安全风险分级管控制度或者未按照安全风险分级采取相应管控措施的；（五）未建立事故隐患排查治理制度，或者重大事故隐患排查治理情况未按照规定报告的。"

三、危险点分析预控作业法

尽管生产事故的发生有其突发性和偶然性，除人力不可抗拒的自然灾害外，通过人为努力，隐患可以排查，事故可以预测、预防和控制。这是一种以事故预想方式，针对作业实际情况，提醒职工注意，防止可能发生事故的有效方法。开工作业之前，都必须先进行危险点分析预控，写出安全作业指导书。大力推进这项工作有利于把"安全第一，预防为主和综合治理"的方针落到实处，从而提高企业的安全生产水平。

现场作业危险点分析要贴近实际，预控方法要行之有效。结合现场、设备、技术，作业人员安全意识、技术技能和作业行为合规情况等，依法合规制定每一个危险点的应对措施，并在执行过程中有布置、有落实、有检查、有总结，不断探索，不断完善，形成一套完整规范的危险点分析与预控的方法。

1. 危险点分析预控概述

作业中的危险点客观存在于工作环境场所、设备和作业人员的行为过程中。这些危险点在作业前可以通过勘察查找分析找出来，并准备好应对措施，以免事故发生。

（1）危险点（因素）预控分析。该方法是指作业前对整个作业过程中的危险点（因素）、危险源进行查找、分析并提出应对措施的安全生产控制方法。危险点（因素），是指在作业过程中可能发生事故的易发点、多发点、设备隐患的存在点和人为失误的潜伏点，包括环境地点各部位的危险、设备工器具的缺陷或损毁、作业人员的违章行为等。或者说危险点是指安全生产工作中人员、设备、环境、管理中有可能引发事故的危险因素所存在的时间、地点、部位、场所、工器具和行为动作等。危险源，是指可能意外释放有害过量的能量造成人员伤害、职业病、设备损坏、作业环境破坏的根源和状态。

因此危险点是一种诱发事故的起因点。如果不进行防范和治理，在一定条件下它就有可能演变为事故。开展危险点分析预控活动，是对系统安全的补充，是多重保证安全生产的重要措施之一。找准危险点是前提，控制危险点是关键，化解危险点是目的。

（2）危险点的产生。设备在设计制造时留下的潜在缺陷，如缺少防护构件；运行日久产生的缺陷、维修不彻底不完善遗留的缺陷；检验试验差错遗留的缺陷；环境场所变化造成的危险；习惯性易发违章作业行为；暴雨雪飓风地震造成的危险点。

如上这些危险点在作业人员作业过程中未尽注意或者由于违章操作就会引发事故。特别是习惯性违章行为，固守旧有的不良作业传统和工作习惯，违反安全工作规程的行为最容易触发危险点引发事故事故。

2. 危险点分析

每项工作开始前，工作负责人必须组织工作班成员分析该项工作的标准流程和危险点，相应制定出控制措施，并填写危险点分析控制措施票（作业指导书），随同工作票一起使用。通过对作业全过程的危险因素进行分析控制，弥补通常安全管理中的一些空白，如化工行业"动火作业工作票和"电力行业的"二票三制"中的遗漏和缺失，是针对性很强的一种补充安全注意事项的制度。危险点分析的要点如下。

（1）工作场地的特点，如高空、井下、容器内、带电、交叉作业等，可能给作业者带来的危险。

（2）工作环境的情况，如高温、高压、易燃、易爆、辐射、有毒有害气体、缺氧等，可能给工作人员安全健康造成的危害。

（3）工作中使用的机械、设备、工具等可能给作业人员带来的危害或设备异常。

（4）操作程序工艺流程的错误颠倒、操作方法的失误等可能给作业人员带来的危害或设备异常。

（5）作业人员当时的身体状况不适、思想情绪波动、不安全行为、技术水平能力不足等可能给作业人员带来的危害或设备异常。

（6）其他可能给作业人员带来危害或造成设备异常的不安全因素。

3. 危险点分析预控的方法步骤

危险点分析预控，是对有可能发生事故的危险点进行提前预测和预防的方法。它要求各级领导和员工对生产中的每项工作，根据作业内容、工作方法、机械设备、环境、人员素质等情况，超前分析和查找可能产生危及人身或设备安全的不安全因素，再依据有关安全法规规程，研究制定可靠的安全防范措施，从而达到预防事故的目的。

危险因素（点）分析预控作业制度要预防和控制工业事故的发生，首先必须发现和辨识生产过程中的危险和隐患，然后再采取措施加以消除或防范。危险点分析预控必须从人员、环境、设备、管理四个方面进行。危险点分析也是从事故分析层面，再到分析危险点。从三个方面两个层次进行危险点分析预控：①每一步骤分析——按作业顺序；②每一动作分析——作业内容；③突发情况——灵活运用安规现场分析随机应对。

（1）方法步骤。危险点分析与预控工作一般由工作负责人、班组长、安全员、技术骨干在作业前勘察分析制定预防措施，作业中遇到新危险点及时提出，完善补充。作业前，由工作负责人将制定好的预控流程和内容进行讲解。

1）工作负责人组织现场勘察后组织作业人员对将要进行的作业进行认真分析，全面查找危险点。

2）制定控制措施，必要时召集有经验的老工人或工程技术人员研究预防对策。

3）在办理"两票"和其他组织措施的同时填写"危险点分析控制单"，向所有工作成员交底，每个工作成员签字。

4）作业过程中认真落实控制措施，工作负责人（监护人、安全员等）认真监督。

5）保留"危险点分析控制单"备查，并总结经验，逐步形成各类作业各岗位典型的危险点分析控制资料。

（2）以电力生产作业为例说明方法步骤。

1）作业过程：①作业现场需停电的范围；②设备设施布局与带电部位；③作业现场环境条件；④开工过程；⑤作业过程中要进行的操作；⑥收工过程。

2）找出危险因素（点）并制定应对措施见表7-7。

表7-7 电力生产作业危险点分析与应对措施

序号	作业过程	危险点分析与应对措施
1	停电范围	（1）倒送电——确保停断所有通向作业地点的线路，并挂好接地线； （2）多回线路通向作业点——挂接地线不要遗漏
2	设备设施布局与带电部位	（1）误蹬带电设备触电——设置围栏："由此进入""在此作业"； （2）相邻设备触电——设置围栏，加护作业安全距离
3	作业现场环境条件	（1）交叉跨越或相邻线路带电——保持安全距离；作业的导线、地线接地；绞盘车等牵引设备接地； （2）作业点有沟壑、峭壁——加装硬质防护栏网
4	开工作业	（1）危险点和防护措施交底不清楚不彻底——监护人纠正补充； （2）作业人员对于安全交底不明白就签名或明白了不签名
5	作业过程	（1）走错间隔——监护人核对设备编号； （2）人体或工器具突破安全距离——监护到位； （3）其他违章作业——监护到位
6	收工过程	（1）疏于检查工作质量——监护到位； （2）未清点人数就撤离作业现场——监护到位； （3）未清点设备、工器具和物料就撤离现场——监护到位

3）以上只是按作业步骤粗略地预想危险点并给出了预防措施。实际作业前应该预想得更细致。举例如下：①作业开始攀登设备使用梯子之前要检查梯子脚的防滑头、是否有损坏、放置的角度、不可以攀登到最上一级等；②砍树清障时要注意安全带悬挂或者脚踏的树枝是否坚固、是否有锯痕、是否朽枯等；③倒闸操作前疏于核对系统方式、设备名称、编号和位置；④操作中不高声唱票监护复诵以致操作顺序混乱；⑤一次操作多带或少带操作票；⑥不按操作票的顺序进行操作，跳项、漏项或倒项操作；⑦操作中使用不合格的安全用具，没有养成使用前首先检查安全用具的良好习惯；⑧装设接地线或合接地刀闸前不验电或不按照验电"三步骤"执行等。

（3）拟定安全作业指导书。

1）预想查找分析所有的作业过程中的危险点，制定出针对性的预防措施。

2）按照作业顺序拟定安全作业指导书或者拟定危险点分析控制措施票。

案例 7-4 某工程公司承揽一批设备吊装任务。因为需要转换吊装场地，需要汽车起重机完成任务。吊装队队长和安全员在作业前首先对汽车起重机设备本身进行危险点分析预控，应考虑到哪些危险点？应针对性制定哪些预防措施？

案例评析 起重作业危险点及防控措施见表 7-8。

表 7-8　　　　　　　　　　　　　　　**起重作业危险点及防控措施**

机械设备名称	作业活动	危险点描述	可能引起的事故	预防控制措施
汽车式起重机	起重作业	机手无证或违章操作	机械伤害、物体打击伤害	杜绝无证上岗，做好安全技术交底、安全技术操作规程交底、安全教育培训，并对机手操作技能定期进行巡查
		安全限位装置失效	机械伤害、物体打击伤害	定期对设备各安全防护装置进行检查并确认有效
		大小钩钢丝绳断裂、绳卡脱落	吊物坠落造成物体打击伤害	定期检查大小钩及变幅钢丝绳磨损情况及大小钩绳端卡扣牢固情况
		吊索吊具断裂	吊物坠落造成物体打击伤害	起吊前对所使用的吊索吊具的合规性、磨损情况进行检查
		支腿支撑在松软、不平整的地面或支腿未完全伸开	吊机倾翻造成挤压碰撞伤害	起吊前对支腿支撑情况进行检查
		超载超重起吊	吊机倾翻造成挤压碰撞伤害	起吊前确认被吊物重量，合理选择起重机

4. 危险点分析预控作业的执行与总结

危险点分析预控作业全程贯穿在工作前（分析制定措施）、工作过程（作业执行）、工作结束（总结完善）。

（1）工作负责人必须随身携带设备检修危险点分析预控票（卡，作业指导书），作业现场必须挂设备检修危险点分析预控票（卡），所有工作班成员都必须熟悉设备检修危险点分析预控票（卡）上所列的危险点，签名确认，并做好有效的控制措施。

（2）现场工作人员必须熟悉措施票上所列的危险点，签名确认，并严格执行危险点控制措施。

（3）各级技术人员应逐步地加强对"危险点分析与预控"工作的技术指导工作，进一步地完善危险点分析预控内容，使班组的"危险点分析与预控"工作基本能够比较全面地考虑到人、技术、设备、环境、管理五大要素，使这一活动的提示、预防作用，在实际工作中得到有效的发挥。

（4）部门领导、安全员应经常深入作业现场检查危险点及控制措施，考问作业人员工作过程中的危险点内容，对违反危险点分析预控规定的人员进行教育考核；检查班组班前会及作业过程对危险点的分析预控执行情况，对本单位各班组的危险点分析与预控开展情况进行评价总结。

四、安全性评价简述

现代安全管理理论认为，无论生产过程如何复杂，都可以置于人机环境系统中进行分析、研究和评估。危险点分析预控和安全性评价是提高企业安全管理水平和事故预防技术水平的有效措施，也是许多先进工业国家的成功经验。要预防和控制工业事故的发生，首先必须查找辨识生产过程中的危险隐患分析评价，再采取措施加以消除或防范。

1. 安全性评价的概念

安全性评价的定义是：综合运用安全系统工程的方法对系统的安全性进行度量和预测，通过对系统存在的危险性进行定性和定量的分析，确认系统发生危险的可能性及其严重程度，提出必要的措施，以寻求最低的事故率、最小的事故损失和最优的安全投资效益。

安全性评价根据进行的时期可分为事前评价（前馈评价）、过程评价（现状评价）、事后评价（反馈评价）、跟踪评价等类型。安全性评价的方法有定性评价、定量评价和模糊评价等多种。

安全性评价和危险点分析是预防事故的现代安全管理方法，各有特点，各有所长，对预防人身和设备事故都能起到良好的作用。安全性评价在控制物的不安全状态方面成效显著，危险点分析在控制人的不安全行为方面效果更佳。危险点预控分析成为常态，安全性评价定期循环进行，让安全生产管理处于动态常态中。

（1）评价范围是企业现存的、处在变化中的危险因素，不仅包括人身，还包括设备、环境管理等方面。

（2）评价目的是预防重特大、人身、恶性、频发性事故，着眼点是安全基础而不是事故概率。

（3）运用综合评价的方法，属于定性评价范围，用评分法进行量化，定性和定量相结合，文字说明和数字分析相结。

（4）具体操作上由企业自我查评与专家评价相结合，形成企业自查、整改、专家评价、再整改、复查、巩固、新一轮评价等不同环节组成的企业自我约束、自我发展的安全机制。

（5）网罟疏密兼有，违章不遗不漏。安全性评价和危险点分析应该同时开展才能全面堵塞漏洞，彻底消除隐患，实现人机环境系统的本质安全化，有效预防事故发生。

2. 安全性评价与危险点分析的理论基础

多米诺骨牌理论和能量意外释放理论分别强调产生事故的直接原因的"人的不安全行

为"和"机（物）的不安全状态和环境的不安全因素"。安全系统工程理论强调"管理"，认为产生事故的间接原因是安全管理不到位，它是产生事故直接原因的原因，安全管理缺陷是根本性的事故隐患。只要安全管理到位了，人的不安全行为可以克服，物的不安全状态可以消除，环境的不安全因素也可以改变。

（1）"预防为主"是现代安全管理的基本原则。如国家电网公司"安全生产责任书"中就明确指出："我们相信，除人力不可抗拒的自然灾害外，通过我们的努力，所有事故都应当可以预防；任何隐患都应当可以控。"否定长期以来存在的"事故难免论"，是人们安全思想认识的飞跃，其意义是不可低估的。

（2）间接原因是产生事故直接原因的原因。人类从事的生产过程都包含着利用能量做功的过程。一旦能量失控，就可能引发人身或设备事故，因此生产系统存在固有危险。然而生产及生活中的固有危险都是在人机环境系统控制之下运作的。无论生产过程如何复杂，都可以置于人机环境系统中进行分析和研究。由此可知，生产环境包括物理（空间、时间）环境、化学环境、生物环境和生产组织人文环境，这些均可以分别归纳为"人"或"机（物）"的范畴。因此，按照安全系统工程的观点，导致事故的直接原因可以分为两类：一是人的不安全行为引起的，二是物的不安全状态引起的。预防事故应该从这两方面入手。

安全系统工程理论特别强调"管理"，认为产生事故的间接原因是安全管理不到位，它是产生事故直接原因的原因。安全管理缺陷，是根本性的事故隐患。只要安全管理到位了，人的不安全行为可以克服，物的不安全状态可以消除，环境的不安全因素也可以改变。

3. 危险辨识和评价是事故预防的重要手段

要预防和控制工业事故的发生，首先必须发现和辨识生产过程中的危险和隐患，然后进行安全性评价并采取措施加以消除或防范。

很多国家根据自己的国情制订了安全性评价和危险辨识的法规和标准。英国标准BS8800《职业卫生与安全管理体系》就规定"所有雇主和自谋职业者对其业务活动中的风险评估负有法律义务"。因此，大小工程的立项和开工，特别是一些危险性较大的工程，都必须先进行安全性评价和风险评估，生产过程中也必须进行这方面的工作，否则就是违法。"安全性评价"和"危险点分析"都属于风险评价的理论范畴，而且是预防和控制事故行之有效的重要手段。

4. 企业安全性评价内容

企业安全性评价包括设备系统、作业安全与环境、安全管理三部分，涉及八个方面的评价因素，即生产设备是否符合安全条件；主要生产工具、机具是否符合安全条件；上级颁发的反事故措施是否落实；生产设备、工机具管理水平；安全生产主要规章制度建立、健全和贯彻执行情况；人员技术素质是否符合安全要求；劳动环境是否符合安全条；重大自然灾害抗灾、减灾措施落实情况。

5. 危险点分析与安全性评价比较

（1）相同点：①理论上都源于"风险评估"中工业事故隐患"辨识－评价－控制"体系；②实践上都是贯彻实施"预防为主"的方针和超前控制事故发生的有效方法；③管理上都是企业安全生产自我约束、自我发展的安全生产机制。"安全性评价"和"危险点分析"都属于企业安全生产管理范畴。

（2）不同点：①防范重点不同。安全性评价以控制"物的不安全状态"为主；危险点分析以控制"人的不安全行为"为主。②应用范围不同，局部与全局的关系。安全性评价应用于一个企业全局的宏观的评价上，危险点分析则是应用在局部的微观的具体作业现场。③所需时间不同。安全性评价的评价和整改需要一个较长的时间；危险点分析用于一项具体工作中，所需时间较短。因为安全性评价是一项全局性的工作，工作量大，危险点分析视现场具体工作而定，一般工作量较小。④思维方式不同。安全性评价用已有的安全标准去衡量评价对象，发现隐患加以控制，是一种正向思维；危险点分析则是首先找出可能发生的危险因素进行分析，再加以防范，是一种反向思维。⑤危险点分析和安全性评价二者体现出技术与管理、特殊与普遍以及针对性与指导性的关系。

危险点分析预控和安全性评价是 20 世纪 90 年代以来中国各行业创造性地运用于安全管理实践，取得了极大成效的现代安全管理办法。大力推广运用危险点分析预控和安全性评价是预防和控制事故实现安全生产行之有效的方法。

五、标准化作业

同样公称尺寸的螺母可以用在各种各样的机器设备上，用同样开口的扳手操作，施加相同的扭矩紧固即可。除了节约成本，方便生产，也有利于安全生产。小到零件、部件，大到整机和生产线，从设计、生产、用途，都使用同一的标准这是设计生产标准化。同样的设备故障替换同样的零部件，使用同样的工艺方法和程序，这是运维检修标准化。显而易见，推行生产标准化建设会便于推广统一的设计加工工艺、运行检修的方法经验和安全和技术管理措施，达到节约劳动时间、人力资源和财力成本，有利于安全生产之目的。

2014 年《安全生产法》已经提出安全生产标准化建设，2021 版《安全生产法》第四条第一款重新提出"生产经营单位必须遵守本法和其他有关安全生产的法律、法规，……加强安全生产标准化、信息化建设，构建安全风险分级管控和隐患排查治理双重预防机制，健全风险防范化解机制，提高安全生产水平，确保安全生产。"而且在第二十一条规定的主要负责人的职责之一"生产经营单位的主要负责人对本单位安全生产工作负有下列职责：（一）建立健全并落实本单位全员安全生产责任制，加强安全生产标准化建设；"足以见出，安全生产标准化是安全生产管理长期科学有效的管理制度和措施。

1. 安全生产标准化概念

安全生产标准化是指通过建立安全生产责任制，制定安全管理制度和操作规程，排查治理隐患和监控重大危险源，建立预控机制，规范生产行为，使各个生产环节符合有关法律法规和标准规范的要求，人、机、物（料）、法、环处于良好的生产状态，并持续改进，不断加强企业安全生产规范化建设。

安全生产标准化涵盖了企业安全生产工作的全局，是企业开展安全生产工作的基本其要求和衡量尺度，也是加强企业安全管理的重要方法和手段。安全生产标准化体现了"风险管理、过程控制、持续改进"的指导思想。

2. 安全生产标准化的构成

安全生产标准化实质上就是使企业各个生产岗位、生产环节的安全质量工作，必须符合法律法规、规章、规程和标准的规定，达到和保持一定的标准，使企业人员、机械、物料、工艺方法和环境监测均处于良好的生产状态，并持续改进，不断加强企业安全生产统一化规范化建设，以适合企业安全生产、文明生产的目标，这就是安全生产标准化。其构成大致如图 7-3 所示。

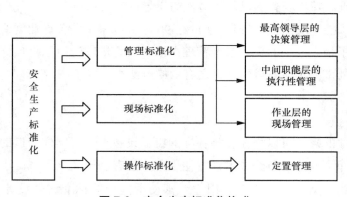

图 7-3 安全生产标准化构成

3. 安全生产标准化的效能

安全生产标准化的效能如图 7-4 所示。

4. 标准化作业三要素

（1）标准节拍，即生产线的节拍，是按顾客需求生产一个单位制成品的时间。根据标准节拍，生产现场的管理人员就能够确定在各生产单元内生产一个单位制成品或完成产量指标所需要的作业人数，并合理配备作业人员。

节拍时间是指各生产单元内加工一个单位的产品所需要的时间。其计算公式为：

节拍时间=每期可用时间/每期需求数量

这给每个操作者制定了作业时间的标准，超出节拍时间，就说明操作过程中有不合理之处，也就是有浪费，这时就该考虑进行改善。

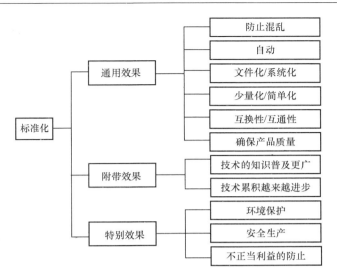

图7-4 安全生产标准化的效能

（2）标准作业顺序，指操作者加工时，依次操作的过程，它包括搬运、在机械上安装拆卸等定义一项作业的标准顺序时，围绕人的动作来组织并产生有效的标准作业顺序是很重要的。这种关注于操作者的方法所生成的标准作业顺序，将支持高效地生产高质量产品，并减少由于过度劳累产生的工伤。在安排标准作业顺序时，需考虑下面的问题：①消除或减少非增值工作，比如走动。②对作业要素进行排序并使其能生产出合格的产品。③消除变异根源。④避免设计那种无论体力上还是精神上都很难在一天内持续进行的工作。例如，那些大部分只需一只手操作来完成或者需要精神高度集中的单调工作。

一个稳定的环境是操作者重复操作的前提。实现稳定环境的前提是无故障的设备、高质量的零件以及设计良好的标准作业顺序和最少的在制品。

（3）标准在制品数量，指在每一个生产单元内在制品储备的最低数量，包括仍在机器上加工的半成品。使用在制品库存的目的是在已分配的周期时间内连续生产，使操作者或机器无须等待下一件零件。换句话说，标准在制品数量规定了操作者在进行标准化作业时绝对需要的零件、部件、半成品等的最小限度的数量。由此，标准化作业可以减少在制品存量，并使之维持在最低水平。

5. 安全作业标准化

GB/T 33000-2016《企业安全生产标准化基本规范》中，安全生产标准化主要包含：安全生产目标，组织机构和职责，安全投入，法律法规与安全管理制度，教育培训，生产设备设施，作业安全，隐患排查与治理，重大危险源监控，职业健康，应急救援，事故报告、调查和处理，绩效评定和持续改进13方面的内容。这里简述现场管理中的作业安全。

（1）生产现场和过程控制。

1）对生产过程及物料、设备设施、器材、通道、作业环境等存在的隐患，应进行分析和控制。

2）对动火作业、受限空间内作业、临时用电作业、高处作业等危险性较高的作业活动实施作业许可管理，严格履行审批手续。企业进行爆破、吊装等危险作业时，作业许可证应包含危害因素分析和安全措施等内容。应当安排专人进行现场安全管理，确保安全规程的遵守和安全措施的落实。

（2）作业现场与行为管理。企业应加强生产作业行为的安全管理。对作业行为隐患、设备设施使用隐患、工艺技术隐患等进行分析，采取控制措施。

1）作业人员。生理状态、心理状态、生理特质方面：患病、酒后；精神萎靡、恍惚；色盲、恐高、性格脾气、安全意识等；安全素质技能、上岗证、特种作业资格证等。

2）设备设施与工器具。①提前调试、检查设施设备，维护检修完好，功能齐全；②工器具：作业准备、保存维护、定期检验，规格参数符合、使用前检验、使用中注意事项。

3）物料毛坯。有毒有害、尖锐棱角、毛刺倒钩、超重大件、安装定位困难。

4）工艺流程。合理合规、难易程度、作业中严格遵守安全规程、复杂操作删繁就简、事后改进、注意重要特殊操作环节。

5）作业环境。高处作业、沟坎谷壑、超高低温气温（水温）、深水、毒气、粉尘、冒顶片帮、山体滑坡、高处落物等。

（3）警示标志。根据作业场所的实际情况，按照 GB 2894-2008《安全标志》及企业内部规定，在有较大危险因素的作业场所和设备设施上，设置明显的安全警示标志，进行危险提示、警示，告知危险的种类、后果及应急措施等。企业应在设备设施检维修、施工、吊装等作业现场设置警戒区域和警示标志，在检/维修现场的坑、井、洼、沟、陡坡等场所设置围栏和警示标志。

（4）变更。企业应执行变更管理制度，对机构、人员、工艺、技术、设备设施、作业过程及环境等永久性或暂时性的变化进行有计划的控制。变更的实施应履行审批及验收程序，并对变更过程及变更所产生的隐患进行分析和控制。

（5）相关方管理。企业应执行承包商、供应商等相关方管理制度，对其资格预审、选择、服务前准备、作业过程、提供的产品、技术服务、表现评估、续用等进行管理。

企业应建立合格相关方的名录和档案，根据服务作业行为定期识别服务行为风险，并采取行之有效的控制措施。

企业应对进入同一作业区的相关方进行统一安全管理。

不得将项目委托给不具备相应资质或条件的相关方。企业和相关方的项目协议应明确规定双方的安全生产责任和义务。

6. 实现标准化作业

标准化作业是各种生产作业的经验积累总结和指导安全生产的作业范式，但需要经过实践检验、评级评估、改进完善。

在各行各业对于各种具体的作业进行危险点分析并作出预防措施后，在做作业实践中不断改进完善，最后形成一套完美无缺的作业程序，写成该种作业的标准化作业指导书，作为该具体作业的范本一体遵行，这就是标准化作业。

标准化作业是理论与实践结合后诸多作业的经验教训的总结，是作业安全的可靠依据。推广标准化作业可以显著预防和减少事故，省去了危险点预控分析的时间，保证安全生产。但是，标准化作业当然不是盲目套用，使用之前作业标准要根据本次作业实际，查找对照与标准步骤措施的不同之处，加以改进修正。

每一个企业都应该建立自己的危险点分析预控作业档案资料库，形成标准化作业指导书。

案例 7-5 以下是电力行业《电网企业安全生产标准化规范及达标评级标准》规定的达标的必备条件（以一级企业为例）。

（1）目标。三年内未发生负有责任的人身死亡或 3 人以上重伤的电力人身事故、一般及以上电力设备事故、电力安全事故、火灾事故和负有同等及以上责任的生产性重大交通事故，以及对社会造成重大不良影响的事件。具体业务规定更加详细：一级企业对电能质量的要求是，"电网综合电压合格率≥99%，其中 A 类电压≥99%；城市居民电压合格率≥95%，城市供电可靠率≥99.96%；农村电压合格率、农村供电可靠率符合监管机构的规定；开展用户谐波电流普测，变电站谐波电压、电流合格。"

（2）组织机构和职责。设置独立的安全生产监督管理机构；配备满足安全生产要求的安全监督人员；安全监督人员中至少 1 人具有注册安全工程师资格。

（3）法律法规和安全管理制度。识别、获取有效的安全生产法律法规、标准规范，建立符合本单位实际的安全生产规章制度；加强安全生产规章制度的动态管理，根据企业实际定期进行评估、修订、完善。

（4）宣传教育培训。建立全员安全生产教育培训制度，对从业人员进行安全生产教育和培训；企业主要负责人和安全生产管理人员按规定全部取得培训合格证；按照《企业安全文化建设导则》（AQ/T 9004-2008）的要求开展安全文化建设。

案例评析 各个行业的侧重点不同，强调的内容也不同。2014 年 6 月 10 日，国家能源局和国家安全监管总局发布了《电网企业安全生产标准化规范及达标评级标准》规定的达标基本条件：①取得电力业务许可证；②评审期内未发生负有责任的人身死亡或 3 人以上重伤的电力人身事故、较大以上电力设备事故、电力安全事故以及对社会造成重大不良影响的事件；③无其他因违反安全生产法律法规被处罚的行为。

由上可见，标准详尽具体，量化可控。欲达标企业要查阅相关标准原文确定目标和措施。但达标却不是一劳永逸的事情，需要不断努力，持续改进。《电力安全生产标准化达标评级管理办法（试行）》第九条，取得电力安全生产标准化称号的电力企业（或工程建设项目）应保持绩效，持续改进电力安全生产标准化工作。

第四节　国外安全生产管理经验方法借鉴

他山之石可以攻玉。我们在管理体制、安全理念和科学技防等方面，距离文明发达国家还有很大的差距，借鉴国外一些安全生产的理念经验和方法将大有裨益。本节以美国杜邦公司为主线，其他国家为补充进行简介。

一、安全思想和理念

杜邦公司的核心价值观是"员工安全"。高层管理者对其公司的安全管理承诺是：致力于使工人在工作和非工作期间获得最大程度的安全与健康；致力于使客户安全地购买和使用我们的产品；各级管理层对各自的安全负责。

杜邦公司认为安全价值是：安全生产会大大提升企业的竞争地位和社会地位。安全不是花钱，而是一项能给企业带来丰厚回报的投资。杜邦公司坚信的信条是"安全运作产生经营效益"。杜邦公司的安全效益账——他们把资金投入到安全上，从长远考虑成本没有增加，因为预先把事故损失带来的赔偿投入到安全上，既挽救了生命，又给公司带来了良好的声誉，消费者对公司更有信心，反而带来效益的大幅增加。杜邦公司当年工伤统计结果是平均每起致残费用为 2.85 万美元，也就是说，每销售 57 万美元产品的利润，才能支付一起致残工伤。

杜邦公司的安全理念还明确规定了安全、健康、环保承诺：一定在尊重与爱护环境的前提下营运，极力为员工、客户、股东及社会大众创造最高利益，所有生产运营决不损及子孙后代的利益。

1. 杜邦公司的十大安全理念

（1）所有事故都可以预防；一切事故均可避免。这是杜邦公司具有远见卓识的安全文化理念，是科学的安全管理理念。杜邦公司认为，就某一起事故而言，如果预先采取了有针对性的预防措施就可以避免。

（2）各级管理者都要直接负责安全。既然"一切事故均可避免"，那么发生了事故，管理者就必须承担责任，不接受"纯属操作者个人违章"的借口，理所当然地应该受"株连"。

（3）危险隐患都可以控制。无数个可以预防的个体加起来，便能使所有事故得以避免。

（4）安全的工作是员工雇佣的条件之一。员工不遵守公司安全规定会被解雇。

（5）员工必须接受安全培训。培训是安全三角的一个边。

（6）主管都要进行安全考核。管理者必须采取强有力的措施强化管理、杜绝违章、消除隐患，防止事故发生。

（7）发现不安全情况必须制止。这是公司法令，必须执行。人人发挥安全主观能动性，主动制止违章行为，相互提醒安全操作。员工将安全作为一项集体荣誉。

（8）工作内外的安全同样重要。

（9）良好的安全等于良好的业绩。安全比业绩更重要。

（10）安全工作以人为主，彰显人性、人本理念。

2．杜邦公司安全管理的四个阶段

杜邦公司二百多年的安全生产实践经历了四个阶段的发展过程。如图7-5所示。

（1）自然本能阶段。安全管理粗放，规章制度不健全，员工凭自然本能来保护自己。

（2）严格监督阶段。规章制度比较健全，但是执行需要严格监督，员工在安全方面有依赖思想。

（3）自主管理阶段。规章制度不需要监督就能够得到正确执行，员工能够独立进行自我安全管理。

（4）团队管理阶段。不仅规章制度健全，员工自我安全管理意识强，而且员工有互助精神，主动承担团队安全责任。此阶段员工不但自己要遵守各项规章制度，而且帮助别人遵守；不但观察自己岗位上的不安全行为和条件，而且留心观察他人岗位上的；员工将自己的安全知识和经验分享给其他同事，关心其他员工的异常情绪变化；由"三不伤害"升级到"四不伤害"中的保护他人不受伤害。

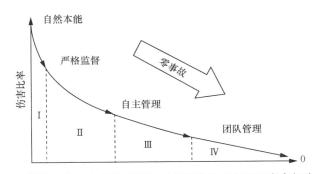

图7-5　杜邦企业安全文化建设与工业伤害防止和员工安全行为模型

3．杜邦公司的安全管理特点

杜邦公司认为，企业管理在安全、生产、质量、成本、进度、士气几个因素中，唯有安全出了问题是不可挽回的，在安全管理方面突出了几个特点：

（1）高标准的安全目标。职业疾病、伤害、意外事故为"零"。让各级领导和每一个员工在安全问题上没有退避的空间。

（2）强调主要领导的安全责任。初期是火药公司经理办公室建在容易发生爆炸事故的火药生产建筑物上面，即让管理者在最危险的位置。生产设备建成试机或者检修后开机，由最高管理者（须懂技术和安全）先去启动操作，然后才能交员工运行，即确保每个班次至少有1名负责人或生产经营管理人员在现场带班作业，与工人同下同上。

（3）唯一性的安全考核。出事故只处理直接上级管理者，即班员差错处理班长，班长差错处理车间主任，不涉及别人，以此类推。

（4）阶段性的安全管理。企业领导者责任就是按照本单位所处阶段进行安全管理，并且追求向更高管理阶段的发展。

（5）安全管理的重点在基层。管理层要时刻紧抓基层安全工作，同时对基层安全负有责任。

（6）没有监督职能。由于杜邦公司的企业都处在第三、四安全管理阶段，因此他们的专职安全管理部门与我们不同的一点是没有监督职能，有制度制定、法律咨询、安全管理协调、事故、损工事件处理等职能。

4. 其他公司的管理理念

美国柏克德集团公司始创于1898年，是世界最大的工程建设公司之一。安全是该公司的价值观和道德标准，公司选择与员工双赢的方式来实现利益最大化；所有的事故和伤害都可预防；③"零事故的确切意思就是没有事故"，强调"在预防事故时，必须做到万无一失。"事故并非偶然发生，要达到"零事故"的唯一措施就是使所有不安全状态和行为得以纠正；安全人员最重要的任务是让员工们明白注重安全是为他们自身着想，比起工期进度，公司更在意的是人员安全。

壳牌石油公司认为，人是最重要最宝贵的财富，人身安全是安全工作的终极目标。

日本前田水电开发公司认为，"安全是公司的良心""质量和安全是公司的生命""没有安全就没有工作"。

二、安全经验和方法

1. 美国国家安全生产管理经验

以下以美国矿业公司为例，简述其安全管理经营和方法。

（1）重复故意违法所致事故重罚、入刑，发现几起类似故意违法行为，最高罚款额可达700万美元。其次是事故责任追究制，特别是当出现伤亡事故时，调查人员必须出具报告指明责任，蓄意违反法案的责任者也将被处以罚款或有期徒刑。

（2）能实现"高产量、低伤亡"安全目标的三大因素：强化矿主和政府部门的安全责任；加强对煤矿工人的培训；应用新技术提高了煤矿生产安全——构成为"三角安全"——执法、培训与技术支持。

（3）安全检查"突袭制"。任何提前泄露安全检查信息的人，可能被处以罚款或有期徒刑。

（4）检查人员和矿业设备供应者的连带责任制。检查人员出具误导性的错误报告、矿业设备供应者提供不安全设备，都可能被处以罚款或有期徒刑。

（5）各地的联邦安全检查员每两年必须轮换对调，任何煤矿发生 3 人以上死亡事故，当地的安全检查员不得参与事故调查，而需由联邦办公室从外地调派安全检查员进行事故调查。

（6）这些检查人员可谓"权大责重"。根据《联邦矿业安全与健康法案》，检查人员如果发现安全隐患，有权责令煤矿立即停止生产，但如果泄露检查信息或误导调查，则可能被判刑。

（7）安全培训是必须的，开放的。对煤矿工人和矿主的培训主要由矿业安全与卫生局下属的全国矿业卫生与安全学会负责，矿业工人参加课程是免费的，经费从劳工部的培训费中支出。矿业安全与卫生局还充分利用网络，在网上提供免费的交互式培训课程，开放网上图书馆，将矿难调查报告、安全分析等资料和档案在网上公布。《矿业安全和卫生法》规定，煤矿安全监察员与煤矿无任何隶属关系，他们必须具备煤矿工程师的资格，每年到安全培训学院轮训一周。

（8）采用新技术。信息化技术、机械化和自动化采掘、推广新型通风设备、坑道加固材料、电器设备，从而提高了安全指标。

（9）特殊的安全检验——让老板证明产品的安全性。煤矿采购安全生产防护用具让商家老板首先以身试验。这如同当年美军订购降落伞，要求生产厂商老板随机抽取伞包跳伞，这种产品安全检验方法的结果是合格率很快就达到了 100%。是否安全领导先试验，效果非常好。

案例 7-6　1923 年，穿着防弹背心的这位壮士是纽约防护服公司的 W·H·墨菲在做防弹背心真人测试，对他开枪的是他的助手（见图 7-6）。20 世纪二三十年代，美国大萧条，犯罪率上升，而且越来越暴力。那些黑帮拥有霰弹枪、大口径手枪、自动步枪乃至汤普森冲锋枪，有时候警察感觉自己面对的不是犯罪分子，而是一支部队，为了保命，美国执法机构对防弹质量可靠的防弹衣需求不断增加。作为这款防弹背心的发明者，W·H·墨菲为了拿到这张大订单，亲自上阵演示他的产品质量是多么可靠。演示在华盛顿特区警察总局内进行，使用的手枪是一把 38 口径的史密斯威森 M10 左轮枪。墨菲与枪口的距离不足 3 米，他的助手向其胸部连开了两枪，据目击者称，他"连眼睛都没有眨一下"。接着警察亲自上阵向墨菲开枪，再次测试防弹背心的性能是否可靠，如图 7-6 所示。真人墨菲实验证明，他带到华盛顿特区的防弹背心确实是当时最先进的产品，且跟以前笨重的防弹背心不同，这款产品穿着舒适又贴身，重量仅为 11 磅（5 公斤）。测试之后墨菲把其中一枚变了形的弹头送给了一位警官，作为纪念品。

图 7-6　墨菲防弹实验

案例评析　本案真实生动地说明了领导设身处地抓安全质量的有效性和重要性。仅仅依靠员工理论学习，效果远不如让领导亲自抓安全。

2. 杜邦公司安全管理经验与方法

有着 202 年历史的杜邦公司一直保持着骄人的安全纪录：安全事故率比工业平均值低10 倍。

（1）杜邦公司的任何一员都必须遵守公司的安全规范和安全制度。公司不能容忍任何违反安全制度和规范的行为，否则将受到严厉的纪律处罚，甚至解雇。这是对各级管理者和工人的共同要求。

（2）工作外安全行为管理和安全细节管理，"把工人在非工作期间的安全与健康作为我们关心的范畴"，在工作以外的时间里仍然要做到安全第一。员工在工作场所比在家里安全 10 倍；员工在家里因做家务受了伤，也要向公司汇报。超过 60％的工厂实现了零伤害率。

（3）所有的安全目标都是零。这意味着零伤害、零职业病和零事故，"若不能肯定某工作是安全的，就不要做。"经验表明，安全工作是最经济的工作方式。有些规定很具体细致，如没有紧急情况时不允许在走廊跑步，上楼梯必须扶扶手，铅笔芯朝下插在笔筒内。

（4）言必安全。总经理开会前说，"我先给诸位介绍会议室的安全出口。"总经理的年终总结中，多达 20％的内容是关于安全的。高层领导的以身作则以及公司严格的训练和要求，使每个人对安全几乎形成条件反射，这正是公司的目的，这是避免事故的有效途径。因为安全一旦形成习惯，事故就变得非常遥远了。

（5）在本部和外出都要安全。杜邦公司员工外出住酒店，一定是选择尽可能低的楼层。

3. 其他国家（公司）安全管理经验与方法

（1）法国、德国安全生产强调实现安全生产必须是物防、技防和人防并重。安全物防是基础，设备设施的本质安全作支撑；安全技防是手段，工艺、监控和检验是防止事故的重要技术措施，能使员工预防避免或快速脱离危险；安全人防是根本，既要制止员工的作业违章，更要制止管理者的违章指挥，所有这些都通过严格的资质把关、制度管控和提升综合素质三者相结合。

（2）壳牌石油公司的安全管理。①规范每项生产行为，清除事故可能藏匿的死角。②在高风险作业环节犯错，那么一次机会都没有。③不仅要求全体员工遵守制度，而且赋予他们权力——积极干预他人的不安全行为，这种干预完全不受职级限制。④鼓励员工发现不安全事项时直接向他汇报，要求员工无论事故大小都必须上报，就连电缆盒盖板被风吹掉这些事情都不能遗漏。⑤将安全还原为个体生命和家庭幸福，让员工走上讲台教别人什么是安全。⑥处理事故，重点不在追究责任，而在查明事故的真实原因，避免日后"被同样的石头再绊倒一次"。

1995 年壳牌出版了自己的 HSE 管理体系，即是对健康（Health）、安全（Safety）、安保（Security）和环境（Environment）的系统管理方案。随后，壳牌又把这一体系完善成 HSSE 管理体系，即是对健康（Health）、安全（Safety）、安保（Security）和环境（Environment）的系统管理方案。

（3）柏克德集团公司的安全管理。①合作交叉作业无论是哪一方的人员，都把他们视为家庭成员，与他们共同承担安全责任，维护安全业绩，努力实现现场零事故。②公司构建了全球性的风险管理系统，对从计划项目到工程收尾的整个过程做分析与控制，将整个施工过程分解成 2700 多个小项目来评估危害与风险，并进行有效沟通，实现预防事故的目标。

（4）InterGen 公司的安全指标管理方法；安全管理上还有一系列过程控制指标。如"过程控制指标"：作业前计划指标、整改措施指标、自我评估和检查指标等；又如"伤害频率指标"：无事故天数、总报告事件频率等。指标体系体现了安全管理超前控制、重在预防的思想，将公司管理层的管理思路、重点和要求逐级落实，通过数据定量地展示。

（5）澳大利亚 OzGen 电力公司 M 电厂安全管理。①全员授权：员工所接受到的公司 HSE（健康 Health、安全 Safty、环境 Environment 三位一体的管理体系）管理的核心价值是系统性，包括授权每个人正确履行 HSE 事宜并提出纠正意见，期望每个人正确履行 HSE 事宜并提出纠正，电厂没有指定哪一个人负责安全，每个人都有责任，实现 HSE 体系持续改进。②体系性、标准化的安全管理：电厂建立了完整的 HSE 标准化管理体系，严格执行规程、程序，真正克服了工作随意、违章冒险作业等现象，真正实现了"我要安全""我会安全"。③所有不良因素都必须马上纠正。④员工是安全工作的关键，工作之外的安全也很重要。

（6）日本的"5S"管理。以零意外（认为发生事故是意外情况）为目标，所有意外均可预防，机构上下齐心参与。安全始于整理、整顿，而终于整理、整顿。第一个 S（Seiri，整理），区分"要用"与"不用"的东西；第二个 S（Seiton，整顿），将有用的东西定位放置；第三个 S（Seiso，清扫），将不需要的东西彻底清扫干净；第四 S（Seiketsu，清洁），保持美观整洁；第五个 S（ShiitsuKE，素养），使员工养成良好习惯，遵守各项规章制度。

员工对待预防消除安全隐患的态度细致入微，措施严谨甚至是严苛的。从习惯养成上实现人的本质安全。

（7）香港安全管理的十四项元素：①安全政策；②安全职责框架；③安全训练；④内部安全规则；⑤危险情况视察计划；⑥个人防护计划；⑦调查意外事故；⑧紧急事故准备；⑨评核、挑选和管控次承建商；⑩安全委员会；⑪评核与工作有关的危险；⑫推广安全和健康知识；⑬控制意外和消除危险的计划；⑭有关保障职业健康的计划。

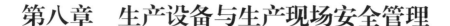

节以制度，不伤财，不害民

——《易·节》

第八章　生产设备与生产现场安全管理

人的不安全行为和物的不安全状态是导致事故发生的直接原因，现场使用的生产设备和特种设备的安全性能与作业人员的人身安全息息相关。另外生产（工作）的开工、作业和收工阶段各有其特点，在各个阶段应施予不同的安全管理措施。本章将从以上各个方面予以简述。

第一节　生产设备安全管理

严格执行设备安全管理制度。根据不同类型机械的功能和运动特点制定安全操作规程并严格遵守执行。强化日常检查养护维修意识，有疑必查，有病必修，勤于维护，技术防护，不要让机械设备带病工作。所有机械的传递部分，特别是外露的和突出的部位极容易使操作人员受到伤害，必须因机而异装设可靠的防护装置。

一、设备管理

因设备设施造成的安全事故，大都发生在操作（运行）中。因此，设备使用运行维护是设备管理的重点。设备运行到一定时间之后就要检验检修并记录在档。

1. 设备的使用与维护

（1）管理制度。①定人定机制度。操作人员与机器固定，增强使用养护机器的责任心，便于监督管理，分清责任。有些行业的野外分布设备可以分区划片，实行定人定机制度。如电力线路，可以确定某人的维护范围在××线路××号～××号杆塔。②持证上岗制度。任何种类的机械操作或者系统的运行值班人员，都必须经过专业技术和安全培训，取得合格证后才能上岗工作。对于特殊工种，强制取得政府监管部门的特殊工种操作证。③安全检查制度。日常要勤于检查，定期检查，要全面检验检定。对于重要的设备设施或其重要部位要进行专项检查。④保养维护制度。为了使设备完好，功能齐备，提高效率，延长机器寿命，降低生产成本，要坚持不懈地执行定人定机保养维护制度。清洁、润滑、检查、维护乃是每个操作（运行）人员的工作习惯。⑤交接班制度。对于一机多人的设备要执行交接班制度。交底设备运行状况、注意事项，同时可以分清设备故障责任。

（2）设备使用。①做好设备的主人，管理好"自己"的设备；②勤于维护设备，发现故事及时排除；③最重要的是严格遵照安全操作规程使用设备，并做好设备的运行检修、故障维修的记录存档。

（3）操作（运行）规程。设备操作规程就是各行各业的作业过程中应该怎么做、不应该怎么做的严格规定。之所以说是严格规定，是因为这些规定都是用行业前辈们的鲜血和生命换来的经验和教训。除了天灾人祸和意外事件，没有无违章作业事故！所以说操作（运行）规程是各个岗位安全生产的核心，重中之重。

2. 生产设备设施检修

（1）安全检查（巡视）。设备使用（运行）日久会老化、劣化、功能减弱或失效，或偶发故障，因此设备安全检查制度化、规范化，使得保持设备完好率，是提高利用率和生产效率的有力管理措施。日常安全检查时刻不忘，灵活机动，定期和专项结合进行，全面彻底，雷打不动。

（2）故障管理。设备零部件劣化精度、功能减弱或丧失，或者零部件装配关系破坏，设备不能正常运转或停机而中断生产。这就是发生了故障。故障管理重在及早发现故障端倪，如同人的生病发见于未萌，则轻微调理即可恢复。这要求设备操作者：①具有爱惜设备的责任心——时时关注设备运行的参数、声音及其他表象，发现异常及时分析解决，减轻损失；②熟练掌握机械的零部件和装配关系——工作原理和功能；③熟记机械设备的技术参数和事故维修档案记录数据——根据现象比对判读故障；④每次故障处理的记录应整理存档，以备以后参考。

（3）检修管理。①安全技术部门根据检修任务勘察检修现场后根据危险点预控作业方法制定检修总体方案；②各个作业模块的安全作业指导书（主要工作的安全工艺措施）；③选拔适合的人员组成检修队伍；④确定组织措施分工协调作业；⑤安全作业交底；⑥作业人员行为监督检查——杜绝违章操作；⑦危险作业和检修特种机械作业安全检查监督；⑧各个部门的安全作业协调；⑨检修工作环境安全措施。

3. 设备设施的档案资料管理

设备设施档案就是设备的健康记录，它是后续设备维护维修的重要参考依据。档案记录应该自设备进货验收安装调试一直到设备退役或报废。其内容包括：①设备合格证、检验单、验收单；安装调试及移交验收记录；②历次检验、维修、大修完工验收单；③设备故障报告单、维修记录、完工验收记录等。另有设备说明书、图纸、图册、维护操作规程、典型检修工艺等资料在技术资料部门保管。

4. 问诊设备设施的知识经验

要做到用好、管好设备，相关的设备的事故类型、知识经验技能必须熟练掌握。

（1）要知道伤害种类。本书第一章已经罗列了各种事故类型共 20 种，包括：物体打击、车辆伤害、机械伤害、起重伤害、触电、淹溺、灼烫、火灾、高处坠落、坍塌、冒顶片帮、透水、爆破、火药爆炸、瓦斯爆炸、锅炉爆炸、容器爆炸、其他爆炸、中毒和窒息、其他伤害。

（2）细心发现故障。中医诊断人体病情通过望闻问切几种途径，作业人员通过先进的检测设备对设备设施"望闻问切"也能发现故障。

1）望，就是通过外部检查发现设备的表面故障或缺陷。如，冷加工作业者观察机械设备是否有其壳体、部件、零件缺失、破损、松动，夹具和零件的装卡是否牢固；施工场地作业者要观察是否有人或物体正停留在起重设备之下；建筑工是不是正处于"五临边"、有高处坠落的危险；运行工监视系统设备仪器仪表的读数（压力、转速、电压、电流）是否在正常范围内，充油设备有无跑冒滴漏；井下工人要注意是否有冒顶片帮的迹象；电力工人登杆前检查杆塔是否有裂纹、歪斜、拉线断落的现象等。

2）闻。这里包括两个方面，一是就是通过设备运行发出的声响来判断设备内部是否有故障，二是通过嗅觉来判断设备或者工作状态是否有故障。如机械设备内部不正常的撞击声，可能是零件断裂，咔嗒咔嗒的连续节奏声可能是零件的脱销松动；电力变压器的尖利啸叫声可能是过电压，沉闷的嗡嗡声可能是过负荷，咔嗒咔嗒的连续节奏声可能是铁芯螺丝松动；通过嗅觉可以判断压力容器和管道的有毒有害气体是否泄漏，电力设备和电能匹配器发出焦煳味道，可能是由于过载烧毁等。

3）问。设备本身当然不会说话，通过询问上班的值班人员，查看过往的运行记录，查阅设备的功能、运行参数和保养维修说明；对一些不理解的现象可以咨询专家和工程师了解设备运行安全情况。

4）切。用肢体触及或者使用工器具、仪器测试设备得到数据以判断设备故障的方法，仿佛中医的切脉。对于没有危险的、温度 45 摄氏度以下、低电压（24 伏特以下）的可以徒手试温、试电。对于危险温度和危险电压就要借助于试温蜡片、温度计和验电笔、验电器来测试。通过"切"到的数据来判断设备的运行状况：是否存在超温、超压、超速、过电压、过电流、超负荷等情形。

（3）安全管理技术措施（以机械、电气类为例）。

1）机械类设备安全管理措施。

a．金属切削机床：①设备可靠接地；②销子楔子不能突出表面；③使用专用工具；④尾部安装防弯曲装置；⑤零部件装卡牢固；⑥及时维修安防装置。

b．锻压机械设备：①锻压设备的机架和突出部分不得有棱角和毛刺；②外露的传动装置必须有用铰链安装在固定不动部件上的防护罩；③ 启停装置必须保证设备迅速开关，并保证运行和停车之间的连续状态；④启动装置的结构应能防止设备意外开动和自动开动；⑤高压蒸汽管道上必须装有安全阀和凝气罐，以消除水击现象，降低突然升高的压力；

⑥蓄力器通往水压机的主管上必须装有当水耗量突然增高时能自动关闭水管的装置；⑦任何类型的蓄力器都该有安全阀（安全阀的重锤必须封在带锁的锤盒内），并有技术检查人员加封且定期检查；⑧安装在独立室内的重力器必须装有荷重位置指示器使得操作人员能够自工作地点观察到荷重位置；⑨新安装或经过大修的锻压设备应根据设备图样和技术说明进行验收和试验。

c．冲压机械：①手用工具安全；②安全装置齐备（机械防护、双手按钮保护装置、光电保护装置）；③机械化和自动化作业保护功能。

2）电器类设备安全管理措施。

a．定期测试（如接地电阻等）、试验（如开关跳闸速度等）。

b．事故巡视与定期巡视。

c．技术措施：①工作接地：如三相四线制 TN-C 系统，变压器低压侧中性点直接接地；②保护接地：如 IT 系统电气设备外壳接地；③保护接中性线：如三相四线制 TN-C 系统中，电气设备外露可导电部分接保护中性线；④漏电保护：如中性点接地系统低压电网安装剩余电流动作保护器；⑤防雷保护：安装避雷器。

d．电气设备（线路）防火防爆：①根据工作环境（爆炸气体、粉尘）、负荷大小类型等正确选型（如隔爆型 d、充砂型 q 等）；②正确匹配拖动；③加强运行维护；④防止线路短路和过载引起火灾和爆炸事故（符合电气装置规程、符合安全距离、及时测量绝缘状况、正确选择保护装置）；⑤防止因接触电阻过大引起火灾和爆炸（导线安装连接、导线与设备安装连接、运行设备的连接头松动）。

案例 8-1 某供电公司配电班电工接到"某台区 1 号配电变压器失电"的报案电话后，配电班长带领 2 个队员赶到现场。检查发现 1 号配电变压器是完好的，是 2 号配电变压器有问题，随即准备更换 2 号配变，并根据该配电变压器水泥杆上线路编号，办理了线路停电并申请调度批准开始工作。两名检修工登上离地面 6.5 米高的配电变压器台架。因检修需要，其中一人解开高压侧下引线时，右手受电击，因他转移工作位置时解除安全带，也未使用安全绳保护，从高台上坠跌落地，安全帽又未扣紧，头部受重伤致死。

案例评析 该事故的直接原因是检修工未按规程规定验电后接地，高空作业又没有系安全带、没戴好安全帽，造成了无可挽回的死亡事故。事故的间接原因是 2 号配电变压器两年前已改变了线路，但现场该配电变压器水泥杆上标明的仍是原线路编号，于是导致检修时错误地申请了原线路停电，且未发现此错误，致使检修工作成为带电检修。2 号配电变压器变更进线水泥杆上线路编号未做变更记录给以后的检修埋下了隐患。

本案设备与档案台账管理脱节，没做到设备编号变更实时管理，设备与编号错位。遗留的这个隐患与作业人员违章操作叠加导致事故。

二、特种设备安全管理

生产中特种设备往往比普通设备更容易发生安全事故。依法规范特种设备使用单位和特种作业人员的安全生产行为，使之遵守有关法律、法规和安全作业规程，加强特种设备安全和节能管理，保障特种设备质量安全、使用安全、运行安全，对企业安全生产意义重大。

1. 特种设备和特种作业人员

（1）特种设备。《中华人民共和国特种设备安全法》（简称《特种设备安全法》）第二条第二款规定，本法所称特种设备，是指对人身和财产安全有较大危险性的锅炉、压力容器（含气瓶）、压力管道、电梯、起重机械、客运索道、大型游乐设施、场（厂）内专用机动车辆，以及法律、行政法规规定适用本法的其他特种设备。

（2）特种作业人员。特种设备安全管理人员、检测人员和作业人员，也就是特种设备的操控人员，是特种作业人员。

2. 特种作业人员的资格要求和培训考试考核

（1）特种作业人员的资格要求。《安全生产法》第二十七条规定，生产经营单位的特种作业人员必须按照国家有关规定经专门的安全作业培训，取得相应资格，方可上岗作业。第二十三条规定，特种作业人员经考核合格后，颁发《中华人民共和国特种作业操作证》（以下简称特种作业操作证）。

（2）特种作业人员的培训考试考核。《特种设备安全法》第十三条规定，特种设备生产、经营、使用单位应当按照国家有关规定配备特种设备安全管理人员、检测人员和作业人员，并对其进行必要的安全教育和技能培训。

第十四条规定，特种设备安全管理人员、检测人员和作业人员应当按照国家有关规定取得相应资格，方可从事相关工作。特种设备安全管理人员、检测人员和作业人员应当严格执行安全技术规范和管理制度，保证特种设备安全。

《安全生产培训管理办法》（国家安监总局令第44号）第八条第六款规定，除主要负责人、安全生产管理人员、特种作业人员以外的生产经营单位的从业人员的安全培训，由生产经营单位负责。这个规定的弦外之音就是，特种作业人员不是本单位培训。第十二条规定，特种作业人员对造成人员死亡的生产安全事故负有直接责任的，应当按照《特种作业人员安全技术培训考核管理规定》重新参加安全培训。

3. 特种设备安全管理

《特种设备安全法》第三条规定，特种设备安全工作应当坚持安全第一、预防为主、节能环保、综合治理的原则。第十三条规定，特种设备生产、经营、使用单位及其主要负责人对其生产、经营、使用的特种设备安全负责。《特种设备安全监察条例》第五条规定，特种设备生产、使用单位应当建立健全特种设备安全、节能管理制度和岗位安全、节能责任制度。特种设备生产、使用单位的主要负责人应当对本单位特种设备的安全和节能全面负责。特种设备生产、使用单位和特种设备检验检测机构，应当接受特种设备安全监督管理部门依法进行的特种设备安全监察。

（1）特种设备管理规定。

1）特种设备生产、经营、使用单位应当遵守本法和其他有关法律、法规，建立、健全特种设备安全和节能责任制度，加强特种设备安全和节能管理，确保特种设备生产、经营、使用安全，符合节能要求。

2）特种设备生产、经营、使用、检验、检测应当遵守有关特种设备安全技术规范及相关标准。特种设备安全技术规范由国务院负责特种设备安全监督管理的部门制定。

3）特种设备生产、经营、使用单位对其生产、经营、使用的特种设备应当进行自行检测和维护保养，对国家规定实行检验的特种设备应当及时申报并接受检验。

4）特种设备使用单位应当建立特种设备安全技术档案。安全技术档案应当包括以下内容：①特种设备的设计文件、产品质量合格证明、安装及使用维护保养说明、监督检验证明等相关技术资料和文件；②特种设备的定期检验和定期自行检查记录；③特种设备的日常使用状况记录；④特种设备及其附属仪器仪表的维护保养记录；⑤特种设备的运行故障和事故记录。

（2）特种设备管理的法律责任。《特种设备安全法》第八十三条违反本法规定，特种设备使用单位有下列行为之一的，责令限期改正；逾期未改正的，责令停止使用有关特种设备，处一万元以上十万元以下罚款：①使用特种设备未按照规定办理使用登记的；②未建立特种设备安全技术档案或者安全技术档案不符合规定要求，或者未依法设置使用登记标志、定期检验标志的；③未对其使用的特种设备进行经常性维护保养和定期自行检查，或者未对其使用的特种设备的安全附件、安全保护装置进行定期校验、检修，并做出记录的；④未按照安全技术规范的要求及时申报并接受检验的；⑤未按照安全技术规范的要求进行锅炉水（介）质处理的；⑥未制定特种设备事故应急专项预案的。

《特种设备安全法》第八十四条规定，违反本法规定，特种设备使用单位有下列行为之一的，责令停止使用有关特种设备，处三万元以上三十万元以下罚款：①使用未取得许可生产，未经检验或者检验不合格的特种设备，或者国家明令淘汰、已经报废的特种设备的；②特种设备出现故障或者发生异常情况，未对其进行全面检查、消除事故隐患，继续使用的；③特种设备存在严重事故隐患，无改造、修理价值，或者达到安全技术规范规定的其他报废条件，未依法履行报废义务，并办理使用登记证书注销手续的。

（3）特种设备管理要求。起重机械设备产品合格证、使用登记证等使用资料齐全，并按规定进行年检。钢丝绳、各类吊索具、滑轮、护罩、吊钩、紧固装置完好。制动器、各类行程限位、限量开关与联锁保护装置完好可靠。急停开关、缓冲器和终端止挡器等停车保护装置使用有效。各种信号装置与照明设施符合要求。接地连接可靠，电气设备完好。

各类防护罩、盖、栏、护板等完备可靠。露天作业起重机的防雨罩、夹轨器或锚定装置使用有效。

1）压力容器本体完好，连接元件无异常振动、摩擦、松动，安全附件、显示装置、报警装置、联锁装置完好，检验、调试、更换记录齐全，运行和使用符合相关规定，无超压、超温、超载等现象。工业气瓶储存仓库状态良好，安全标志完善，气瓶存放位置、间距、标志及存放量符合要求，各种护具及消防器材齐全可靠。气瓶在检验期内使用，外观无缺陷及腐蚀，漆色及标志正确、明显，安全附件齐全、完好。气瓶使用时的防倾倒措施可靠，工作场地存放量符合规定，与明火的间距符合规定。

2）厂内专用机动车辆动力系统运转平稳，无漏电、漏水、漏油，灯光电气完好，仪表、照明、信号及各附属安全装置性能良好，轮胎无损伤，制动距离符合要求，定期进行检验。

3）锅炉设备使用单位应当按照安全技术规范的要求，产品合格证、登记使用证、定期检验合格证齐全。锅炉本体及承压部件、汽水管道、压力表、安全阀、压力管道等安全设施配件应定期检测试验合格，自动补水装置可靠，压力容器满足运行工况要求。

4）电梯使用单位应当设置特种设备安全管理机构或者配备专（兼）职安全管理人员，与取得许可的安装、改造、维修单位或者电梯制造单位签订维护协议。定期检测并取得安全使用合格证。专职管理和操作人员应取得电梯使用操作合格证，在电梯内张贴安全乘梯须知，安装应急电话或警铃。

（4）特种设备作业破坏公用设备设施的预防措施。这里以电力行业为例，其他铁路、公路、通信等行业借鉴。

1）特种作业破坏电力设施的情形。在建筑工程、挖掘工程、房屋设备修缮工程和其他工程中，起重机械的任何部位进入架空电力线路保护区；在保护区内传递物体，特别是导电物体；挖掘机进入地下电缆保护区施工；小于导线距穿越物体之间的安全距离，通过架空电力线路保护区等。以上这些禁止性行为经常损毁电力设施。据统计，10千伏以上高压线路或地下电缆的破坏事故大多由吊车碰线、在保护区违章作业、野蛮施工挖断电缆、车辆撞断杆塔等外力破坏造成，大约占60%。

2）行业法律规定。《电力法》第五十二条规定，"在电力设施周围进行爆破及其他可能危及电力设施安全的作业的，应当按照国务院有关电力设施保护的规定，经批准并采取确保电力设施安全的措施后，方可进行作业。"第五十四条规定，"任何单位和个人需要在依法划定的电力设施保护区内进行可能危及电力设施安全的作业时，应当经电力管理部门批准并采取安全措施后，方可进行作业。"《电力设施条例》第十七条规定，任何单位或个人必须经县级以上地方电力管理部门批准，并采取安全措施后，方可进行下列作业或活动：①在架空电力线路保护区内进行农田水利基本建设工程及打桩、钻探、开挖等作业；②起重机械的任何部位进入架空电力线路保护区进行施工；③小于导线距穿越物体之间的安全距离，通过架空电力线路保护区；④在电力电缆线路保护区内进行作业。

3）预防措施。根据如上法律法规的规定，电力首先企业要加强巡视检查，发现危及电力设施的险情，及时制止并报告电力管理部门。其次，委派安全管理人员现场进行安全生产协调和指导，采取安全措施，避免安全事故发生。再次，请求政府安全生产监督管理部门予以协调，生产、作业、运行各方达成安全生产协议，既各负其责，又齐抓共管，做好电力设施保护附近生产作业的安全管理工作。

4）与相关部门协同。建议安监、交通部门对于各行各业的特种作业人员及卡车司机的安全生产培训应该加入电力设施保护的内容，尤其是建筑、运输、起吊、挖掘等行业人员在资格、上岗考试中要加入电力设施保护的内容。减少或避免汽车司机撞断电杆，刮断电线，吊车和挖掘机操作工触碰高压电线，挖断地下电缆，过失造成重大、特大损失的恶性事故发生。

案例 8-2 某市橄榄区道路施工，一辆吊车碰到 110 千伏线路，造成 C 相断股、线路跳闸、重合不成功。供电公司调度通知巡线人员巡线。巡线人员找到故障地点发现电气化铁路在 110 千伏周围施工，作业中吊车触碰到 110 千伏线路，吊车与线路之间放电，致使 C 相断股。为了防止断线供电公司立即制止了电气化铁路的施工，抓紧时间停电抢修。

案例评析 本案吊车在 110 千伏线路附近施工，一旦出现事故导致断线、停电，损失不可估量。《电力设施保护条例》第十七条规定，任何单位和个人必须经县级以上地方电力管理部门批准，并采取安全措施后，方可进行下列作业活动：（二）起重机的任何部位进入架空电力线路保护区进行施工。

本案的情况比较普遍，建议电力部门向政府报告，要求根据电力设施保护法律法规，协调电力管理、安监部门、电力企业等对于互涉工程施工的安全生产管理问题实行会审、协作制度，从根本上解决此类问题。

三、安全防护用具管理

劳动防护用具是保护生命的坚盾，是多少代行业从业人员保护生命健康的经验和智慧结晶。一旦进入作业时须臾不可离开，它会时时刻刻忠诚地守护着你的安全。一旦抛弃它或者不能正确的佩戴它，灾祸不定何时就会降临到你身上。

1. 劳动防护用品的要求

《安全生产法》第四十二条规定，"生产经营单位必须为从业人员提供符合国家标准或者行业标准的劳动防护用品，并监督、教育从业人员按照使用规则佩戴、使用。"该条对生产经营单位提出了劳动防护用品必须符合国家标准，没有国家标准的要符合行业标准；其次要通过教育培训教会从业人员正确佩戴和使用劳动防护用品；其三负有监督从业人员佩戴和使用的义务。要保证劳动防护用品必须符合国家标准并保证质量，安全生产经营单位必须按照《安全生产法》第二十条的要求，保证安全投入"生产经营单位应当具备的安全生产条件所必需的资金投入，由生产经营单位的决策机构、主要负责人或者个人经营的投资人予以保证，并对由于安全生产所必需的资金投入不足导致的后果承担责任。"从业人员的劳动防护用品除了质量之外，也应该按照《劳动防护用品监督管理规定》发放数量充足，不得削减克扣。

2. 从业人员正确佩戴使用劳动防护用品的义务

《安全生产法》第四十二条规定了生产经营单位的配置、监督使用劳动防护用品的义务。作为佩戴使用劳动防护用品直接受益的从业人员，应该具备企业劳动者的主人公态度和主动保护自己生命健康的安全意识，严格履行《安全生产法》第五十四条的规定，从业人员在作业过程中，应当严格遵守本单位的安全生产规章制度和操作规程，服从管理，正确佩戴和使用劳动防护用品。未能按规定正确使用和佩戴劳动防护用品的从业人员，不得上岗。

3. 《工作场所职业卫生监督管理规定》对劳动防护用品的规定

（1）用人单位应当为劳动者提供符合国家职业卫生标准的职业病防护用品，并督促、指导劳动者按照使用规则正确佩戴、使用，不得发放钱物替代发放职业病防护用品。

用人单位应当对职业病防护用品进行经常性的维护、保养，确保防护用品有效，不得使用不符合国家职业卫生标准或者已经失效的职业病防护用品。

（2）用人单位应当对职业病防护设备、应急救援设施进行经常性的维护、检修和保养，定期检测其性能和效果，确保其处于正常状态，不得擅自拆除或者停止使用。

（3）《工作场所职业卫生监督管理规定》比《安全生产法》更全面地强调了劳动防护用品和设施的配置、维护、检修、保养。

1）非劳动防护用品的钱物再多也保护不了从业人员的健康和生命，因此绝对禁止钱物替代防护用品。

2）防护用品和设备以及应急救援设施要进行经常性的维护、保养，保持常态有效，一旦发生事故真正能够保护从业人员的健康和生命，而不是用来摆样子，应付检查的摆设。

3）应急安全救援设施更不能停止使用或者拆除，否则祸从天降的时候会手足无措，无法临时恢复使用，贻误抢救机会。

案例 8-3　某年 1 月 10 日 10 时 10 分，某电厂工程施工现场。炉瓦二班陈某某小组进行 1 号炉甲侧送风机入口处架子的拆除工作。在第四层架子上的石某某、沈某某二人，将竹架板传递给陈某某后，再由李某往下放到地面，陈某某将最后一块架板放下 4/5 时，就让李某闪开，松手往下扔，竹架板端头露出的 30 毫米长的螺栓头正好挂在其外衣下边第四个纽扣下，使陈某某与架板一起从二层架子上坠至地面，经抢救无效死亡。

案例评析　陈某某在传递架板时，应采用传递或用绳索系住放下，直接往下扔是严重违章作业，是事故发生的主要原因。次要原因是高处作业不系安全带，如果陈某某系好安全带，并搭挂在牢固的架子上，陈某某则不会随同架板一起坠落的。

本案再次说明，遵守安全操作规程不能图省事、图便捷，还必须步步谨慎，时时小心，不可懈怠。本案陈某某接到最后一块架板，认为完工了，心情愉快，一时放松，疏忽大意，岂料就是最后一块架板夺走了陈某某的宝贵生命，真是令人扼腕痛心呀。

四、设备智能化管理

各行各业的工业设备都是一个个零部件组装的，难免设备磨损、老化和发生故障。设备损坏程度严重、故障频繁，制约企业设备功效的发挥。随着我国工业设备智能化程度的不断提高和使用范围不断扩大，对企业设备的监管、监测、维护，提出了实时、精准、方便、迅捷的要求。要满足这样的要求，就要依托设备管理平台的智能化，实时准确的数据采集技术，检测设备、部件的运行状态，对设备的运行状态、异常运行、规章隐患进行预警。通过智能分析设备运行的数据，为设备运维人员提供精确信息：设备性能劣化、精度衰减、能力损失、结构性偏差、自然老化等，实现由经验性粗略维修到预防性精准维修的转变。

1. 设备管理问题

设备管理问题包括：①设备隐患缺乏及时告警和隐患排查；②设备维修维护超出周期酿成事故；③设备故障响应延迟往往拖延数个小时，故障处理效率低，生产进度迟滞严重；④故障排除没有危险点分析预控安全作业指导书；⑤维修作业人员的能力不均衡，维修方案不精准，常见故障反复发生，特殊疑难故障无人会修；⑥员工安全意识弱，责任心不强，设备维护流于形式，跑、冒、滴、漏现象严重，故障频发；⑦维修备件领取缺乏有效管理，多领备件不退库，过多占用年度备件费用；⑧设备台账维护不完善不及时，确认车间实际可用设备往往需要多方沟通、现场核对，效率低；⑨现场生产安全协调不畅；⑩违章作业监护不到位等。

2. 设备智能管理的功能

（1）监控现场生产。形象、直观显示现场设备布局、运行状态、运行数据、设备运行异常故障状态等信息。

（2）查询设备状态。建立设备档案，快捷查询出设备的各类静态、动态信息：分类分级、生产厂家、型号、安装位置、使用时间、使用状态、维修记录与建议等。

（3）故障预警。根据实时监测的数据，定期对监测数据进行模型分析，可及时预测或发现设备运行的异常状态，提醒并帮助运维人员排查故障。

（4）故障报警。对各项实时监测数据的异常情况报警提示：数据超限报警、设备故障报警等，可设置各个参数的报警阈值，监控的数据一旦超过阈值，系统自动发送报警信息给相关设备主管及时做出应对措施，减少事故的发生。

（5）设备运行状况分析与评估。设备智能管理平台可对生产设备的运行质量评估，通过自动提取设备的故障次数及故障率，实现对设备运行质量的客观公正的评价，减少主观人为的评估偏差。

（6）装备运行记录查询与报告。通过对实时监测的数据，可按照实时、日、月、年或者选择的时间段记录数据，进行数据、曲线查询、同期比对分析并能自动生成日报、月报和年报，亦可作为设备的运行历史数据进行存档，且方便于管理人员查看设备的运行数据，实时掌握设备的历史和现行运行状况。

3. 设备智能化管理平台

设备智能化管理平台能够基于先进的网络信息处理技术，如可视化技术、实时监控技术，能够实现设备运行监视、操作与控制、综合信息分析与智能预警、运行管理和辅助应用等功能的一体化管理，让管理者随时随地的了解设备的生产情况，大幅度提高企业设备管理能力，如图 8-1 所示。

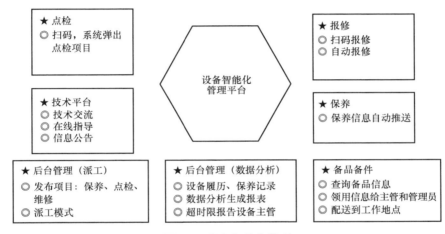

图 8-1　设备智能化管理

（1）数字化基础。生产设备的大量使用，越来越多的智能化设备传感器捕捉的实时数据对构建现场设备管理打下了数字化基础。

（2）数字化显示设备智能化管理平台。通过电脑等可视化装置快速查看设备的各类信息：维修记录、保养记录、保养周期等内容；还可以对设备的各类过程信息实现全程可追溯。通过这些数据建立设备台账数据库，并和三维设备绑定，实现设备台账的可视化，实现模型和属性数据的互查、双向检索定位、三维可视化的设备管理；能够快速找到相应的设备，查看设备对应的现场位置、所处环境、关联设备、设备参数等真实情况；可视化巡检管理可以直观、真实、精确地展示设备形状、设备分布、设备运行状况。

（3）智能化维护。通过数据分析实现对预防性维护的智能调度，帮助维修技术人员提前安排一些重要的预防维修，以防止宕机的情况出现。设备运维从制定、分配、下发、接收、执行、考核等全部工作都可以远程控制、无线实时同步，从而实现运维过程可视化、简捷化、规范化、智能化管理，及时发现各种设施缺陷和安全隐患并消除。

案例 8-4 以博联光伏电站运维智能管理系统为例。光伏电站运维智能管理系统是专为太阳能发电行业定制的一套智能化监控系统，可实时监控站内光伏电池阵列、汇流箱、低压直流柜、逆变柜、交流低压柜、升压变压器等设备运行情况，遥控操作站内开关、刀闸和调档设备，保障电站安全运行，满足电站运行人员日常操作及上级系统或调度的监控需求。

光伏电站运维智能管理系统主要包括工业智能网关、云数据中心、光伏电站运维平台三部分，其中的智能工业网关内嵌网络操作系统，有丰富的网络接入方式、编程库资源和安全应用模块。该系统可根据需要在智能网关上开发应用软件，实现光伏电站现场数据采集和传输智能化、稳定可靠。

系统构成与运行：1 台工业智能网关可实现同时接入多个完整并网系统，通过 RS-485 实现并网电能表、逆变器、汇流箱的数据通信，通过 I/O 直接获取并网开关的开关量，然后把采集过来的数据进行分析处理后，通过 4G、3G、ADSL 等方式与远程的云端服务系统进行通信交互，从而实现分布式光伏的远程管理运营。

光伏电站运维智能管理平台主要部分如下：

（1）在线监控：全站监控、逆变器监控、汇流箱监控、环境监控、报警信息。

（2）运行管理：交接班、运行日志、工作票、操作票、定期工作、运行记录。

（3）设备管理：设备标识、设备台账、设备缺陷、设备检修、设备生命周期管理。

（4）备品备件：备品分类、备品申请、备件台账、备件入库、备件出库、备件库存、备件利用率统计。

（5）行政办公：代办工作、邮件、文档、员工、通知公告、日程、考勤。

（6）统计分析：电量统计、电站运行分析、设备运行分析、电站指标分析、两票统计、设备缺陷统计、运行指标统计。

（7）报表管理：电站电量月报、逆变器运行日报、备件损耗月报、生产指标月报，自动生成指标年报。

（8）辅助决策：逆变器对比分析、统计发电量-辐射量对比、电站损耗分析、电站性能分析、日负荷曲线、发电量对比。

案例评析 该系统可以实现的功能：

（1）通过系统接口配置，即可快速全面实现采集电站运行数据和所有设备运行信息。

（2）对采集报文数据可实时查阅。对不同数据需求方的数据支持转发。

（3）对光伏电站汇流箱、逆变器、功率、发电量等实时数据实现在线远程监测。

（4）全面实时监视站内设备运行状态，模拟量、状态量、电能量等。

（5）通过监控数据采集、转换、统计、分析、计算等实现太阳能电站数据总览、历史数据总览、设备状态、监测趋势图显示、分析等功能。

（6）设备故障监视、电站环境指标、报警信息实时监测，告警事件的有效分类管理、实时告警、智能处理。

（7）系统支持多用户在线监控、权限管理，权责分明。

（8）系统提供运行人员常用的报表功能，提供日月年报表管理、消息配置、系统配置等功能。

第二节　生产现场安全管理

生产现场管理分为固定生产场所和非固定生产场所安全生产管理。对于固定生产场所安全生产管理，适用于前述的"5S"管理、看板管理和定置管理，侧重于物的安全管理。本节只是简述定置管理。非固定生产场所安全管理自始至终兼顾人与物的安全管理，分为开工、作业和收工三个阶段。

一、固定生产场所安全管理

定置管理从区域上分为系统定置管理、区域（车间）定制管理；从生产资料划分为生产要素定置管理、库房料场定置管理；其他还包括净化美化定置管理、色调光照定置管理、特殊定置管理和职能部门定置管理。本部分只简述车间生产资料定置管理。

1. 定置管理概念

定置管理就是科学地处理人与物的位置关系，使人、物和场所位置合理、流动迅捷、联系畅通的管理方法。通俗地说，就是在一定的作业场所，人、物如何安置更有利于安全生产，让其各就各位，各得其所——占据其应该存在的位置。

（1）人与物的结合。人与物的结合分为经常性和有效性结合状态两个方面，人与物结合的状态分为甲乙丙三种状态，见表8-1。

表 8-1　　　　　　　　　　　　　人与物的结合状态

状态	结合的经常性	结合的有效状态	说　明
甲	经常结合	有效结合	直接结合立即发挥效能与经常使用并处于完好状态。如车工与机床、工件的毛坯结合
乙	非经常结合	不能立即有效结合	操作人员与不经常使用且须经过检验测试才能使用的物之间的结合。如工人与待用、备用物之间的结合
丙	不结合	没有效能	工人不需要与作业现场无关的物结合，如废弃物、报废设备、报废原材料等

要提高生产效率，实现安全生产，人与物的结合状态应该是甲类状态，乙类结合状态应该向甲类转化升级，丙类状态应逐渐消除。当然，随着科学管理的不断进步，甲类状态也在不断升级提高，同时带动乙类状态提升，并加速消除丙类状态。

（2）物与场所的结合。场所就是劳动者作业（生产、制造、服务等）场地。人与物的结合也就须以物与场所结合为前提。根据物的传递和流动规律，使人与物的结合更加直接、更加有效。

（3）物的定置三要素。人与物要迅疾、快捷有效地与所需之物结合，就要熟知其存放场所、存放姿态和物的标识（地点）。①存放场所：作业场所存放该物的区划和标志。②物的存放姿态：以怎样的形式存放着（堆积还是码放抑或是上架）。③物的标识：区划、姿态都确认了，最后确认"此物即该物非彼物"标识。

（4）定置管理的信息媒介。这里的媒介即指人、物、场所结合过程中，起到指引、确认作用的信息载体。第一信息"该物在哪区域？"通过查看定置台账或电子台账，获得该物所在区划。第二信息"该物的具体位置？"指出物所在的具体位置。第三信息"这儿是该处"确认存放标志。第四信息"此物即该物"，找到物的自我标识。

这些信息媒介要求示意简洁易懂，结合畅达迅捷。

2. 定置管理的原则

（1）各行各业根据作业场所的客观实际，依据物流的科学规律和企业各自的生产性质、类型、特点、条件，建立切实可行的定值管理方案，真正让作业人员体验到"三顺"效果，即看上去顺眼悦目，拿起来顺手方便，干起来顺心省事。

（2）形成标准，相对稳定。定置管理的设计、实施尽量纳入标准化，切忌各个区划各自为政，花样百出。除非有场所定置的改变或者是管理的升级，应保持长期稳定，不要随意改变，让作业人员无所适从。

（3）因地制宜，节俭重效，自觉自律，养成习惯。定置管理是追求经济效益，不是摆样子的。要因地制宜，勤俭节约，不要花重金走形式。要让员工养成自觉自律，把自己的工作场所整理得井井有条、安全舒心，养成好习惯。

3. 定置管理的设计和实施

（1）定置设计。定置物品分类是首先要解决的问题。根据物品定置分类和作业场所实际情况进行设计。具体设计要考虑如下几个方面：①有利于与作业人员的结合，方便取放；②防止物品中的不安全因素；③防止物品质量下降，磕碰损毁；④节省空间；⑤保证作业现场整洁美观。定置物品姿态设计要安全、质量、效率和空间高效利用等因素；各个环节既要独立运作顺畅，又要与上下环节有机连接。

（2）定置管理实施步骤：①作业场所进行全面清理整顿；②按照设计方案进行物品定置；③设置好定置物品信息媒介；④试运行、检查、验收、改进提高。

4. 车间生产要素定置管理

（1）设备定置管理，包括对设备本体、管理资料、备件、维护保养物品的定置，以保证设备完好，运行正常。

（2）工器具定置管理，对与生产设备有关的工器具进行定置，以保证使用方便、流动有序、减轻劳动量，提高生产效率。

（3）对原材料、半成品和成品的定置管理，保证原材料分类存放，有序供应；对半成品和成品要分类存放恰当位置，方便流程进行或检查检测入库。

（4）作业人员定置管理，定人、定机、定岗、定责，严格遵守安全规程操作或者实行标准化作业。

二、户外不固定场所作业安全管理

户外不固定场所具有不确定性和流动性。每一次作业场所都有其特殊性，不适应统一规范的定置管理方案。每一次作业之前都要按照前述的危险点预控作业法进行勘察、分析，写出安全作业指导书，采取安全措施，然后进行作业。户外不固定场所作业安全管理的另一个特点是人与物的安全管理并重。本部分从开工、作业和收工三个阶段简述安全管理。

1. 开工管理

分析撰写安全作业指导书时，应对采取的安全技术措施所涉及的人员资格和操作技能熟练程度、设备设施的运转使用情况、施工方法和工艺、所需材料的质量、施工环境等五个方面进行分析和研究。工作负责人组织召开现场开工会，工作负责人、专责监护人应向工作班成员交待工作内容、人员分工、危险部位和现场安全措施，进行危险点告知，确保每个工作班成员知晓，并由工作班成员本人在票上签名确认，并履行确认手续，工作班方可开始工作。安全管理有以下几个方面。

（1）作业人员组织。开工作业之前要将总体作业分解到个人，根据作业人员的性格、技术技能和经验以及身体健康状况安排合适的作业人员到合适的作业岗位上，发现酒后作业、带病作业的要及时调整工作人员。

（2）采取安全措施。对工作票上的安全措施由运行部门完成后再由作业人员的工作负责人检查，发现安全措施缺陷应予完善。

（3）工作任务。工作负责人布置总体工作任务和每个作业人员的工作任务，包括工作内容、时限、工作检验标准等。

（4）作业环境与总体作业的安全重点。介绍作业环境与总体工作任务的安全重点部位和应对措施及注意事项，要求全体工作人员都能清楚地理解安全重点部位、应对措施和注意事项。

（5）各个岗位的安全交底。详细交待各个工作岗位的危险点和安全预防措施，直到每个作业人员对安全作业指导书上的安全措施清晰理解明白后并签字认可。对于重点难点、危险性大的作业岗位要反复强调危险点和安全措施。

至此，工作负责人才能宣布开始工作。这里的开工管理不是一个工程项目的开工，而是每一次作业的开工，交接班的开工，工作间断、转移的开工。

2. 现场作业管理

作业期间属于过程控制，应涵盖安全技术措施实施的整个过程，应重点关注采取的施工工艺是否合理、施工流程是否正确、操作人员的操作规程执行情况、施工荷载的控制以及设备设施的运转使用情况是否良好、相关的监测预警手段是否到位、各道工序之间的衔接是否合理、是否上道工序检查验收合格后方才进行下道工序施工等。安全管理有以下几个方面。

（1）各司其职，各负其责。工作开始后，最重要的就是各司其职，各负其责，紧盯工作，不要越位。每个作业人员安全地完成自己的工作，这是总体工作安全的基本保证。

（2）专职监督检查。如果作业组设有专职安全检查监督人员，就由工作负责人担任专职安全监护工作，监督各工作岗位的作业，负责检查工作现场安全措施是否正确完备，是否符合现场实际条件，必要时予以补充；工作前对工作班成员进行危险点告知，交待安全措施和技术措施，并确认每一个工作班成员都已知晓，并执行工作票所列安全措施；督促、监护工作班成员正确使用劳动防护用品，作业行为符合安全规程；工作班成员精神状态是否良好，变动是否合适。作业人员一定要心无旁骛，专心做好安全检查监督工作，切勿介入其他工作。

（3）四不伤害。四不伤害的"一不"是"提醒他人不受伤害"。这里提醒一下，那些自顾不暇、作业生疏的员工，只需做好分内之事即可，不要去提醒别人了。

（4）严禁无票作业。作业过程中，一般不要变更、增加工作内容。确有必要改变增加，也必须经运行或调度部门的批准，并办理工作票，严禁无票作业。

（5）行政领导不要干预工作任务。非本次作业活动负责人在生产工作现场，不要指手画脚发号施令，因为其不了解施工现场的安全管理措施，以领导自居主观指挥，往往会酿成大错。

案例 8-5 某年 8 月 24 日，某供电公司按照 8 月检修计划，经区调和地调批准后进行 1 号主变压器 531 断路器大修工作。工作开始前，工作负责人杜某向部分检修班组成员（仅检修班组成员和专职监护人）介绍了 531 断路器大修具体工作任务及工作地点、工作范围、停电范围、危险点、安全措施等要点。

大修开始后，分管生产的副经理巴桑某和生技科副科长来到现场督导。巴桑某和工作负责人杜某一番商量后，错误地认为 35 千伏 I 段母线电压互感器与 531 断路器同在 35 千伏 I 段母线上，为减少非计划停电，决定扩大工作范围和任务对 35 千伏段母线电压互感器本体进行维护喷漆工作。

于是告知了工作监护人等，但未按要求重新办理工作票并履行许可手续，也未确定具体工作人员和监护人员。巴桑某和杜某（工作负责人）要求公司生技副科长张某（伤者）去主控室向调度申请停运 35 千伏 I 段母线电压互感器。

张某去主控室后并未向地调申请，而是直接命令值长缪××："5125 隔离开关改检修，切换 35 千伏二次电压到 I 段，拉开电压互感器的电压，二次空气开关"。值长问："是否需要汇报调度？"张××回答："不需要，直接停，I 段断路器在大修"，值长就在没有得到调度许可的情况下，直接令值班员拉开了 35 千伏 I 段电压互感器隔离开关 5125，对电压互感器侧进行了验电，合上了 51250 接地开关。

之后，生产副经理巴桑某上了停电设备 1 号主变压器断路器 531 的电流互感器本体上进行喷漆工作（不履行全场督导工作了）。

工作负责人杜某在 1 号主变压器 531 断路器上指挥工作班成员进行断路器大修工作，专职监护员也上了开关检修平台进行工具传递等工作。工作现场形成了无监护的局面。

10 时 36 分，张某见其他人员都在工作，于是叫仓库保管员一起抬梯子到 35 千伏 I 段 5125 电压互感器隔离开关处。10 时 38 分，张某独自带了两块纱布上了 5125 电压互感器隔离开关架构，（5125 隔离开关仅电压互感器侧接地，母线侧带电）在右手接触母线侧隔离开关触头后导致张××直接触电跌落悬挂在了隔离开关基座上。

现场工作人员发现有人触电后，立即停止工作，工作负责人杜某立即叫人找了根长木撑住伤者，命令值班员拉开 35 千伏外桥 512 断路器，拉开 35 千伏查中 I 线 5411 隔离开关，验明无电后将伤者从隔离开关基座上抬下，送医院救治无效死亡。

案例评析 本案在整个检修过程中的诸多违章行为：随意扩大工作范围，不重新履行工作票手续；违章指挥值班长停运调度许可的设备……

另有官本位文化和行政权力驱使违章指挥和违章作业行为：①本案公司领导带头违规，巴桑某和副科长张某非作业组成员无权参与指挥和作业，且没有听到工作负责人的安全交底，在工作票上根本就没有他俩的名字；②工作负责人和监护人严重违规，迎合领导旨意，没能坚持安规扩大工作范围必须重新办理工作票之规定，且为了在领导面前表现自己脱岗去干别的实际工作。

本案公司领导巴桑××的安全生产职责只是间接督导全局和生产过程，协助工作负责人正确地组织工作，但却给 1 号主变压器断路器 531 的电流互感器本体喷漆，不履行全场督导工作；工作负责人杜某负有本次检修全场安全监督检查的职责，却在 1 号主变压器 531 断路器上做大修工作；专职监护员也上了开关检修平台进行工具传递等工作。工作现场形成了无组织、无监护的乱局——对安全生产管理的层次、职责、管辖范围模糊不清，是本案造成诸多违章以致酿成副科长张某死亡事故的主要原因。

本案深刻的教训 现场作业过程中最重要的管理要求是"各司其职"！本案作业中只有作业班组的作业人员坚守岗位没有违章作业。

3. 收工管理

收工阶段属于工作检查验收阶段，重点检查完成的工作内容是否符合标准，各环节各作业区是否发生违章作业或者安全事故。安全管理包括以下几个方面：

（1）重点清点作业人员：人身安全最重要。首先清点各工作区各岗位的工作人员，是否有伤者违章操作者。

（2）检查验收工作内容：首先自检工作内容是否符合作业指导书要求，然后由工作负责人逐一检查。

（3）清点工器具收拾物料：检查施工机械和工器具，清点所剩物料，并收拾入库，记录台账。

（4）打扫清理作业场所：打扫工作场所，保持洁净有序，进一步检查安全生产情况，尤其是检查是否造成了对环境场地的破坏和污染。这也是"5S"安全管理的良好习惯。

（5）向有关部门汇报工作终结：向运行和调度汇报工作终结，以恢复作业活动之前的系统状态，如电力行业恢复送电。

（6）安全总结会议与立档存档：总结作业安全工作经验教训，记录存档，成功的安全措施应纳入安措资料库以备参考。

案例 8-6　某供电企业一个由 10 人组成的 10 千伏线路检修作业组在进行检修作业，13 点工作结束，工作负责人在察看现场情况正常后，将现场人员全部用车拉回单位，到单位后开始清点人数，发现缺一名作业人员，这时开车司机告诉工作负责人说："中午在单位食堂里看见过这名作业人员在吃饭，可能是他的活干完了"。于是工作负责人宣布工作结束，可以恢复送电。工作许可人在得到工作结束的报告后，命令线路分段开关送电，结果造成这名作业人员触电烧伤住院。原来该作业人员中午在食堂吃完饭后，又赶回现场继续登杆作业。

案例评析　工作负责人应该在现场完成工作后，查明全部工作人员全部从杆上撤下，而不是回到单位后才开始清点人数。发现人员缺少也未查明该人员的下落，只是主观认为该人员已回来，就宣布工作结束，恢复送电，这是造成这次作业人员触电烧伤的主要原因。他违反了"工作班成员的变更，及工作班成员离开必须在工作票上签字确认"之规定，也违反了如下规定，"完工后，工作负责人（包括小组负责人）应检查线路检修地段的状况，确认杆塔上、导线上、绝缘子串上及其他辅助设备上没有遗留的个人保安线、工具、材料等，查明全部工作人员确由杆塔上撤下后，再命令拆除工作地段所挂的接地线。接地线拆除后，应认为线路带电，不准任何人再登杆进行工作。多个小组工作时，工作负责人应得到所有小组负责人工作结束的汇报。"

防为上，救次之，戒为下

——荀悦《申鉴·杂言》

第九章　安全事故分析与处理

　　企业发生安全事故要引以为戒，预防该类事故重复发生。本章从这点出发分析事故发生的原因，并在企业内部做出一系列的应对和处理，但重点不再对肇事人的经济和行政处罚，而是如何以该事故为例，让员工对事故的发生和预防知其所以然，从中接受教训，借以镜鉴，改进安全生产工作。

第一节　安　全　事　故　分　析

　　事故与原因是必然的关系，事故与损失是偶然的关系。一起事故的原因分为直接原因和间接原因。直接原因是一种或多种不安全行为、不安全状态或者二者的轨迹交叉所致。间接原因主要是由安全管理缺陷或者不安全环境因素所致。

　　事故调查分析就是为了正确把握事故真相，根据客观事实：事故现场的目击者见证、事故痕迹的理化分析、听取受害人的陈述、事故影音记录等第一手材料，探求本质原因，制定预防措施，实施安全生产。

一、安全事故分析的步骤

　　《企业职工伤亡事故调查分析规则》（GB/T 6442—1986）中对事故的直接原因、间接原因的分析有明确的规定。在分析事故时，应从直接原因入手，逐步深入到间接原因，从而掌握事故的全部原因，再分清主次，进行责任分析。

　　事故原因分析通常从下列方面入手：①事故发生前的征兆；②异常状态发生的部位；③异常状态是怎么发生的；④事故发生扩大的顺序和原因。

　　事故原因分析的基本步骤：①整理阅读调查资料；②分析伤害部位、性质，起因物和致害物，致害方式，不安全行为，不安全状态；③确定事故的直接原因；④确定事故的间接原因；⑤确定事故的责任人。

　　起因物是指造成事故起源的机械、装置、其他物质或环境；致害物是指接造成事故的加害物质。不安全状态导致起因物发生异常、故障，致害物则由起因物促其造成事故后果。

安全事故会造成直接损失和间接损失。杜邦公司认为，安全事故所造成的直接损失只是事故全部损失的冰山一角，隐性的费用（如生产及产品品质损失、产量损失、公众形象损失等）则是直接损失的4～7倍。譬如工伤造成直接成本固然很大，有医疗费用、赔偿金、财产损失、停产、保险费增加等，但是工伤造成间接成本是直接成本的5～10倍，如这些隐藏在工伤背后的费用损失有行政管理费、补充劳动力、支付加班费、延误发货、设备和产品损毁、产品的产量和品质下降、生产中断、收益受损、培训新员工、诉讼、客户关系和企业形象损等，因此卓越超凡的安全生产业绩是企业辉煌经营业绩的基本保证。

二、安全事故的直接原因分析

直接原因又称为一次原因，是在时间上最接近事故发生的原因，通常又进一步分为物的原因和人的原因两类。物的原因是由设备、环境不安全状态所引起的，人的原因是由人的不安全行为引起的。

《企业职工伤亡事故调查分析规则》（GB 6442—1986）规定，属于下列情况者为直接原因：机械、物质或环境的不安全状态；人的不安全行为。

1. 机械、物质或环境的不安全状态

（1）防护、保险、信号等装置缺乏或有缺陷。

1）无防护。包括：无防护罩；无安全保险装置；无报警装置；无安全标志；无护栏或护栏损坏；（电气）未接地；绝缘不良；局部通风机无消音系统、噪声大；危房内作业；未安装防止"跑车"的挡车器或挡车栏；其他。

2）防护不当。包括：防护罩未在适当位置；防护装置调整不当；坑道掘进、隧道开凿支撑不当；防爆装置不当；采伐、集材作业安全距离不够；放炮作业隐蔽所有缺陷；电气装置带电部分裸露；其他。

（2）设备、设施、工具、附件有缺陷。

1）设计不当，结构不合安全要求。包括：通道门遮挡视线；制动装置有缺欠；安全间距不够；拦车网有缺欠；工件有锋利毛刺、毛边；设施上有锋利倒棱；其他。

2）强度不够。包括：机械强度不够；绝缘强度不够；起吊重物的绳索不合安全要求；其他。

3）设备在非正常状态下运行。包括：设备带"病"运转；超负荷运转；其他。

4）维修、调整不良。包括：设备失修；地面不平；保养不当、设备失灵；其他。

（3）个人防护用品用具。包括：防护服、手套、护目镜及面罩、呼吸器官护罩、听力护具、安全带、安全帽、安全鞋等缺少或有缺陷。

1）无个人防护用品、用具。

2）所用的防护用品、用具不符合安全要求。

（4）生产（施工）场地环境不良。

1）照明光线不良。包括：照度不足；作业场地烟雾灰尘弥漫视物不清；光线过强。

2）通风不良。包括：无通风；通风系统效率低；风流短路；停电停风时爆破作业；瓦斯排放未达到安全浓度情况下爆破作业；瓦斯超限；其他。

3）作业场所狭窄。

4）作业场地杂乱。包括：工具、制品、材料堆放不安全；采伐时，未开"安全道"；迎门树、坐殿树、搭挂树未作处理；其他。

5）交通线路的配置不安全。

6）操作工序设计或配置不安全。

7）地面滑。包括：地面有油或其他液体；冰雪覆盖；地面有其他易滑物。

8）贮存方法不安全。

9）环境温度、湿度不当。

10）作业环境不符合"三通一平"，甚至峭壁沟壑，没有护栏。

2. 人的不安全行为

以下以机械行业为主列举。

（1）操作错误，忽视安全，忽视警告：①未经许可开动、关停、移动机器；②开动、关停机器时未给信号；③开关未锁紧，造成意外转动、通电或泄漏等；④忘记关闭设备；⑤忽视警告标志、警告信号；⑥操作错误（指按钮、阀门、扳手、把柄等的操作）；⑦奔跑作业；⑧供料或送料速度过快；⑨机械超速运转；⑩违章驾驶机动车；⑪酒后作业；⑫客货混载；⑬冲压机作业时，手伸进冲压模；⑭工件紧固不牢；⑮用压缩空气吹铁屑；⑯其他。

（2）造成安全装置失效：①拆除了安全装置；②安全装置堵塞．失掉了作用；③调整的错误造成安全装置失效；④其他。

（3）使用不安全设备：①临时使用不牢固的设施；②使用无安全装置的设备；③其他。

（4）手代替工具操作：①用手代替手动工具；②用手清除切屑；③不用夹具固定、用手拿工件进行机加工。

（5）物体（指成品、半成品、材料、工具、切屑和生产用品等）存放不当。

（6）冒险进入危险场所：①冒险进入涵洞；②接近漏料处（无安全设施）；③采伐、集材、运材、装车时，未离危险区；④未经安全监察人员允许进入油罐或井中；⑤未"敲帮问顶"便开始作业；⑥冒进信号；⑦调车场超速上下车；⑧易燃易爆场所明火；⑨私自搭乘矿车；⑩在绞车道行走；⑪未及时瞭望；

（7）攀、坐不安全位置（如平台护栏、汽车挡板、吊车吊钩）。

（8）在起吊物下作业、停留。

（9）机器运转时加油、修理、检查、调整、焊接、清扫等工作。

（10）有分散注意力行为。

（11）在必须使用个人防护用品用具的作业或场合中，忽视其使用：①未戴护目镜或面罩；②未戴防护手套；③未穿安全鞋；④未戴安全帽；⑤未佩戴呼吸护具；⑥未佩戴安全带；⑦未戴工作帽；⑧其他。

（12）不安全装束：①在有旋转部件的设备旁作业穿过肥大服装；②操纵带有旋转零部件的设备时戴手套；③其他。

（13）对易燃、易爆等危险物品处理错误。

三、安全事故的间接原因分析

间接原因是安全事故深层次的原因，范围也很广泛，包括社会的、历史的、教育的、政治体制上的原因，具体如下。

1. 技术上和设计上有缺陷

矿山石油化工设备装置与构件、加工机械设备、建筑物、各类仪器仪表、工艺过程、操作方法、维修检验等的设计、施工和材料使用存在缺陷。工厂位置布局、工作环境（室内照明以及通风）、机械、工具使用保养、防护设备及警报设备设置、维护等各个方面所存在的缺陷。

2. 教育培训不足

未经培训或者缺乏安全意识植培、行业专业知识、操作技能训练、安全基本知识、行业安全规程的培训考试考核，以致员工如对作业过程中的危险性及其安全运行规程无知、轻视、不理解、坏习惯、没有应对危险的经验等不足而引发事故。

3. 身体的原因

包括身体有缺陷，例如头疼、肢体疼痛、眩晕、癫痫病等疾病，近视、耳聋等残疾，由于睡眠不足疲劳，酒后无力作业等。身体的缺陷致使作业者心有余而力不足，无法完成合规的作业行为而造成事故。工作负责人在作业前就应当关注到作业人员的身体情况，做出正确的人员调整或撤换。安全工作人员平日里要关心员工的身体健康和作息起居，保证他们工作中思想集中，精力充沛，操作准确，规范专业。

4. 精神的原因

由于偏执、固执等性格缺陷以及白痴等智能缺陷，作业者在工作中有焦躁、紧张、怠慢、反抗、不满等不良情绪。也有因为家庭变故或天灾人祸，工作人员工作时精神恍惚、心不在焉，出现误操作等违章行为酿成事故。安全工作负责人不仅要管理生产工作中的安全，还应把工作延伸到员工的近亲属，了解员工的家庭情况，及时掌握员工的思想精神状态，加以及时正确的疏导，避免将不良的情绪和状态带到工作现场中来，影响安全生产。

5. 管理的原因

①企业主要领导人对安全生产工作的责任心不强，不够重视；②安全生产制度不健全，缺乏完善的作业规程和标准，安全责任制落实不到位，以致作业人员意志消沉，士气不振，缺乏上进心；③作业中劳动组织不合理，没有把适合的人放在适合的岗位；④对现场作业缺乏检查监督或指导错误，只重劳动作业，轻视检查监督；⑤事故隐患排查整改不力，事故防范措施有缺陷或实施不到位；⑥其他管理不到位。

6. 学校教育的原因

学校教育重视分数升学，轻视生活、学习中的安全技能教育。例如，不懂危险知识，缺乏安全防护技能，尤其缺乏对洪灾、火灾、遍布户外公用的电力、通信的带电设备和供热供气的管道等危险设备事故防范和应急自救教育。2024 年 1 月 19 日，河南南阳英才学校宿舍违章使用电器引发火灾事故，致 13 个孩子葬身火海。刚刚过了 5 天，江西省新余市渝水区一临街专升本培训班（在三层楼）因一层装修违规动火作业引起大火，造成 39 人死亡、9 人受伤的重特大事故。这两起火灾伤亡惨重，其中学生缺少临危应急逃生技能是不可忽视的原因之一。

7. 社会历史文化的原因

《商君书》牧民术中，壹民（愚民）、辱民、疲民、贫民、弱民的思想统治国人两千多年，很多国人胆小怕事，绝不冒险出头，这一点有利于安全。但是，对于危害自己安全的状态环境和管理措施，明哲保身，听之任之，不敢指出或检举，这又是不利于安全的一面。西方崇尚科学自由冒险的历史文化，对于安全有利的一面是科技预防进步，设备设施先进，本质安全性好，对于不利于自身的危险也敢于揭露出来，敢于上街示威，争取安全工作权利，迫使官方尽心竭力管好安全生产，但是其自由文化则是对于公共安全不利的一面。

8. 政治制度的原因

腐败的土壤培植腐败的官员，贪官们利用权力为攫取最大红利，最大限度地减低安全投入，就容易发生事故。但是安全是效益的保证，没有安全就没有效益。一个特大安全事故足以使一个企业瞬间轰然倒地。

一般说来，调查事故发生的原因，不外乎上述几个方面的间接原因中的某一个或几个的原因同时存在。学校教育、社会历史文化、政治制度的原因，冰冻三尺非一日之寒，改变其现状非一朝一夕之功，也许要付出几代人的努力。生产单位能够实时控制和把握的就是安全管理和教育培训。

综上可见，事故发生先由物的不安全状态和管理上的缺陷共同耦合形成事故隐患，如果没有及时排查清除隐患，一旦遇到人的不安全行为，就会互相作用发生安全事故。安全隐患是隐性的，不是显见的，人是自由的、随机的，不安全行为是显性的，易被发现，所以做出不安全行为的作业人员常常被认作事故的直接责任者甚至当成主要责任人，这就掩盖了事故表象背后深层次的安全管理工作缺陷。可以说，事故的直接原因——事故的直接责任人的不安全行为仅是事故的冰山一角，9/10 的原因都是在水下冰山的主体。这个主题的核心部分就是管理缺陷。

如果不存在事故隐患，根据轨迹交叉理论可知，即使操作人员违章操作也不会发生事故。这如同氧气充足的车间里弥漫着高细度煤粉，其浓度已经大大超过 40 克/米^3，此时此刻，只差一个火花，下一刻就是煤粉大爆炸事故。这个火花也许是甲员工插拔电插头产生的，也许是乙员工金属鞋跟地面摩擦产生的，甲没有触发，乙没有触发，也许丙员工脱掉化纤上衣的那一瞬引爆了。针对上述甲乙丙引爆的情况，如果直接责任人甲乙丙分别提出：车间是否采用了防火防爆插头插座？车间是否有严禁穿金属鞋底的规定？车间是否有严禁穿化纤衣服的规定？甲乙丙还可以提出一个共同的问题：车间是否安装了煤粉浓度检测设备？谁负责检测？为什么没有检测到煤粉浓度严重超标？如果检测到了，为什么没有采取措施降低浓度，消除爆炸隐患？显而易见，所谓爆炸火灾的直接责任人只是事故的触发者。往往是在容易被忽略的作业场景下不带任何主观故意的随机性行为。反之，满足粉尘爆炸条件隐患的客观情况是由各方面安全管理工作不足造成的。这些管理人员或责任人员是否是爆炸事故主要责任人？还有的当班设备事故，或许就是上一班的检修工作遗留的隐患所致。这诸多间接原因的查找分析和事故责任划分给我们提出了挑战性的思考。传统的安全管理重直接原因、轻间接原因，重人的不安全行为、轻物的不安全状态是否应该倒置？直接责任人、间接责任人谁是主要责任人？是否应该重新认识、重新思考、重新定位？如果一味地认为做出不安全行为的直接责任人是主要责任人，是否有失公允？是否符合"预防为主"的安全生产管理方针？

第二节　安全事故处理的原则

《安全生产法》指出，强化和落实生产经营单位的主体责任，实现安全生产，才能实现经营单位的经济效益和社会效益。这是说，生产经营单位是生产经营的主体，安全生产责任的直接承担者，应当履行安全生产的法定职责和义务，达成经营目标。本节重点是企业处理安全事故的原则，对于因安全事故受到行政、刑事处罚案件则从略。

一、公正公开原则

公正，实事求是，以事实为根据，以法律为准绳，既不包庇事故责任人，也不借机对事故责任人进行打击报复，更不得冤枉无辜。对事故责任人依照法律法规和公司的安全责任制度公正处理，责任人心理平衡，心悦诚服，才能真心悔过，痛改前非，不再重演悲剧。公正处理事故责任人，吃瓜群众也会放下瓜警觉起来，单位公正处事不是挂在嘴上而是落实在行动上，不能出事故后托人情找关系解决问题了，这样就再也不敢以身试法了。

公开，对事故调查处理的结果要在一定的范围内公开。公开才有效力，群众认清事故性质原因，前车可鉴后事之师，舆论公开引向正道：①引起全社会各行各业对安全生产的重视；②社会上的群众和本企业的员工汲取到事故教训；③公开真相，正确引导公共舆论，消除全社会对企业的误解，摆正企业的形象；④公司内部上下一心，遵章守法，依规合规，携手共进一起努力实现安全生产目标。

二、责任划分与承担

上述责任分析的目的是使责任者吸取教训，提升安全工作水平。

1. 责任划分

传统的责任划分为直接责任者、主要责任者和领导责任者。

（1）直接责任者：其行为与事故的发生有直接关系的人员。

（2）主要责任者：对事故发生起主要作用的人员。

以上两种责任人对下列情况负责：①违章指挥、违章（安全操作规程）作业、冒险作业造成事故；②违反安全生产责任制、违反劳动纪律，如擅自开动生产线（机械设备）、擅自更改、拆除、毁坏、挪用安全装置和设备造成的事故；③工作失职造成的事故等。

（3）领导责任者：对事故的发生负有领导责任的人员。对下列情况负领导责任：①由于安全生产责任制、安全生产规章和安全操作规程不健全造成事故；②未按规定对员工进行安全教育和技术培训，或者造成事故的；③机械设备超过检修期或超负荷运行或设备有缺陷不采取措施造成事故的。④作业环境不安全，未采取措施造成事故的；⑤新建、改建、扩建工程项目的安全设施，未与主体工程同时设计、同时施工、同时投入生产和使用造成事故等。

以上实际是不完全列举，仅仅道出了领导责任者应负责任的部分情况。

2. 责任划分与承担的新观点

（1）责任划分本身就存在不公平问题。企业主要负责人责任游离于直接责任和主要责任之外，而只负责"领导者责任"。实际上有时候，企业主要负责人所负的"领导者责任"就是直接责任人和主要责任人所负的直接责任或主要责任。

如《安全生产法》第十八条规定，生产经营单位的主要负责人对本单位安全生产工作负有下列职责：组织制定本单位安全生产规章制度和操作规程；督促、检查本单位的安全生产工作，及时消除生产安全事故隐患。如前所述，如果某电厂制粉车间处于煤粉浓度严重超标的状态，且因安全生产规章制度和安全操作规程没有"严禁穿金属鞋跟的鞋子""严禁穿化纤的衣服"等规定，该车间制粉工作人员引发了爆炸事故，谁应该承担主要责任？很显然，应该是企业主要负责人。因为主要负责人没有履行"组织制定本单位安全生产规章制度和操作规程"的职责或者制定了也没有贯彻执行。其次，《安全生产法》第二十二条规定，生产经营单位的安全生产管理机构以及安全生产管理人员没有履行好"组织或者参与拟订本单位安全生产规章制度、操作规程和生产安全事故应急救援预案"的职责，应当承担主要责任。

再比如企业主要负责人和安全生产管理人员明知车间生产设备存在重大事故隐患，而怠于检查排除隐患，致使一线作业人员的一个违章行为触发了安全事故，显然应该由企业主要负责人和安全生产管理人员承担主要责任。因为他们亵渎职责，无视隐患存在。其次作为一线作业人员，没有权力安排隐患排查，只有报告和执行，因为排除安全隐患往往需要投资，组织检修或更换设备。

（2）责任划分的改正。"领导者责任"实际上是等级制度的划分，有失公平，应改为"直接责任、主要责任、次要责任。"主要责任不以身份来划分，而是按照客观责任和责任性质、大小、轻重来划分。直接责任人不一定是主要责任人，企业主要负责人也许就是主要责任人。

直接责任人往往都是一线作业人员，他们往往是事故的触发者，但未必一定是事故的主要责任人。划分"直接责任者"的另一个目的是有利于事故调查处理。有些事故的主要原因往往是间接原因。追究间接责任人往往是一线人员的上级或更上级，不负责任酿成隐患没有及时排除，造成了物的不安全状态的隐患。然后由一线操作人员的一个违章行为即可触发了事故。因此说这种情形追究一线员工的主要责任显然是不公平的。

（3）承担责任形式的改进。首先按责任大小而不是身份承担责任。无论身份如何，事故当事人责任都归于直接责任、主要责任和次要责任三类。如领导违章指挥，强令冒险作业理当承担主要责任，因其违反劳动纪律、安全法律法规规章和安全生产责任制。

其次，担责形式要改进。撇开重大、特大事故、特别重大事故受到行政处罚和刑事处罚以外，纵观以往和现在企业单位安全事故处理结果，企业主要负责人的责任往往不痛不痒，如写个检查、扣点奖金，这是不公平的、难以服众的。

当然触犯了刑法就不一样了。如《刑法》第一百三十五条（重大劳动安全事故罪）规定，安全生产设施或者安全生产条件不符合国家规定，因而发生重大伤亡事故或者造成其他严重后果的，对直接负责的主管人员和其他直接责任人员，处三年以下有期徒刑或者拘役；情节特别恶劣的，处三年以上七年以下有期徒刑。

三、四不放过原则

1. 事故原因、性质没有查清不放过

事故的原因指直接原因和间接原因。事故的性质指责任事故和非责任事故（如意外事件、不可抗力等没有责任人的事故）。没有查清不放过，意味着对责任事故的责任人、事故的直接原因和间接原因必须彻底查清。这对于事故的责任者而言，不要指望事故可以瞒天过海、蒙混过关，必须积极配合坦诚汇报以获得客观真实的事故调查结果，为对事故做出正确的处理提供有力的证据。

2. 事故责任者没有受到处理不放过

事故责任者（包括直接责任者和主要责任者）按照责任大小以及对事故的影响受到公

平公正的处理。事故责任者不应区分企业主要负责人还是一线员工，应该按安全责任大小和对事故的影响给予处理。

"不放过"指排除一切私情、关系的干扰阻挠，只要是事故责任者都必须受到应得的处罚，否则企业单位就丧失了公平公正的原则和在全体员工心目中的公信力。

企业主要负责人对于事故责任者必须给予公正公平的处理，严格执行安全法律法规和公司的安全产生责任制，使得安全制度具有强大刚硬的执行力。只有公正公平地处理并坚决执行到底，才能让员工心服口服，真正起到前车可鉴、警示后人的作用。同时注意，既要杜绝人情关系，徇私枉法，包庇事故责任者，又要避免借机打击报复。

加强对间接责任的追究。例如：一线员工已经明确反应设备存在隐患，领导在合理期限（应修必修）内仍不安排维修、更换造成事故，领导应负主要责任；上一班员工遗留隐患，且疏于安全交底，下一班作业人员触发了事故，哪一班应该承担主要责任？直接责任者未必就该承担主要责任。

3. 群众没有受到教育不放过

前次事故刚处理完，短期内同类事故复发，一定是自上而下没有接受教训，事故处理也是走过场而已。怎样才能让人们接受教训呢？

首先，严格依法依规、公正公开处理。其次，在适当范围内通报检查，发起讨论，有针对性地制定反事故措施并演练。再次，要对社会外宣本行业可能发生的危害社会大众的生产事故的预防措施和行业科普知识；最后，协同教育部门、联络学生家长，做好安全科普教育。譬如电力行业，安全科普走进中小学，教育少年儿童远离电力设施和防范触电；电力设施设置安全警示，社区街道张贴安全标语等。

4. 同类事故防范措施没有落实不放过

案例9-1　2017年5月7日某送变电建设公司承建500千伏罗坊—抚州输电线路，在181号转角塔地脚螺栓未安装紧固到位的情况下，施工人员登塔进行中相紧线。此时，两边相拉线角度为55度，中相无拉线，7时26分整塔倒地，致2人死亡、2人送医后死亡、1重伤。2017年5月14日，恒源送变电公司承建供电公司110千伏输电线路，在无反向拉线的情况下作业人员登塔放线、紧线，由于塔基底角螺栓安装紧固不到位，转角塔整塔倒伏，4人当场坠亡。

案例评析　就在5·7事故发生刚刚才第八天，全国电力企业一片惊愕、深刻反思、查找安全隐患、加强安全生产管理的紧张氛围中，恒源送变电工程公司竟然又发生了雷同的重大安全事故！这是小儿科级别的违章作业，为什么连续犯？原因就是没有真正落实"四不放过"！

《安全生产法》第八十六条规定，"事故调查处理应当按照科学严谨、依法依规、实事求是、注重实效的原则，及时、准确地查清事故原因，查明事故性质和责任，评估应急处置工作，总结事故教训，提出整改措施，并对事故责任单位和人员提出处理建议。事故调查报告应当依法及时向社会公布。事故调查和处理的具体办法由国务院制定。"该条第一款涵盖了"四不放过"的全部内容：违章原因未查清不放过——"及时、准确地查清事故原因，查明事故性质和责任"；事故人员未处理不放过——"对事故责任单位和人员提出处理建议"；事故整改措施未落实不放过——"提出整改措施"；事故有关人员未受到教育不放过——"评估应急处置工作，总结事故教训"。

如国家电网公司在 2021 年下半年在转发央企安全事故通报和加大安全事故惩罚力度通知中指出，坚持"四不放过"——事故原因未查清不放过，事故人员未处理不放过，事故整改措施未落实不放过，事故有关人员未受到教育不放过。这里的有关人员，包括国家电网公司的所有从业人员。严肃强调：对严重违章安全事件，按照"四不放过"顶格处理，也就是就高不就低。加强违章曝光，做到"一地有事故，全网受教育"，督促各单位引以为戒，举一反三，有针对性地加强安全管控。"四不放过"是处理安全事故的原则。既然是原则就要严格遵守，强化执行力，对事故不对人，不管犯在谁身上，一律给予公平公正公开的惩罚。

《安全生产法》第八十六条第二款"事故发生单位应当及时全面落实整改措施，负有安全生产监督管理职责的部门应当加强监督检查。"重述了加强监督管理、全面落实整改措施的要求。

"负责事故调查处理的国务院有关部门和地方人民政府应当在批复事故调查报告后一年内，组织有关部门对事故整改和防范措施落实情况进行评估，并及时向社会公开评估结果；对不履行职责导致事故整改和防范措施没有落实的有关单位和人员，应当按照有关规定追究责任。"新增的第三款增加了对整改和预防措施跟踪监督检查，对未落实的单位和有关个人追究责任，足见对落实整改措施，使相关人员受到教育的实效性何等的重视。全员安全生产责任制就是安全生产的军令状，当令行禁止，坚决执行，否则就是一纸空文。

案例 9-2　1947 年刘邓十万大军千里挺进大别山来到总路嘴镇，约法三章："枪打老百姓者枪毙，抢掠民财者枪毙，强奸妇女者枪毙"。因为队伍开过来，镇上的村民都逃到山里了，警卫团三连副连长赵桂良就在一家无人店铺拿了一块花布准备给小战士牛平原做棉衣，拿了一捆粉条准备给刘伯承司令员吃。这触犯了军纪"抢掠民财者枪毙"尽管赵桂良是爱兵如子、爱首长如父的好干部，为了严肃军纪，十万大军站稳脚跟，刘邓还是忍痛决定枪毙赵桂良以正军纪。刘邓派人到山里找回老百姓参加公判大会，会后就地正法。尽管老百姓纷纷跪下一片为赵桂良求情，依然未能动摇刘邓严正军纪的决心，刘司令员下令处决了他的警卫连长赵桂良。刘伯承听到枪响顿足捶胸，仰天长啸，老泪纵横。

案例评析　《管子·立政》有言"令则行，禁则止"。刘邓首长深刻地认识到，副连长赵桂良的事情虽小，军纪如山。一个没有纪律的军队是打不了胜仗的。特别在目前的情况下，如果令出不行，说了不算，言而无信，再发展下去，我们肯定在大别山站不住脚！生产单位处理安全事故一定要坚持"四不放过"，这样企业的安全生产制度才能"立木取信"，令行禁止。

什么是执行力？就是不折不扣地贯彻落实同类事故的防范措施并零误差实现安全生产目标。同类事故防范措施教育培训、改进工艺流程安全作业安全规程、新的安全技术措施、使用实践、跟踪改进、运行有效。同类事故的安全措施是否落到了实处，不仅看是否有纸面的措施，还要看措施是否切合实际，是否进行了有效的演练演习，最后还是要落实到实践检验中——同类不再发生。至此才能检验出生产单位令行禁止的执行力。

事故预防五方面工作：①建立健全由企业领导牵头的包括安全管理人员和安全技术人员乃至生产骨干在内的事故预防领导组织，譬如安全生产委员会。②不断地通过实地调查、检查，收集第一手资料，分析本单位各类事故原始记录，找出事故预防工作中存在的问题和生产中的安全隐患。③对于具体事故，要找出其直接原因和间接原因，主要原因和次要原因。弄清事故发生的工种、工序、工具设备，人员伤亡和对设备环境的破坏程度，以及与事故相关的管理和社会原因。④制定预防事故的管理制度和技术措施。⑤对于新的安全事故预防措施要在生产实践中在不断实践不断纠偏不断改进，直至形成本单位乃至本行业的典型范本。

本书结语

如果说企业是一棵果树，效益就是硕果，那么安全事故就是果树头顶的万钧霹雳！

参 考 文 献

[1] 姜力维. 电力企业《安全生产法》学习指导与案例剖析 2021 年版[M]. 北京：中国电力出版社，2022.

[2] 姜力维. 人身触电事故防范与处理[M]. 北京：中国电力出版社，2012.

[3] 姜力维. 电力设施保护与纠纷处理[M]. 北京：中国电力出版社，2011.

[4] 栗继祖. 安全行为学[M]. 北京：机械工业出版社，2009.

[5] 栗继祖. 安全心理学[M]. 北京：中国劳动社会保障出版社，2007.

[6] 王保国，等.安全人机工程学[M]. 北京：机械工业出版社，2007.

[7] 林柏泉，张景林. 安全系统工程[M]. 北京：中国劳动社会保障出版社，2007.

[8] 邵辉，王凯全. 安全心理学[M]. 北京：化学工业出版社，2004.